熱力學（修訂三版）

陳呈芳　編著

⊡ 全華圖書股份有限公司　印行

序言

　　熱力學為研究有關能源的各學科之基礎,值此能源日益短缺,而能源需求又日益增加之際,如何有效使用能源更形重要,故熱力學為所有工程人員均須熟悉的基本科學。本書除可作為技專院校之教科書外,且極適宜作為自修者入門之參考用書。

　　本書著重於基本觀念的闡述,並配合實際應用問題之分析,而避免過於深奧的理論之探討,期讀者能建立深厚的基礎,利於爾後深入的鑽研。

　　本書共分為四章,第一章為熱力學常用術語之介紹,及基本量之定義的說明,並討論純物質狀態的訂定與熱力性質表的應用;第二章討論功與熱,及熱力學第一定律在各種不同系統之應用,並說明熱機與冷凍機;第三章說明理想氣體之特性、熱力性質之分析及圖表的應用;第四章敘述熱力學第二定律、熱力性質熵、熱力溫標及熵在能量分析中的應用。

　　本書在各章節中均舉出相當多的例題,且每一章的最後並有極多的練習題;而此等例題及練習題,均著重於基本觀念的建立及其應用,而不在於艱深問題之解析,相信讀者應可建立熱力學良好的基礎。又本書最後附有練習題的答案,可作為讀者解析練習題之參酌。

　　筆者基於二十多年熱力學的教學經驗而著手本書之編著,雖力求內容的深入淺出與完整性,及文句的順暢,惟因才疏學淺,疏漏之處在所難免,故祈海內外學界先進及讀者諸君不吝指正為禱。

　　承全華圖書公司之鼎力支持,使本書得以順利付梓,特此致謝。

編著　陳呈芳

編輯部序

　　「系統編輯」是我們的編輯方針，我們所提供給您的，絕不只是一本書，而是關於這門學問的所有知識，它們由淺入深，循序漸進。

　　本書係參照教育部八十三年最新頒布的「熱力學」課程標準編寫而成，也是作者在台灣工業技術學院教授「熱力學」課程二十年的寶貴心血結晶。作者深知循序漸進的重要，所以，自基本觀念談起，再慢慢地引導讀者，進入實際應用問題之分析，並且以適度的例題與豐富的練習題來提高讀者的學習能力。本書內容豐富、解說精闢，還將習題詳解製作成教師手冊方便老師教學之用，可說是大專院校「熱力學」課程的最佳教本，亦非常適合有興趣的讀者自修之用。

　　同時，為了使您能有系統且循序漸進研習相關方面的叢書，我們以流程圖方式，列出各有關圖書的閱讀順序，以減少您研習此門學問的摸索時間，並能對這門學問有完整的知識。若您在這方面有任何問題，歡迎來函聯繫，我們將竭誠為您服務。

相關叢書介紹

書號：06098
書名：靜力學
英譯：陳照忠.楊琳鏗.謝其昌

書號：06360
書名：熱力學
編著：吳志勇.李約亨.趙怡欽

書號：02540
書名：進入汽電共生的世界
編著：涂 寬

書號：05559
書名：動力學
編著：陳育堂.陳維亞.曾彥魁

書號：06134
書名：流體力學
英譯：王民玟.劉澄芳.徐力行

書號：02876
書名：材料力學
編著：許佩佩.鄒國益

書號：05543
書名：內燃機
編著：薛天山

流程圖

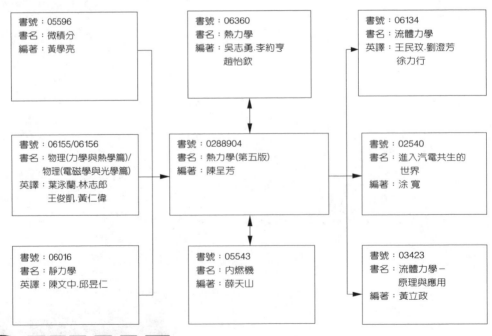

書號：05596
書名：微積分
編著：黃學亮

書號：06360
書名：熱力學
編著：吳志勇.李約亨
　　　趙怡欽

書號：06134
書名：流體力學
英譯：王民玟.劉澄芳
　　　徐力行

書號：06155/06156
書名：物理(力學與熱學篇)/
　　　物理(電磁學與光學篇)
英譯：葉泳蘭.林志郎
　　　王俊凱.黃仁偉

書號：0288904
書名：熱力學(第五版)
編著：陳呈芳

書號：02540
書名：進入汽電共生的
　　　世界
編著：涂 寬

書號：06016
書名：靜力學
英譯：陳文中.邱昱仁

書號：05543
書名：內燃機
編著：薛天山

書號：03423
書名：流體力學－
　　　原理與應用
編著：黃立政

目錄

第三章　理想氣體 　　　　　　　　　　　3-1

第四章　熱力學第二定律　　　　　　　4-1

附錄　A　附表 {#appendix-a} A-1

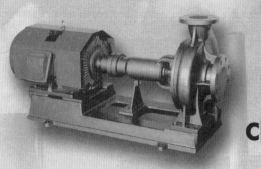

Chapter **1**

概論

科學文明越進步，生活水準越提高，人類對能源的依賴也越重。舉凡機械、電機、電子、化工、紡織…等生產工業，飛機、船艦、汽車、機車…等交通工具，電視、音響、空調機、冰箱…等設備，均需消耗大量的能源。由於全球性能源日益短缺，故能源形式的轉換及有效使用，是一極為重要的研究標的，而熱力學即為分析不同形式能源間之轉換，及能源之使用效率的科學。本章係說明熱力學之定義、規範若干習用之術語，並詳述物質的性質特性。

1-1　熱力學與工程熱力學

熱力學(thermodynamics)係研究不同形式之能量間的轉換，及用以轉換能量之物質的物理性質之變化間的關係的一門科學。能量的形式甚多，例如化學能、太陽能、電能、磁能、風能、潮汐能…等，惟在熱力學探討中，將能量歸納為功(work)與熱(heat)兩大類，此將於第二章中再予說明。

當熱力學應用於工程問題之探討時，例如熱機、冷凍機、空調機、渦輪機、壓縮機、泵、噴嘴等，則稱之為工程熱力學(engineering thermodynamics)。

以下將舉數個設備為例子，除了可使讀者對此等設備有初步的瞭解外，並用以說明熱力學分析之領域。

1-1.1　基本蒸汽動力廠

基本蒸汽動力廠(basic steam power plant)，如圖 1-1 所示，其主要構件為蒸汽產生器(steam generator)、蒸汽輪機(steam turbine)、冷凝器(condenser)及泵(pump)。

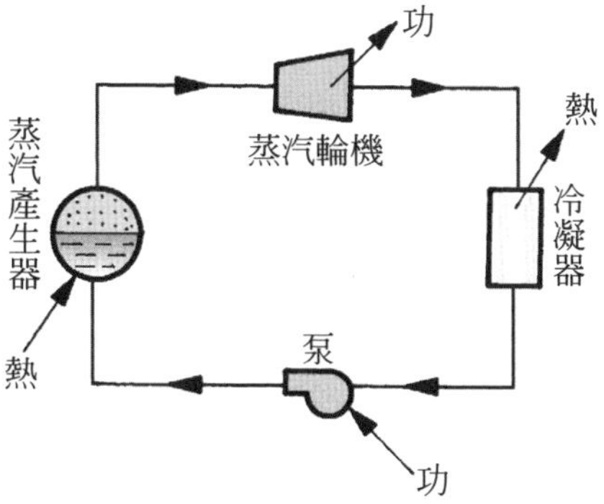

図 1-1　基本蒸汽動力廠

　　自外部的熱源(如燃燒燃料產生的高溫氣體、電熱器、核能燃料等)對蒸汽產生器內的水加熱,使升溫並沸騰產生水蒸汽而送出。由供至蒸汽產生器的水及送出的水蒸汽之物理性質,利用熱力學的觀念可分析需供至蒸汽產生器之熱量的大小,進而分析燃燒的燃料量、電熱器的電壓與電流、核能燃料棒的反應長度等。

　　自蒸汽產生器送出的水蒸汽將進入蒸汽輪機,在其內膨脹帶動輪機的運轉作功後流出。由進入蒸汽輪機及膨脹後流出之水蒸汽的物理性質,利用熱力學可分析求得輸出功的大小。而此等功可帶動發電機用以發電,或應用於需要動力之處。

　　膨脹作功後的水蒸汽流入冷卻器,利用冷卻水予以冷卻而使水蒸汽凝結,俾再繼續循環使用。由膨脹後之水蒸汽及凝結後之水的物理性質,利用熱力學可分析所需放出熱量的大小,進而依冷卻水進出口的物理性質,可分析冷卻水的供應量。

　　凝結後的水,利用泵予以加壓後送入蒸汽產生器再循環使用。由凝結後的水及加壓後的水之物理性質,利用熱力學可分析將水加壓所需之功的大小,進而設計或選用適當的泵。

1-1.2　冷凍機

蒸汽壓縮式冷凍機(vapor-compression refrigerator)，如圖 1-2 所示，為目前冰箱、空調機等應用最廣的冷凍裝置，其主要構件為蒸發器(evaporator)、壓縮機(compressor)、冷凝器(condenser)及膨脹閥(expansion valve)。

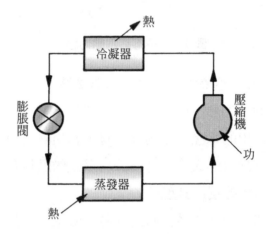

圖 1-2　蒸汽壓縮式冷凍機

低壓低溫的液態(或液－汽混合)工作物(一般特稱為冷媒)，流經蒸發器時自其周圍吸收熱量而產生製冷的效果，而冷媒本身吸熱後成為低壓低溫的汽態後流出蒸發器。由進入蒸發器之冷媒及蒸發後之冷媒的物理性質，利用熱力學可分析冷媒吸熱量的大小，進而分析對周圍空間或物品的降溫能力。

自蒸發器流出的低壓低溫汽態冷媒，進入壓縮機被加壓成為高壓高溫汽態冷媒，以利進入冷凝器再作用。由壓縮機進出口之汽態冷媒的物理性質，利用熱力學可分析壓縮機所需之功的大小，進而設計或選用適當的壓縮機。

　　高壓高溫的汽態冷媒進入冷凝器後，被冷卻媒質(通常為空氣或水)移走熱量，而降溫並凝結為高壓中溫的液態冷媒。由冷凝器進口之高壓高溫汽態冷媒，及凝結後高壓中溫之液態冷媒的物理性質，利用熱力學可分析在冷凝器所必須移走熱量的大小，進而依冷卻媒質進出口的物理性質，可分析冷卻媒質供給量的大小。

　　膨脹閥係用以使凝結後的高壓中溫液態冷媒，降壓並降溫成為低壓低溫的液態(或液－汽混合)冷媒，使進入蒸發器再循環使用。膨脹閥之作用的分析，除利用熱力學外，尚需配合流體力學的觀念，故此處不予詳述。

1-1.3　基本氣輪機動力廠

　　基本氣輪機動力廠(basic gas-turbine power plant)，如圖 1-3 所示，其主要構件為壓縮機、燃燒室(combustion chamber)、及氣輪機(gas-turbine)，係利用燃燒燃料後產生的高壓高溫氣體，帶動氣輪機的運轉而輸出功。

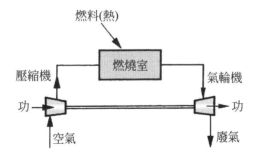

圖 1-3　基本氣輪機動力廠

　　壓縮機係用以將大氣中的空氣吸入並壓縮成為高壓的空氣，故由壓縮機進出口空氣的物理性質，利用熱力學可分析壓縮機所需功的大小，進而設計或選用適當的壓縮機。

　　高壓空氣進入燃燒室後，供給燃料並點火使空氣進行燃燒，產生高壓高溫的氣體後送出。由壓縮後的空氣及燃燒後的氣體之物理性質，利用熱力學可分析達到該高溫所需熱量的大小，進而依所使用之燃料的種類，而分析燃料的供給量。

　　高壓高溫的氣體進入氣輪機，膨脹帶動氣輪機的運轉而輸出功，而膨脹後的低壓中溫廢氣則由氣輪機排出。由氣輪機進出口的氣體之物理性質，利用熱力學可分析輸出功的大小。又，氣輪機輸出之功，除部分用以驅動壓縮機外，其餘的功可用以帶動發電機運轉發電，或用於如航空器等需要動力之處。

1-2　熱力學系統

　　若對某一定質量的某種物質，或對某一空間區域，進行質量與能量之熱力分析，則該一定質量的物質或該空間區域，稱為熱力學系統(ther-modynamic system)；為了方便起見，以下均簡稱為系統(system)。

　　進行熱力分析之前，首先應將分析的對象以邊界(boundary)明確地將系統予以設定。如圖 1-4 所示，虛線部分即為邊界，而定質量的物質或空間區域即包容於該邊界所設定的系統之內。系統之邊界以外的所有物質與空間，統稱為該系統的外界(surrounding)，惟通常僅將與分析有直接關係的物質及空間，始稱為該系統的外界。

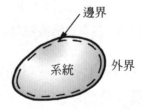

圖 1-4　系統之設定

　　系統之邊界可爲固定的或可動的。如圖 1-5(a)所示之渦輪機，若以渦輪機所佔的空間爲系統，分析流體在渦輪機進出口之間的作用情形，則其邊界爲固定的；而圖 1-5(b)所示爲一活塞－汽缸裝置，若以汽缸內之物質爲系統，則邊界係由活塞面及汽缸內壁共同構成，但隨著活塞的移動，氣體體積亦改變，故其邊界爲可動的。

(a)　　　　　　　　　(b)

圖 1-5　固定邊界與可動邊界

　　系統之邊界亦可爲實際的或假想的。前述圖 1-5(a)與 1-5(b)兩種情況，其邊界均爲實際的。圖 1-6 所示爲一流體之管路，例如自來水之輸水管，爲了將水加壓使具有足夠的水壓，而能輸送至管線末端供給用戶，必須了解水在管路中流動因摩擦等因素所造成的壓力降。然而，對水管的全長作實際的實驗是不可能的，而理論分析又極繁瑣困難，故設定管路中的一小段爲系統進行分析較爲方便，其結果可擴展延伸至管路的全長。此系統之邊界包含管路的內壁(實際的)，及設定的邊界(假想的)。

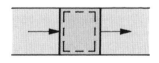

圖 1-6　管路內之系統

　　系統依其特性可分爲密閉系統(closed system)與開放系統(open system)兩種。若設定某一定質量的物質爲系統，則該系統與外界間絕無質量的交換，亦即絕無物質流經系統邊界，而稱之爲密閉系統，但該系統與外界間可以有能量的交換。密閉系統有時另稱爲固定質量系統(fixed-mass system)。若一密閉系統與外界間亦無熱量的交換，則特稱之爲隔絕系統(isolated system)，其應用將於第四章中討論。

　　若設定某一空間區域爲系統，分析流體流經該空間時的作用特性，此種系統稱爲開放系統，有時另稱爲控容(control volume)，而其邊界稱爲控面(control surface)。開放系統與外界間有質量的交換，亦可以有能量的交換。開放系統中的一個最常用、最簡單之特例，稱爲穩態穩流系統(steady-state, steady-flow system)，此將於第二章中詳予敘述。

1-3　熱力性質、狀態、熱力平衡、過程及循環

　　在進入熱力問題的分析探討之前，對若干常用的術語須先予以規範並瞭解，以下就此等常用的術語詳予敘述。

1-3.1　熱力性質

　　在熱力分析中所使用的物質之任何特性，均稱爲該物質的熱力性質(thermodynamic property)，以下簡稱爲性質(property)。

　　性質，依其得到的方法之不同，可分爲三大類：

(1)　可直接量測而得到的性質，如壓力、溫度、容積等。

(2)　以數學方式將多個性質結合而得到的性質，如壓力與容積的乘積。

(3)　由熱力學定律定義而得到的性質，如內能(internal energy)、熵(entropy)等。

　　依特性之不同，性質又可分爲內涵性質(intensive property)與外延性質(extensive property)兩類，有時又將比性質(specific property)謂爲另一類。對一均質性系統(homogeneous system)而言，若系統內任一部分(不

論大小)的某一性質，與整個系統的同一性質具有相同的值，則該性質稱為內涵性質；換言之，與系統取樣之質量大小無關的性質，即稱為內涵性質，溫度為內涵性質的典型代表；若高度差或重力所造成物質內部的壓力差異甚小而可予以忽略不計時(尤其物質為氣態時)，則壓力、密度亦可視為內涵性質。若整個系統的某一性質之值，等於系統內各部分的同一性質之值的總和，則該性質稱為外延性質；換言之，與系統內所取樣的部分之質量大小成正比的性質，即稱為外延性質，容積、重量、內能、焓(enthalpy)及熵等均屬之。

　　若將外延性質除以得到該性質對應的總質量，其結果為單位質量的某一性質，與內涵性質具有相同的特性，而稱之為比性質。例如，將系統的總容積除以系統的總質量，其結果為單位質量所具有之容積，稱為比容(specific volume)；同理，將系統的內能、焓及熵分別除以系統的總質量，其結果分別稱為比內能、比焓及比熵。

　　在應用上，習慣將內涵性質及比性質以小寫英文字母表示，如壓力(p)、溫度(t)、比容(v)、比內能(u)、比焓(h)及比熵(s)等。其中 t 代表習用之溫度(℃或℉)，但在熱力分析中經常須考慮物質的絕對溫度(absolute temperature)或熱力溫標(thermodynamic temperature scale)溫度(此將於第四章中討論)，則以T表示。外延性質通常以大寫英文字母表示，如容積(V)、內能(U)、焓(H)、及熵(S)等。若採用此等符號系統，可立即分辨某性質是否屬外延性質(T除外)，因此習慣上除了v仍稱為比容外，其他的比性質則使用與外延性質相同的名稱，而將「比(specific)」字省略，例如U與u均稱為內能(internal energy)。

　　在熱力分析中，熱力性質佔有極重要的分量，因此以下先行介紹部分的熱力性質，其餘則在後面數章中再行討論。

1.　壓力

作用於系統邊界單位面積上之垂直力，稱為壓力(pressure)。由於重力作用之影響，系統內部各處之壓力隨高度而不同，但在熱力問題之分析中，尤其當工作物為汽(氣)體時，因重力對壓力造成之影響極微，若予以忽略不計，則可用單一壓力表示該系統之壓力。

根據牛頓運動定律，令質量為1 kg之物體，產生1 m/sec²的加速度所需之力，定義為力的基本單位，而稱為牛頓(Newton)，以 N 表示。即

$$1\,N = 1kg\text{-}m/sec^2$$

因此，壓力之基本單位係定義為1 N的力垂直作用於1 m²的面積所產生之壓力，稱之為巴斯卡(Pascal)，以 Pa 表示。即

$$1Pa = 1\,N/m^2$$

惟因 Pa 單位甚小，故經常使用較大的單位，如 kPa (10³Pa)及 MPa (10⁶Pa)等。

此外，另有兩個經常使用的壓力單位為巴(bar)及標準大氣壓(standard pheric pressure)，分別以bar及atm表示，其間之關係為

$$1\,bar = 10^5\,Pa = 0.1\,MPa$$
$$1\,atm = 1.01325 \times 10^5\,Pa = 1.01325\,bar$$

大部分的壓力檢測裝置，如波登壓力錶(Bourdon pressure gage)及液體壓力計(manometer)，係量測流體的真正壓力與大氣壓力間之差。若流體的真正壓力稱為絕對壓力(absolute pressure)，以P_{abs}表示；大氣壓力以P_{atm}表示；而壓力檢測裝置所測得之壓力稱為錶壓力(gage pressure)，以P_g表示；則三個壓力間的關係，可以圖 1-7 及方程式(1-1)表示之。

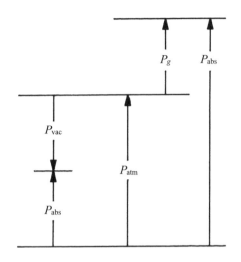

圖 1-7　絕對壓力、大氣壓力及錶壓力間之關係

$$P_{abs} = P_{atm} + P_g \qquad\qquad (1\text{-}1)$$

　　錶壓力P_g可為正值，亦可為負值；當流體的絕對壓力高於大氣壓力，其P_g為正值；若流體的絕對壓力低於大氣壓力，稱之為真空壓力(vacuum pressure)，而其P_g為負值。當絕對壓力為零時，即所謂的絕對真空。當錶壓力為負時，有時不將負號(−)示出，而以下標(vac)表示。

　　例如$P_g = -5\,\text{Pa}$，亦可表示為$P_g = 5\text{Pa}_{,vac}$，或$P_{vac} = 5\,\text{Pa}$。

　　常見的液體壓力計，如圖 1-8 所示，為一內部裝有某種液體(如水、水銀、酒精等)的U型管，一端接至欲量測壓力氣體，而另一端則開放於大氣中。

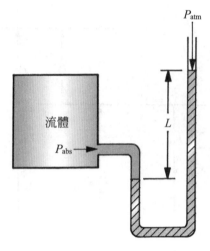

圖 1-8 液體壓力計

密度(density)ρ係定義爲單位體積內所含有物質之質量,若物質之總質量爲m(kg),而總體積爲V(m³),則其密度爲

$$\rho = \frac{m}{V} \; (\text{kg/m}^3)$$

對一均質性物質而言,其各部分的密度可視爲相同,故密度爲一內涵性質。

若U型管內液體之密度爲ρ(kg/m³),其截面面積爲A(m²),重力加速度(gravitational acceleration)爲g(m/sec²),而U型管內兩液面之高度差爲L(m),則氣體之錶壓力P_g爲

$$P_g = \rho(AL)g/A = \rho g L \; (\text{Pa}) \tag{1-2}$$

圖 1-8 所示之情況,其右側液面較高,故P_g爲正值;反之,若左側液面較高,則P_g爲負值。

比重(specific gravity)s,係定義爲物質之密度與水在標準狀態下的密度之比值,即

$$s = \rho/\rho_{\mathrm{H_2O}} = \rho \times 10^{-3}$$

因此，式(1-2)可改寫爲

$$P_g = sgL \times 10^3 \,(\mathrm{Pa}) = sgL \,(\mathrm{kPa}) \tag{1-3}$$

比重量(specific weight) γ，係定義爲單位體積內所含有物質之重量；若物質的質量爲m(kg)，總體積爲V(m³)，則由牛頓第二運動定律，其重量(weight)W爲

$$W = mg(\mathrm{N}) \tag{1-4}$$

而比重量 γ 爲

$$\gamma = \frac{W}{V} = \frac{mg}{V} = \rho g (\mathrm{N/m^3}) \tag{1-5}$$

將方程式(1-5)代入方程式(1-2)可得

$$P_g = \gamma L \,(\mathrm{Pa}) \tag{1-6}$$

由方程式(1-2)與(1-6)可知，錶壓力僅與壓力計所使用之液體的性質 (ρ或γ)及液面高度差L有關，而與所用之U型管截面的形狀及大小無關。

重力加速度g爲高度之函數，惟當高度差不大時，可使用標準狀態下的標準值，即

$$g = 9.80665 \,\mathrm{m/sec^2} \approx 9.8 \,\mathrm{m/sec^2}$$

【例題 1-1】

若大氣壓力爲 101 kPa，而壓力錶之讀數爲(1) 2.1 kPa (2) −2.1 kPa，試求各別之絕對壓力。

解：(1) $P_{abs} = P_{atm} + P_g = 101 + 2.1 = 103.1\,kPa$

(2) $P_{abs} = P_{atm} + P_g = 101 - 2.1 = 98.9\,kPa$

【例題 1-2】

　　一液體壓力計所使用之液體的密度為800 kg/m³，兩液面高度差為300 mm，則顯示的錶壓力為若干kPa？若以使用水銀(密度為13,600 kg/m³)之液體壓力計量測相同的錶壓力，則兩液面高度差為若干？

解：由方程式(1-2)：

$$P_g = \rho g L = 800 \times 9.8 \times (300 \times 10^{-3})$$
$$= 2352\,Pa = 2.352\,kPa$$

由方程式(1-2)可知，當錶壓力相同時，液面高度差與所使用液體之密度成反比，因此

$$L_2 = L_1 \frac{\rho_1}{\rho_2} = 300 \times \frac{800}{13600} = 17.65\,mm$$

【例題 1-3】

　　一液體壓力計使用比重為 3 的液體，若兩液面高度差為400 mm，而大氣壓力為100 kPa，則受測氣體的絕對壓力可能為若干kPa？

解：因題目未明示究竟受測氣體側或大氣側之液面何者較高，故兩種可能的情況均予分析，即錶壓力可能為正，亦可能為負。

由方程式(1-3)，

$P_g = \pm sgL = \pm 3 \times 9.8 \times (400 \times 10^{-3}) = \pm 11.76\,kPa$

(1) $p_{abs} = p_{atm} + p_g = 100 + 11.76 = 111.76\,kPa$

(2) $p_{abs} = p_{atm} - p_g = 100 - 11.76 = 88.24\,kPa$

2. 溫度

溫度(temperature)為當人體接觸某一物質時，感覺「冷」或「熱」的指標。惟人體的冷熱的感覺為相對性的，不僅因人而異，且可能因環境而異，故必須訂定量測溫度的標準與標度。

令兩物體(或兩系統)彼此接觸，若期間無熱交換現象發生，則謂該兩物體(兩系統)具有相同的溫度，且同時處於溫度平衡(或熱平衡——此將於稍後討論)。若兩物體分別與第三個物體處於溫度(熱)平衡，則該兩物體亦彼此處於溫度(熱)平衡中，此稱為熱力學第零定律(Zeroth law of thermodynamics)。此第三個物體即一般所謂的溫度計(thermometer)，可以作為溫度高低的比較工具，但欲用以作為量度之用，則首先需訂定適當的溫標(temperature scale)。

本書所使用之溫標為攝氏溫標(Celsius scale)，以℃表示，係以水的冰點及沸點為基準而訂定的。在一標準大氣壓之下，冰和水的混合物與飽和空氣平衡共存時之溫度稱為冰點，且定為 0℃。而在一標準大氣壓之下，水與水蒸汽平衡共存時之溫度則稱為沸點，並定為 100℃。

另有學者以水的三相點為單一基準點，配合理想氣體溫標予以重新定義，而得到所謂的絕對溫標(absolute temperature scale)或熱力溫標(thermodynamic temperature scale)，此將於第四章中詳予討論。惟在此溫標中，水的三相點定為 0.01℃，而據此所得之水的沸點仍為 100℃，故兩種定義所得溫標實質上是相同的。

攝氏溫標的絕對溫標稱為凱爾敏(Kelvin)溫標，以K表示。兩溫標間之關係為

$$K = ℃ + 273.15$$

3. 比容

比容(specific volume)v係定義爲單位質量的物質所佔有的體積，若物質的總質量爲m(kg)，而總體積爲V(m³)，則其比容爲

$$v = \frac{V}{m} = \frac{1}{\rho}(\text{m}^3/\text{kg})$$

1-3.2　狀態

在分析熱力問題時，物質(或系統)所存在的情況謂之狀態(state)。利用物質的熱力性質可將狀態明確地表示；反之，若物質的狀態固定，則其熱力性質亦均固定。惟因熱力性質頗多，究竟須幾個及何種熱力性質方可定出系統的狀態，則視系統的特性而定。一般而言，至少須有兩個獨立性質(independent property)方可明確地定出狀態，此將於第五節中詳細討論。

1-3.3　熱力平衡

將一熱力系統與外界完全隔絕，使系統完全不受任何外來因素的作用，若系統的任何一個熱力性質均不發生改變，則謂該系統係處於熱力平衡(thermodynamic equilibrium)的狀態中。惟有系統達到熱力平衡，始能定出熱力性質及其狀態，而熱力問題的分析方能進行。

系統達到熱力平衡所必需滿足的條件，因系統之特性的不同而有所不同，惟共同必需滿足的條件爲熱平衡(thermal equilibrium)及機械平衡(mechanical equilibrium)等兩個條件。

1. 熱平衡

對裝有某物質的容器加熱，一段時間後將熱源移除，並立即將容器與外界隔絕，此時容器內物質的溫度爲幾度？由於加熱的不均勻，容器

內的物質存在有溫度梯度(temperature gradient)，故移除熱源之瞬間，在不同部位所量測之溫度均不相同，而無法定出整個系統的溫度，當然亦無法據以定出系統的狀態。但在經過一段足夠長的時間之後，物質內部因溫度的不同而自行進行熱交換，終至達到均衡且單一的溫度。只要不再有任何外來因素的作用，則該溫度絕不再發生變化，而謂系統已達到熱平衡。

因此，熱平衡之條件為系統具有均衡且單一的溫度。

2. 機械平衡

汽缸－活塞往復式空氣壓縮機，在對空氣進行壓縮時，因空氣為可壓縮性(compressible)氣體，故靠近活塞的空氣壓力上升較快，而越往汽缸頭壓力上升越慢，即在汽缸內存在有壓力梯度(pressure gradient)。若令活塞停止運動，且立即將汽缸與外界絕隔，此時汽缸內空氣的壓力為若干？因各部位的壓力不同，故無法定出系統的壓力，當然亦無法據以定出系統的狀態。惟有在經過一段足夠的時間後，藉助於壓力差造成空氣的流動，終至到達均衡且單一的壓力。只要不再有任何外來因素的作用，則該壓力絕不再發生變化，而謂系統已達到機械平衡。

因此，機械平衡之條件為，系統具有均衡且單一的壓力。

若系統內的工作物為單一種物質且為單相，或二種或二種以上的物質、單相，且無化學反應，則滿足熱平衡及機械平衡即可謂達到熱力平衡，而可利用溫度與壓力兩個性質定出系統的狀態。

若系統內的工作物有二相或三相共存時，則除了熱平衡與機械平衡外，尚需滿足相平衡(phase equilibrium)。

3. 相平衡

當系統與外界作熱交換而進行相變化時(如自外界吸熱而由液相變為汽相)，因熱交換不均勻，物質內亦有溫度梯度存在，因此將熱源移除，並立即將系統與外界隔絕，但相變化仍將持續進行某一程度，故各相的質量亦產生變化，而無法定出系統的性質與狀態。惟有在經過一段足夠長的時間，相變化完全停止，各相的質量固定後，始能定出系統的性質及狀態。只要不再有任何外來因素的作用，則各相的質量絕不再發生變化，而謂系統已達到相平衡。

因此，相平衡之條件為系統具有均衡且單一的相間質量比例。

當系統內的工作物有化學反應現象發生時，則除了熱平衡與機械平衡外，尚需滿足化學平衡(chemical equilibrium)。

4. 化學平衡

基於相平衡中所述相同之理由，當移除促使化學反應進行的外來因素，並立即將系統與外界隔絕，但化學反應並非立即停止，而須待一段足夠長的時間，使化學反應仍持續進行某一程度後停止，各組成成分的質量始能固定，同時系統的性質及狀態也才能定出。只要不再有任何外來因素的作用，則各組成成分的質量絕不再發生變化，而謂系統已達到化學平衡。

因此，化學平衡之條件為系統具有均衡且單一的組成成分百分比。

1-3.4　過程

當系統自一熱力平衡的狀態，因受外來因素的作用而轉換至另一熱力平衡的狀態，謂之進行了某一過程(process)。如熱力平衡中所敘述的，在過程進行中的任一瞬間，因系統並未達到熱力平衡，而無法定出系統的性質及狀態，造成熱力問題分析的困難。

若假設過程的進行非常緩慢，例如加熱速率極低，或活塞運動的速度極慢，則系統內的溫度梯度或壓力梯度將非常的小，因此系統在任何瞬間均非常接近於熱力平衡，而可定出系統的性質及狀態。此等過程稱為似平衡過程(quasi-equilibrium process)，本書所討論之過程均視為似平衡過程。

1-3.5　循環

當系統內的工作物自一狀態，受外來因素的作用而進行了二個或二個以上的過程，最後又回復至最初始的狀態，則謂該系統完成了一個循環(cycle)。前曾敘述，利用熱力性質可定出物質的狀態，相對地，狀態亦可指明物質在該狀態下所應具有的熱力性質。相同的物質在相同的狀態下，應具有相同的性質。因此，若系統內的工作物完成了任一循環，則其任一性質的淨變化量(net change)均為零。若x代表某一性質，則

$$\oint dx = 0$$

1-4　狀態函數與路徑函數

若一系統自狀態 1，以任一過程改變至狀態 2，則該過程所造成的壓力變化為

$$\Delta p = \int_1^2 dp = p_2 - p_1$$

不論系統所進行的是何種過程，所經過的是何種路徑，壓力變化僅決定於狀態 1 與狀態 2，而與該過程或路徑的種類無關，故壓力為一種狀態函數(state function)。

由於狀態係由物質的性質所訂定，相對地，只要系統的狀態固定，則所有的性質亦均固定，不論該狀態是經由何種過程，經過何種路徑而達到的，因此所有的熱力性質均屬狀態函數。總而言之，若某一量僅決定於系統存在的狀態，而與過程(或路徑)無關，則該量即為狀態函數。

在以性質為座標軸的圖上，任一狀態僅顯示出一點，故狀態函數經常又稱為點函數(point function)。

若一系統自狀態 1，以某一過程改變至狀態 2，則該過程進行中系統與外界間功的作用量，係決定於系統所進行之過程、所經過之路徑的特性，故功為一種路途函數(path function)。功為系統與外界間的一種能量交換，為過程進行中方可能存在的量；當系統存在於某一狀態時，不可謂之含有功。若以符號 W 代表功(work)，則功不可寫為

$$\int_1^2 \delta W = W_2 - W_1$$

式中，δ 為路徑函數的微分符號，用以與狀態函數的微分符號 d 有所區分。

同理，熱(heat)為系統與外界間因溫度差而造成的一種能量交換，亦為過程進行中方可能存在的量；當系統存在於某一狀態時，不可謂之含有熱。過程中熱交換量的大小，係決定於系統所進行之過程、所經過之路徑的特性，故熱亦為一種路徑函數。若以符號 Q 代表熱，則熱不可寫為

$$\int_1^2 \delta Q = Q_2 - Q_1$$

總而言之，若某一量不僅與系統存在的狀態有關，且決定於系統所進行之過程及經過之路徑的特性，則該量即為路徑函數。

就數學之觀點而言，狀態 (點) 函數的微分為正合微分(exact differential)，而路徑函數的微分為非正合微分(inexact differential)，故可利用此觀念分析判斷某一量係屬狀態函數或路徑函數。

若某一量 x，為兩個獨立變數 y 與 z 之函數，即

$$x = f(y, z)$$

此量 x 之微分 dx 為

$$dx = (\frac{\partial x}{\partial y})_z \, dy + (\frac{\partial x}{\partial z})_y \, dz$$
$$= Mdy + Ndz$$

式中

$$M = (\frac{\partial x}{\partial y})_z \; ; \; N = (\frac{\partial x}{\partial z})_y$$

因此

$$(\frac{\partial M}{\partial z})_y = [\frac{\partial}{\partial z}(\frac{\partial x}{\partial y})_z]_y = \frac{\partial^2 x}{\partial z \partial y}$$
$$(\frac{\partial N}{\partial y})_z = [\frac{\partial}{\partial y}(\frac{\partial x}{\partial z})_y]_z = \frac{\partial^2 x}{\partial y \partial z}$$

若$(\frac{\partial M}{\partial z})_y = (\frac{\partial N}{\partial y})_z$，則 dx 為正合微分，而 x 為一狀態函數；若 $(\frac{\partial M}{\partial z})_y \neq (\frac{\partial N}{\partial y})_z$，則$dx$為非正合微分，而$x$為一路徑函數，且應以$\delta x$表示之。

　　若系統進行一循環過程，則狀態函數之循環積分(即淨變化量)結果為零，即$\oint dx = 0$；而路徑函數之循環積分結果通常不為零。

【例題 1-4】

　　某物質之壓力p、容比 v 及溫度 T 間之關係為 $\frac{pv}{T} = C$（常數），而有兩個量 A、B，與 p、v、T 間的 函數關係分別為

$$A = \int (\frac{dT}{T} - \frac{vdp}{T})$$
$$B = \int (\frac{dT}{T} + \frac{pdv}{v})$$

試決定 A 與 B 為狀態函數或路徑函數。

解：(1) $d(\delta)A = \dfrac{dT}{T} - \dfrac{v}{T}dp$

　　令 $M = \dfrac{1}{T}$ ； $N = -\dfrac{v}{T}$ ； $y = T$ ； $z = p$

　　$(\dfrac{\partial M}{\partial z})_y = [\dfrac{\partial(1/T)}{\partial p}]_T = 0$

　　$(\dfrac{\partial N}{\partial y})_z = [\dfrac{\partial(-v/T)}{\partial T}]_p = [\dfrac{\partial(-C/P)}{\partial T}]_p = 0$

　　因 $(\dfrac{\partial M}{\partial z})_y = (\dfrac{\partial N}{\partial y})_z$ ，故 A 為一狀態函數。

(2) $d(\delta)B = \dfrac{dT}{T} + \dfrac{p}{v}dv$

　　令 $M = \dfrac{1}{T}$ ； $N = \dfrac{p}{v}$ ； $y = T$ ； $z = v$

　　$(\dfrac{\partial M}{\partial z})_y = [\dfrac{\partial(1/T)}{\partial v}]_T = 0$

　　$(\dfrac{\partial N}{\partial y})_z = [\dfrac{\partial(p/v)}{\partial T}]_v = [\dfrac{\partial(CT/v^2)}{\partial T}]_v = \dfrac{C}{v^2}$

　　因 $(\dfrac{\partial M}{\partial z})_y \neq (\dfrac{\partial N}{\partial y})_z$ ，故 B 為一路徑函數。

1-5　物質、純物質之狀態變化及熱力性質表之應用

　　能量之傳遞需藉助於物質，而熱力學為分析能量問題之工具，且在分析中必需考慮工作物質之熱力性質的變化，故首先必需能夠定出物質所存在之狀態下的性質，始能進行能量之分析。

1-5.1　純物質

　　熱力學係分析能量之轉換，而能量之轉換須藉助於物質作媒介，故首先須了解如何得到物質所存在狀態下的性質，始能分析物質性質之改變對能量轉換的影響。

　　物質通常可以以固相、液相或汽相等三種不同的相單獨存在，或兩相或三相共存，而各相間熱力性質的關係將於稍後討論。

　　熱力學上所討論的物質，稱為純物質(pure substance)。若某一物質，不論係以何種相存在，其化學組成成分均完全相同，且為均質性的(homogeneous)，則稱該物質為純物質。水，其固相(冰)、液相(水)及汽相(水蒸汽)，化學組成成分皆為均質性的H_2O，故水為一種純物質。

　　液態空氣內的含氮量，較氣態空氣內的含氮量為高，故液態空氣與氣態空氣的化學組成成分並不相同，而空氣並不可視為純物質。惟在所分析的過程中，若空氣無相變化之現象，則仍可視之為純物質。同理，若工作物為氣體混合物，只要在整個應用過程中，該混合物一直維持氣體，而無相變化的產生，則仍可視該混合物為純物質。

　　本書將純物質分為兩大類，其一為在所分析的過程中，物質可能以不同的相存在，此為本節中所要討論的；另一為在分析的過程中，物質一直維持汽(氣)相，無相變化的現象，甚至可視為理想氣體，此將於第三章再作討論。

1-5.2　純物質之相平衡與相圖

　　若有兩個性質，將其中一性質維持固定，則另一性質可在某一範圍內任意變化，則謂該兩性質間彼此獨立。純物質的狀態均可利用兩個獨立性質予以明確地定出，而其他所有的性質亦可定出。然而，究竟要利用那兩個獨立性質呢？為了建立此觀念，並了解相關的術語，首先將以水的液相及汽相為例予以說明。

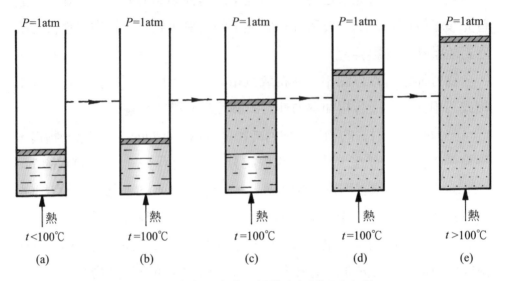

圖1-9　水在固定的一標準大氣壓下之加熱

　　參考圖 1-9，(a)為以一容器裝盛常溫(低於100℃)的水，其上覆蓋一可浮動之蓋體，而壓力為一標準大氣壓(1 atm)，並以熱源對水加熱。水的溫度逐漸上升，直至達到1 atm壓力下而仍全部為液相的最高溫度100℃，如(b)所示。若再加熱，則溫度不再升高(即維持100℃)，而所加之熱係造成部分液相變為汽相，而形成如(c)所示的液汽兩相共存之情況。持續的加熱，汽相逐漸增加，而液相逐漸減少，直到最後一個液相水分子變為汽相為止，溫度仍維持100℃，如(d)所示。若繼續加熱，則溫度再開始上升(高於100℃)，如(e)所示。

　　由前述例子可知，水在1 atm之壓力下，有一液相可存在的最高溫度，或汽相可存在的最低溫度，此溫度為100℃，當$t<100$℃時純為液相，而$t>100$℃時純為汽相，而不可能兩相共存。對某一壓力(或溫度)而言，必有一特定的溫度(或壓力)，物質可進行相變化或兩相共存，而稱該溫度(或壓力)爲該壓力(或溫度)對應的飽和溫度(或壓力)。若物質存在的壓力與溫度爲彼此呈對應飽和關系，則稱爲飽和狀態(saturated state)，如圖 1-9 中的(b)至(d)。飽和狀態下的相稱爲飽和相(saturated phase)，如(b)至(d)中的液相均稱爲飽和液，而汽相均稱爲飽和汽。

　　圖 1-9 中(a)至(b)過程，及(d)至(e)過程，所加之熱係用以造成溫度的升高，而稱爲顯熱(sensible heat)；而過程(b)至(d)，所加之熱係用以使液相變爲汽相，而並無溫度的升高，故稱之爲潛熱(latent heat)。

　　前述例子雖係以水的液相－汽相，說明壓力－溫度的飽和關係，但此等觀念亦可應用於其他物質及固相－液相與固相－汽相間之關係，在此不予贅述。

　　又，前述例子之壓力爲1 atm，其飽和溫度爲100℃，若在較1 atm爲低的壓力下對水加熱(如在高山上煮開水)，則其對應的飽和溫度爲若干？高於或低於100℃？也許由登山經驗知，在高山上水較易煮沸，但爲什麼呢？若在較1 atm爲高的壓力下對水加熱(如以壓力鍋或快鍋煮食)，則其對應的飽和溫度爲若干？高於或低於100℃？也許由經驗知，利用壓力鍋煮食，食物較容易煮熟，但爲什麼呢？

　　二相共存的壓力與溫度對應飽和之關係爲何？亦即若壓力改變(例如升高)，則其相對應的飽和溫度如何改變(升高或降低)？首先仍說明液相與汽相間的關係。

　　由於物質自液相變爲汽相，其容積變大，故壓力愈高，則須達到更高的溫度始具有足夠的能量可克服阻力而膨脹爲汽相；反之，若壓力愈低，則膨脹所須克服之阻力愈小，故在一較低之溫度即可變爲汽相。由此可知，液相與汽相間的飽和溫度(或飽和壓力)與壓力(或溫度) 係呈同方向的變化，即壓力(或溫度)越高，飽和溫度(或飽和壓力)越高，反之亦然。是故，因高山上氣壓較低，其飽和溫度亦較低，故容易煮開；而壓力鍋因壓力較高，其飽和溫度亦較高，故水可達到較高的溫度而容易將食物煮熟。

　　若以任意兩個熱力性質為座標軸，而將純物質的兩個相或三個相同時表示於圖上，則稱此等圖為相圖(phase diagram)。常用之相圖有壓力－溫度 (p-T) 圖、壓力－比容(p-v)圖及溫度－比容(T-v)圖。

　　液相與汽相間飽和壓力與飽和溫度間之關係，示於p-T圖上，即如圖1-10所示之情況。圖中曲線上的任一點，表示所存在之壓力與溫度彼此呈對應飽和之關係，即為飽和狀態，而可為純飽和液、飽和液與飽和汽任意比例的混合物、或純飽和汽，代表無限多的狀態。該線表示液相變為汽相(汽化)，或汽相變為液相(凝結)之狀態的集合，故稱為汽化線(vaporization line)或凝結線(condensation line)。

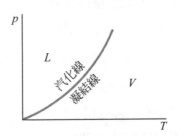

圖 1-10　純物質之汽化線(或凝結線)

　　該線左側之液體，稱為壓縮液(compressed liquid)，因該區域中的任何一點，其壓力高於所存在溫度對應的飽和壓力；或另稱為過冷液(subcooled liquid)，因該區域中的任何一點，其溫度低於所存在壓力對應的飽和溫度。又該線右側之汽體，稱為過熱汽(superheated vapor)，因該區域中的任何一點，其溫度高於所存在壓力對應的飽和溫度，或其壓力低於所存在溫度對應的飽和壓力。

其次考慮固相－液相間壓力與溫度的關係；一般的物質，在由固相變為液相(熔解)時其容積增加，故壓力越高(或越低)，則飽和溫度亦越高(或越低)，即壓力與溫度呈同方向的變化，其*p-T*圖如圖 1-11(a)所示。但例如以水為典型代表的物質，在由固相變為液相時其容積減小，故壓力越高，越有助於容積的收縮，因此在一較低的溫度即可變為液相，即壓力與溫度呈反方向的變化，其*p-T*圖如圖 1-11(b)所示。

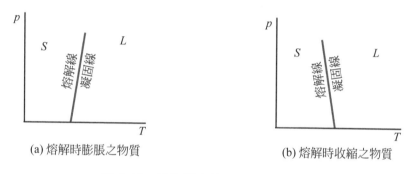

(a) 熔解時膨脹之物質   (b) 熔解時收縮之物質

圖 1-11 純物質之熔解線(或凝固線)

此固相－液相飽和線，稱之為熔解線(fusion line)或凝固線(freezing line)。

最後考慮固相－汽相間壓力與溫度的關係；由於所有的物質自固相變為汽相(昇華)時，其容積均變大，故壓力愈高，需達到愈高的溫度，始具有足夠的能量可克服阻力而膨脹。反之，壓力愈低，則在愈低的溫度即可昇華。亦即壓力與溫度呈同方向的變化，如圖 1-12 所示，此固相－汽相飽和線，稱之為昇華線(sublimation line)。

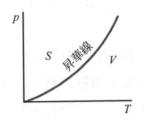

圖 1-12　純物質之昇華線

　　以上係分別討論固相、液相及汽相中任意兩相間飽和狀態壓力與溫度之關係，若將三種情況同時表示於一p-T圖上，則如圖 1-13 所示，其中(a)為熔解時膨脹之物質，而(b)為熔解時收縮之物質。圖中三條飽和線相交於一點T，稱為三相點(triple point)，在該特定的壓力與溫度條件下，物質的三個相可以共存，惟在p-T圖上雖為一點，但並非單一狀態，因三相之間量的不同而有不同的狀態，即理論上可有無限多的狀態，此將於稍後再作討論。數種物質的三相點壓力及溫度，示於表 1-1 中。

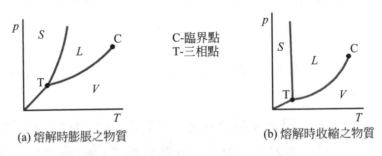

C-臨界點
T-三相點

(a) 熔解時膨脹之物質　　　　　　　(b) 熔解時收縮之物質

圖 1-13　純物質三相之壓力－溫度圖

表 1-1　數種物質之三相點數據

物質	溫度(°C)	壓力(kPa)	物質	溫度(°C)	壓力(kPa)
氫	−259	7.194	水	0.01	0.6113
氧	−219	0.15	水銀	−39	1.3×10^{-7}
氮	−210	12.53	鋅	419	5.066
氨	−78	6.077	銀	961	0.01
氦	−271	5.15	銅	1083	1.3×10^{-7}
二氧化碳	−57	517.107			

　　圖 1-13 中，C 為汽化線(或凝結線)的極限點，稱為臨界點(critical point)，此亦將於稍後再作討論。

　　若將物質所有可能存在的狀態，表示於以 p、v、T 為座標軸之圖上，則如圖 1-14 與圖 1-15 所示。此等立體圖之表面，即為物質可能存在的狀態之集合。

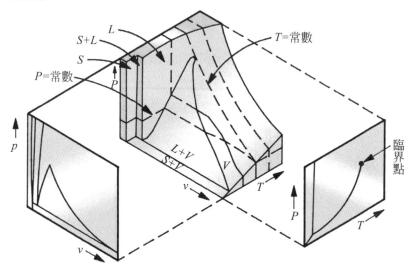

圖 1-14　熔解時膨脹之物質的 p-v-T 圖

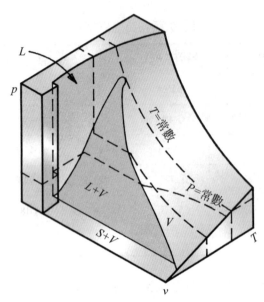

圖 1-15　熔解時收縮之物質的 *p-v-T* 圖

　　圖 1-16 與圖 1-17 所示，為前述立體圖投影於*p-v*投影面之示意圖，即以*p*與*v*為座標軸之相圖。圖中固－液、液－汽及固－汽等三個兩相共存的區域，交集於一條水平線，線上任何一點均可三相共存，因固、液、汽等三個相之量的不同，狀態亦不同，但均存在於相同的壓力與溫度，故前述的三相點，應稱為三相線(triple line)始為正確。

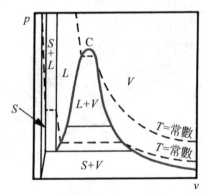

圖 1-16　熔解時膨脹之物質的 *p-v* 圖

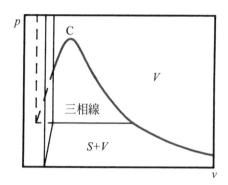

圖 1-17　熔解時收縮之物質的 p-v 圖

　　由圖 1-14 至圖 1-17 可知，C 點為液相與汽相的交界點，且因液相與汽相的共存區域，即(L+V)面，係垂直於 p-T 投影面，故在 p-T 圖上為一條線(汽化線或凝結線)，而臨界點 C 即為該線的極限點。臨界點之壓力稱為臨界壓力(critical pressure)，以 p_c 表示；而溫度稱為臨界溫度(critical temperature)，以 T_c 表示。若干物質的臨界點性質，示於表 1-2。

表 1-2　臨界點性質

物質	化學式	分子量	溫度(K)	壓力(MPa)	摩爾比容 $(m^3/kmol)$
空氣	—	28.97	132.4	3.85	.0903
氨	NH_3	17.03	405.5	11.28	.0724
氬	Ar	39.948	151	4.86	.0749
溴	Br_2	159.808	584	10.34	.1355
二氧化碳	CO_2	44.01	304.2	7.39	0.943
一氧化碳	CO	28.01	133	3.50	.0930
氯	Cl_2	70.906	417	7.71	.1242
氦	He	4.003	5.3	0.23	.0578

表 1-2 臨界點性質(續)

物質	化學式	分子量	溫度(K)	壓力(MPa)	摩爾比容 (m³/kmol)
氫	H₂	2.016	33.3	1.30	.0649
氪	Kr	83.80	209.4	5.50	.0924
氖	Ne	20.183	44.5	2.73	.0417
氮	N₂	28.013	126.2	3.39	.0899
一氧化二氮	N₂O	44.013	309.7	7.27	.0921
氧	O₂	31.999	154.8	5.08	.0780
二氧化硫	SO₂	64.063	430.7	7.88	.1217
水	H₂O	18.015	647.3	22.09	.0568
氙	Xe	131.30	289.8	5.88	.1186
苯	C₆H₆	78.115	562	4.92	.2603
四氯化碳	CCl₄	153.82	556.4	4.56	.2759
三氯甲烷	CCl₃	119.38	536.6	5.47	.2403
冷媒-12	CCl₂F₂	120.91	384.7	4.01	.2179
冷媒-21	CHCl₂F	102.92	451.7	5.17	.1973
乙烷	C₂H₆	30.07	305.5	4.88	.1480
酒精	C₂H₅OH	46.07	516	6.38	.1673
乙烯	C₂H₄	28.054	282.4	5.12	.1242
甲烷	CH₄	16.043	191.1	4.64	.0993
甲醇	CH₃OH	32.042	513.2	7.95	.1180
丙烷	C₃H₈	44.097	370.0	4.26	.1998
冷媒-11	CCl₃F	137.37	471.2	4.38	.2478
冷媒-134a	CF₃CH₂F	102.03	374.3	4.067	.1847

在熱力問題的分析上，由於工作物絕大部分爲液相與汽相，固相較少，故以下將針對液相及汽相深入討論，俾便瞭解如何定出物質所存在的狀態，及如何得到相關的熱力性質，惟其觀念仍可應用於固相與液相，及固相與汽相之問題的分析。

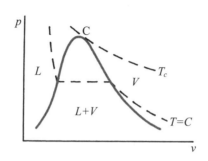

圖 1-18　液－汽相之壓力－比容圖

圖 1-18 所示爲僅顯示液相與汽相之 p-v 圖，而圖中的虛線爲等溫線，在液－汽共存區，即 (L+V) 區，水平線爲等壓線，亦爲等溫線。圖中的曲線及其所包含的區域，爲飽和狀態 (saturated state)，如圖 1-9 中的 (b) 至 (d)，其壓力與溫度爲對應飽和的關係。以臨界點 C 爲界分爲兩部分，左側部分稱爲飽和液體線 (saturated liquid line)，其上任何一點均爲飽和液體，如圖 1-9 中的 (b)；而右側部分稱爲飽和汽體線 (saturated vapor line)，其上任何一點均爲飽和汽體，如圖 1-9 中的 (d)；曲線內部爲液－汽兩相共存的區域，稱爲濕區域 (wet region)，在某一壓力 (或溫度) 下，由於液相與汽相質量的不同，而狀態亦不同，如圖 1-9 中的 (c)。飽和液體線左側爲液相區，該液體如前述稱爲壓縮液或過冷液，如圖 1-9 中的 (a)；而飽和汽體線右側爲汽相區，該汽體稱爲過熱汽，如圖 1-9 中的 (e)。

由圖 1-18 知，當物質以液相 (壓縮液) 或汽相 (過熱汽) 單相存在時，壓力與溫度兩者爲獨立性質，故利用壓力與溫度兩性質即可定出其狀態

(即在p-v圖上可定出一點)。但在飽和曲線上及濕區域內,壓力與溫度兩者爲彼此相依,故僅利用壓力與溫度兩性質無法定出物質之狀態(即無法在p-v圖上定出一點)。因此,須再利用另一個與壓力(或溫度)爲彼此獨立的性質(或量),始能定出其狀態。此常用的量稱爲乾度(quality,或稱品質),習慣以x表示,係表示在液-汽混合物中,汽體質量佔總質量之百分比。假設液-汽混合物中,液體之質量爲m_L,而汽體之質量爲m_V,則乾度x爲

$$x = \frac{m_V}{m_L + m_V} \tag{1-7}$$

若能夠找出乾度x與熱力性質間的關係,則可用以分析熱力性質,並定出物質的狀態。以下先以比容爲例說明乾度與比容間的關係,但其結果可應用於內能、焓、熵等其他熱力性質。惟首先須了解,習慣上將飽和固體、飽和液體及飽和汽體的熱力性質,分別以"i"、"f"及"g"爲下標表示之。

假設前述之液-汽混合物的總容積爲V,則其比容積v爲

$$v = \frac{V}{m_L + m_V} = \frac{V_L + V_V}{m_L + m_V}$$

$$= \frac{m_L v_f + m_V v_g}{m_L + m_V}$$

$$= \frac{m_L}{m_L + m_V} v_f + \frac{m_V}{m_L + m_V} v_g$$

將方程式(1-7)代入上式可得

$$v = (1-x)v_f + x v_g \tag{1-8}$$

或由方程式(1-8)

$$v = v_f + x(v_g - v_f)$$

$$= v_f + x v_{fg} \tag{1-9}$$

又由方程式(1-8)

$$v = v_g - (1-x)(v_g - v_f)$$
$$= v_g - (1-x)v_{fg} \qquad (1\text{-}10)$$

方程式(1-9)及方程式(1-10)中，係定義

$$v_{fg} = v_g - v_f$$

因此，若已知物質之壓力(或溫度)及其乾度，則可由方程式(1-8)、(1-9)或(1-10)，求得其比容，而定出其狀態，即可在 $p\text{-}v$ 圖上定出一點。

乾度 x 經常以百分比(%)表示，其範圍爲 $0 \leq x \leq 100\%$。當 $x=0$ 時，爲飽和液體；當 $x=100\%$ 時，爲飽和汽體；而當 $0<x<100\%$ 時，則爲濕汽體。又，壓縮液及過熱汽並無所謂的乾度。

1-5.3　熱力性質表與應用

除了第三章將討論的理想氣體外，當應用的工作物存在於一般之狀態時，甚難找出簡單的熱力性質間之函數關係，且其可應用的壓力及溫度之範圍又極爲有限。故通常利用實驗方法得到可量測的壓力、溫度、比容等性質，再配合分析計算求得其他的熱力性質，並予以列表，在應用上更爲方便。本書後面的附表中，列出若干常用的物質之熱力性質表，包括飽和性質表、過熱汽體表及壓縮液體表…等。

1. 飽和性質表

此爲物質存在於飽和狀態的性質表。由於在飽和狀態下，壓力與溫度爲彼此相依的性質，故由溫度(或壓力)即可決定飽和相(液或汽)之性質；而配合乾度 x 及飽和相性質，利用方程式(1-8)至方程式(1-10)之一即可求得濕汽體(wet vapor)之性質。附表 1 與附表 2 分別爲水的飽和性質

之溫度表與壓力表；附表5、7、9、11、13及15，分別為氨、冷媒-12、冷媒-22、冷媒-134a、氧及氮之飽和性質表。

2.　過熱汽體表

由於物質在過熱汽體狀態下為單相，其壓力與溫度為彼此獨立之性質，故以壓力及溫度即可定出其狀態及熱力性質。附表6、8、10、12、14及16，分別為水、氨、冷媒-12、冷媒-22、冷媒-134a、氧及氮之過熱汽體表。

3.　壓縮液體表

由於物質在壓縮液體狀態下為單相，其壓力與溫度亦為彼此獨立之性質，故以壓力及溫度亦可定出其狀態及熱力性質。附表4為水之壓縮液體表。

對液體而言，其性質隨溫度變化之改變量較為明顯，而受到壓力改變之影響極微，故當無壓縮液體表，或考慮之狀態不在表列範圍之內，或容許使用近似值時，經常以該狀態之溫度的飽和液體取代之，而分析結果之誤差應屬容許的範圍之內。現舉一例說明如下：

若水存在於20 MPa之壓力及200℃之溫度的狀態，首先由附表2知，水在20 MPa之飽和溫度為365.81℃，因200℃<365.81℃，故知此狀態下的水為過冷液體(或壓縮液體)。由附表 4 可得$v = 0.0011388 \, \text{m}^3/\text{kg}$，$h = 860.5 \, \text{kJ/kg}$。

由附表1，可得200℃之飽和壓力為1.5538 MPa，遠小於20 MPa，及$v_f = 0.001157 \, \text{m}^3/\text{kg}$、$h_f = 852.45 \, \text{kJ/kg}$。

上述兩狀態之溫度相同(200℃)，壓力差異甚大，但$v \approx v_f$，$h \approx h_f$，故若以200℃之v_f及h_f取代實際的v及h，產生之誤差分別僅為1.6%及0.94%。因此，經常以相同溫度的飽和液體取代壓縮液體，而液體可視為不壓縮(incompressible)。

　　以下將舉數個例子說明熱力性質表之應用，惟熱力問題分析中經常出現的兩種情況，先作綜合性的說明(以水為例)，有助於狀態之決定及附表之應用等觀念的建立。

1. 已知壓力(p)及溫度(T)

(1)由附表 2 查得壓力(p)之飽和溫度(T_{sat})。	(1)由附表 1 查得溫度(T)之飽和壓力(p_{sat})。
(2)將溫度(T)與飽和溫度(T_{sat})比較，可能有下列三種情況：	(2)將壓力(p)與飽和壓力(p_{sat})比較，可能有下列三種情況：
① $T<T_{sat}$	① $p>p_{sat}$

　　　　則此狀態為過冷液體(壓縮液體)，因此可由附表 4 查得熱力性質；或由附表 1，以溫度為T的飽和液體取代之。

② $T>T_{sat}$	② $p<p_{sat}$

　　則此狀態為過熱汽體，因此可由附表 3 查得熱力性質。

③ $T=T_{sat}$	③ $p=p_{sat}$

　　　　即p與T為彼此呈對應飽和的關係，則此狀態為飽和狀態，而p與T已無法定出其狀態。因此應立即設法取得乾度x之值。

　　　　若$x=0$，為飽和液體，由附表 1 或附表 2 可查得熱力性質。

　　　　若$x=100\%$，為飽和汽體，由附表 1 或附表 2 可查得熱力性質。

　　　　若$0<x<100\%$，為濕汽體，由附表 1 或附表 2 查得之熱力性質及乾度x，利用方程式(1-8)至方程式(1-10)的任一式均可求得熱力性質。

2. 已知壓力(p)或溫度(T)，及比容(v)(或u、h、s)

(1)由附表2，查得壓力為p時之v_f及v_g	(1)由附表1，查得溫度為T時之v_f及v_g

(2)將已知v與v_f、v_g比較，可能有下列五種情況：

① $v<v_f$

則此狀態為壓縮液體(過冷液體)，由此可由附表4查得熱力性質。

② $v=v_f$

則此狀態為飽和液體，因此可由附表1或附表2查得熱力性質。

③ $v_f<v<v_g$

則此狀態為濕汽體，因此可利用方程式(1-8)至方程式(1-10)的任一式求得乾度x；再利用附表1或附表2之相關數據，由前述式子求得其他的熱力性質。

④ $v=v_g$

則此狀態為飽和汽體，因此可由附表1或附表2查得熱力性質。

⑤ $v>v_g$

則此狀態為過熱汽體，因此可由附表3查得熱力性質。

【例題 1-5】

試求水在下列各狀態下之性質：

(1)$p=150\,\text{kPa}$，$x=100\%$，v值＝？

(2)$p=10\,\text{kPa}$，$T=320\,℃$，v值＝？

(3)$T=150\,℃$，$x=50\%$，u值＝？

(4)$p=20\,\text{MPa}$，$T=440\,℃$，h值＝？

(5)$p=400\,\text{kPa}$，$u=1000\,\text{kJ/kg}$，v值＝？

(6)$p=0.9\,\text{MPa}$，飽和液體，h值＝？

解：(1)因$x=100\%$，故此狀態為$p=150\,\text{kPa}$之飽和汽體，由附表2，

$$v=v_g=1.1593\,\text{m}^3/\text{kg}$$

(2)由附表 2，$p = 10\,\text{kPa}$ 之飽和溫度 $T_{\text{sat}} = 45.81℃$，因 $T = 320℃ > T_{\text{sat}}$，

故此狀態爲過熱汽體。由附表 3，利用內插法(interpolation)，

$$v = 26.445 + \frac{31.063 - 26.445}{400 - 300} \times (320 - 300) = 27.3686\,\text{m}^3/\text{kg}$$

(3)由附表 1，$T = 150℃$ 時，$u_f = 631.68\,\text{kJ/kg}$，$u_{fg} = 1927.9\,\text{kJ/kg}$，由

方程式(1-9)，

$$u = u_f + x u_{fg}$$

$$= 631.68 + 0.5 \times 1927.9$$

$$= 1595.63\,\text{kJ/kg}$$

(4)由附表 2，$p = 20\,\text{MPa}$ 之飽和溫度 $T_{\text{sat}} = 365.81℃$，因

$T = 440℃ > T_{\text{sat}}$，故此狀態爲過熱汽體。

由附表 3，利用內插法

$$\text{h} = 2818.1 + \frac{3060.1 - 2818.1}{450 - 400} \times (440 - 400)$$

$$= 3011.7\,\text{kJ/kg}$$

(5)由附表 2，$p = 400\,\text{kPa}$ 時，$u_f = 604.31\,\text{kJ/kg}$，$u_{fg} = 1949.3\,\text{kJ/kg}$，

$u_g = 2553.6\,\text{kJ/kg}$，因 $u_f < u = 1000\,\text{kJ/kg} < u_g$，故此狀態爲濕汽體。

由式(1-9)，$x = \dfrac{u - u_f}{u_{fg}} = \dfrac{1000 - 604.31}{1949.3} = 0.203$

再由附表 2，$p = 400\,\text{kPa}$，$v_f = 0.001084\,\text{m}^3/\text{kg}$，

$v_g = 0.4625\,\text{m}^3/\text{kg}$，由方程式(1-9)，

$$v = v_f + x v_{fg} = 0.001084 + 0.203 \times (0.4625 - 0.001084)$$

$$= 0.0948\,\text{m}^3/\text{kg}$$

(6)由附表 2，$p = 0.9\,\text{MPa}$ 時

$$h = h_f = 742.83\,\text{kJ/kg}$$

【例題 1-6】

試求水在下列兩種狀態下之比容：

(1) $p = 20\,\text{MPa}$，$T = 100℃$

(2) $p = 2.0\,\text{MPa}$，$T = 100℃$

解：(1)由附表 2，$p = 20\,\text{MPa}$之飽和溫度$T_{\text{sat}} = 365.81℃$，因
$T = 100℃ < T_{\text{sat}}$，故此狀態為壓縮液體。

由附表 4，$v = 0.0010337\,\text{m}^3/\text{kg}$

由附表 1，$T = 100℃$時，$v_f = 0.001044\,\text{m}^3/\text{kg}$，故若以$100℃$之飽和液體取代之，則誤差為

$$\frac{0.001044 - 0.0010337}{0.0010337} = 0.996\%$$

(2)由附表 2，$p = 2.0\,\text{MPa}$之飽和溫度$T_{\text{sat}} = 212.42℃$，

因$T = 100℃ < T_{\text{sat}}$，故此狀態為壓縮液體。

由附表 4 中發現，此狀態不在表列的範圍之內，故以相同溫度($100℃$)的飽和液體表示之，即

$$v = 0.001044\,\text{m}^3/\text{kg}$$

【例題 1-7】

有一容積為$0.4\,\text{m}^3$之容器，裝有壓力為$0.6\,\text{MPa}$的水－水蒸汽之混合物$2.0\,\text{kg}$，試求水與水蒸汽各別之質量與容積。

解：混合物之比容v為

$$v = \frac{V}{m} = \frac{0.4}{2.0} = 0.2\,\text{m}^3/\text{kg}$$

由附表 2，當 $p = 0.6\,\mathrm{MPa}$ 時，$v_f = 0.001101\,\mathrm{m^3/kg}$，

$v_g = 0.3157\,\mathrm{m^3/kg}$，故其乾度 x 為

$$x = \frac{v - v_f}{v_{fg}} = \frac{0.2 - 0.001101}{0.3157 - 0.001101} = 0.6322$$

因此，水之質量與容積分別為

$$m_L = m(1-x) = 2.0 \times (1 - 0.6322) = 0.7356\,\mathrm{kg}$$

$$V_L = m_L v_f = 0.7356 \times 0.001101 = 0.0008\,\mathrm{m^3}$$

而水蒸汽之質量與容積分別為

$$m_v = mx = 2.0 \times 0.6322 = 1.2644\,\mathrm{kg}$$

$$V_v = m_v v_g = 1.2644 \times 0.3157 = 0.3992\,\mathrm{m^3}$$

或 $V_v = V - V_L = 0.4 - 0.0008 = 0.3992\,\mathrm{m^3}$

【例題 1-8】

一剛性容器內裝有 20℃ 之飽和氨汽，若予以加熱直至溫度達到 40℃，則最後之壓力為若干？

解：由於氨汽係裝於剛性容器內，故加熱過程中其比容維持固定不變。

由附表 5，

$$v_2 = v_1 = v_{g1} = 0.1494\,\mathrm{m^3/kg}$$

而在 40℃ 時，$v_{g2} = 0.0833\,\mathrm{m^3/kg}$，因 $v_2 > v_{g2}$，故最後之狀態為過熱氨汽。

由附表 6，利用內插法可求得最後之壓力 p_2，

$$p_2 = 900 + \frac{1000 - 900}{0.1559 - 0.1388} \times (0.1559 - 0.1494) = 938.01\,\mathrm{kPa}$$

【例題 1-9】

一容積爲0.015 m³之剛性容器，裝有30℃之濕蒸汽10 kg。若緩慢地對該容器加熱，則最後水面將降至容器的底部，或升至容器的頂部？當容器內的濕蒸汽變爲單一的飽和相時，其壓力與溫度各爲若干？

若容器內濕蒸汽之質量爲0.1 kg，其他條件均相同，則又如何？

解：(1)對剛性容器內的物質加熱，其比容維持固定不變，而壓力與溫度則升高。過程之比容v爲

$$v = \frac{V}{m} = \frac{0.015}{10} = 0.0015 \, \text{m}^3/\text{kg}$$

由表 1-2 可得水之臨界比容v_c爲

$$v_c = \frac{\bar{v}_c}{M} = \frac{0.0568}{18.015} = 0.003153 \, \text{m}^3/\text{kg}$$

上式中$\bar{v}_c$爲摩爾臨界容積(molar critical specific volume，m³ / kmol)，而M爲物質之分子量(molecular mass，kg / kmol)

將此過程繪於p-v圖上，如圖 1-19 所示，因 $v<v_c$，故該過程在臨界點C的左側，亦即濕蒸汽最後將全部變爲液體，而液面將上升至容器之頂部。

因$v_2 = v_f = 0.0015 \, \text{m}^3/\text{kg}$，故由附表 2 利用內插法可分別求得單一飽和相時之壓力與溫度。

$$p_2 = 11 + \frac{12-11}{0.001527-0.001489} \times (0.0015-0.001489)$$

$$= 11.2895 \, \text{MPa}$$

$$T_2 = 318.15 + \frac{324.75-318.15}{0.001527-0.001489} \times (0.0015-0.001489)$$

$$= 320.06℃$$

(2)當 $m = 1.0\,\mathrm{kg}$ 時，此過程之比容 v 為

$$v = \frac{V}{m} = \frac{0.015}{1.0} = 0.015\,\mathrm{m^3/kg}$$

因 $v > v_c$，故此過程於 $p\text{-}v$ 圖上係在臨界點C的右側，如圖 1-19，亦即濕蒸汽最後將全部變為汽體，而液面將下降至容器之底部。

因 $v_2 = v_g = 0.015\,\mathrm{m^3/kg}$，故由附表 2，利用內插法可求得單一飽和相時之壓力與溫度。

$$p_2 = 11 + \frac{12 - 11}{0.015987 - 0.014263} \times (0.015987 - 0.015)$$
$$= 11.5742\,\mathrm{MPa}$$

$$T_2 = 318.15 + \frac{324.75 - 318.15}{0.015987 - 0.014263} \times (0.015987 - 0.015)$$
$$= 321.94\,°\mathrm{C}$$

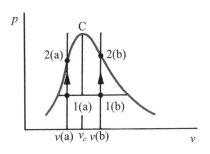

圖 1-19　例題 1-9

【例題 1-10】

　　有一水泵(water pump)壓送50 kg/sec的水，狀態為20 MPa，300℃，試求水的容積流率(volume flow rate，m³/sec)。若以300℃之飽和液體的性質用於分析中，則造成的百分誤差為若干？又，若應用 20 MPa 之飽和液體的性質於分析中，百分誤差為若干？

解：由附表 1 可查得，300℃之飽和壓力爲$p_{sat} = 8.581\,\text{MPa}$，

因$p = 20\,\text{MPa} > p_{sat}$，故此狀態爲壓縮液。

(1)由附表 4，可得 $v = 0.0013596\,\text{m}^3/\text{kg}$，因此容積流率 $\dot{V}$爲

$$\dot{V} = \dot{m}v = 50 \times 0.0013596 = 0.06798\,\text{m}^3/\text{sec}$$

(2)由附表 1，300℃飽和液體之$v_f = 0.001404\,\text{m}^3/\text{kg}$，故容積流率爲

$$\dot{V} = \dot{m}v = 50 \times 0.001404 = 0.0702\,\text{m}^3/\text{sec}$$

$$百分誤差(\%) = \frac{0.0702 - 0.06798}{0.06798} = 3.266\%$$

(3)由附表 2，20 MPa飽和液體，$v_f = 0.002036\,\text{m}^3/\text{kg}$，故容積流率爲

$$\dot{V} = \dot{m}v = 50 \times 0.002036 = 0.1018\,\text{m}^3/\text{sec}$$

$$百分誤差(\%) = \frac{0.1018 - 0.06798}{0.06798} = 49.75\%$$

由此例題可再次證明，對液體而言，溫度對性質之影響較壓力爲大，故可用相同溫度的飽和液體取代壓縮液體，但絕不可用相同壓力的飽和液體取代壓縮液體。

【例題 1-11】

如圖 1-20 所示，兩個容積各爲200 L(liter，公升)的容器A與B，其間以一閥相連接。最初，容器A裝有25℃的冷媒-12，其中汽體佔總容積的90%，而液體佔10%；容器B爲眞空。將閥打開，使容器A內的飽和汽體流至容器B，直到容器B的壓力與容器A的壓力相同，再將閥關閉。假設此過程極緩慢地進行，使有足夠的時間與外界進行熱交換，致整個過程一直維持固定的25℃之溫度，試求容器A內冷媒-12之乾度的改變量。

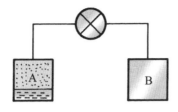

圖 1-20　例題 1-11

解：由附表 7 可得，冷媒-12 在25℃時，

$$v_f = 0.000763 \, \text{m}^3/\text{kg}，v_g = 0.026854 \, \text{m}^3/\text{kg}$$

故容器A內最初裝有的液體與汽體之質量分別為

$$m_{l_1, \text{A}} = \frac{V_{l_1, \text{A}}}{v_f} = \frac{(200 \times 10^{-3}) \times 0.1}{0.000763} = 26.212 \, \text{kg}$$

$$m_{l_1, \text{A}} = \frac{V_{l_1, \text{A}}}{v_g} = \frac{(200 \times 10^{-3}) \times 0.9}{0.026854} = 6.703 \, \text{kg}$$

因此容器A內最初之乾度為

$$x_{1, \text{A}} = \frac{m_{v_1, \text{A}}}{m_{l_1, \text{A}} + m_{v_1, \text{A}}} = \frac{6.703}{26.212 + 6.703} = 20.36\%$$

容器B內最後之總質量為

$$m_{2, \text{B}} = \frac{V_{\text{B}}}{v_g} = \frac{200 \times 10^{-3}}{0.026854} = 7.448 \, \text{kg}$$

因此容器A內最後之總質量為

$$m_{2, \text{B}} = (m_{l_1, \text{A}} + m_{v_1, \text{A}}) - m_{2, \text{B}}$$
$$= (26.212 + 6.703) - 7.448 = 25.467 \, \text{kg}$$

而容器A內冷媒-12 最後之比容為

$$v_{2\text{A}} = \frac{V_{\text{A}}}{m_{2, \text{A}}} = \frac{200 \times 10^{-3}}{25.467} = 0.007853 \, \text{m}^3/\text{kg}$$

其乾度$x_{2,\text{A}}$爲

$$x_{2,\text{A}}=\frac{v_{2,\text{A}}-v_f}{v_{fg}}=\frac{0.007853-0.000763}{0.026854-0.000763}=27.17\%$$

故，容器A內冷媒-12之乾度改變量爲

$$\varDelta x_{\text{A}}=x_{2,\text{A}}-x_{1,\text{A}}=27.17\%-20.36\%=6.18\%$$

【例題 1-12】

有一容積爲0.1 m³的容器，最初裝有0.2 MPa的濕蒸汽，其中液體與汽體各佔總容積的30%與70%。若將裝於容器頂端的閥打開，使水蒸汽流出，直到洩壓至0.1 MPa後將閥關閉。若流出之水蒸汽的總質量爲10 kg，則最後容器內液體之容積爲若干？

解：由附表 2，$p_1=0.2$ MPa 時

$$v_{f_1}=0.001061\,\text{m}^3/\text{kg}，v_{g_1}=0.8857\,\text{m}^3/\text{kg}$$

容器內濕蒸汽最初之總質量m_1爲

$$m_1=m_{l_1}+m_{v_1}=\frac{V_{l_1}}{V_{f_1}}+\frac{V_{v_1}}{v_{g_1}}$$
$$=\frac{0.1\times0.3}{0.001061}+\frac{0.1\times0.7}{0.8857}=28.35\,\text{kg}$$

故最後之總質量m_2爲

$$m_2=m_1-10=28.35-10=18.35\,\text{kg}$$

最後之比容v_2爲

$$v_2=\frac{V}{m_2}=\frac{0.1}{18.35}=0.00545\,\text{m}^3/\text{kg}$$

由附表 2，$p_2=0.1$ MPa時

$$v_{f_2} = 0.001043\,\text{m}^3/\text{kg}\,, \quad v_{g_2} = 1.6940\,\text{m}^3/\text{kg}$$

因此，容器內濕蒸汽最後之乾度x_2爲

$$x_2 = \frac{v_2 - v_{f_2}}{v_{fg_2}} = \frac{0.00545 - 0.001043}{1.6940 - 0.001043} = 0.0026$$

液體之質量m_{l_2}爲

$$m_{l_2} = m_2(1-x_2) = 18.35 \times (1-0.0026) = 18.30\,\text{kg}$$

故最後容器內液體所佔之容積V_{l_2}爲

$$V_{l_2} = m_{l_2}v_{f_2} = 18.30 \times 0.001043 = 0.01909\,\text{m}^3$$

練習題

1.　某氣體之絕對壓力爲1.5 atm，而大氣壓力爲1 atm，若使用液體壓力計量測該氣體之壓力，則壓力計內之水銀(密度爲13,600 kg/m³)液面的高度差爲若干？

2.　一容器內之氣體的錶壓力爲200 kPa，試求此錶壓力可支持的液體壓力計內液體的垂直高度，若該液體爲(1)水銀，(2)水，(3)比重爲0.95 的油。

3.　一流體管道內的錶壓力相當於比重爲 0.75 之液體356 mm的高度，而大氣壓力爲749 mmHg，試求該流體管道內可能的絕對壓力，以Pa表示。

4.　以一液體壓力計測量某氣體之壓力，兩液面之高度差爲20 cm，大氣壓力爲0.1 MPa，則該氣體可能的絕對壓力爲若干kPa？若壓力計中所使用液體之比重爲 (1) 12，(2) 6，(3) 0.8。

5.　若欲自行安裝一液體壓力計，用以量測錶壓力預估約為10 kPa的氣體，則下列三種不同比重的液體何者最為適當？為什麼？(1) 0.7，(2) 2.0，(3) 12.0。

6.　一直立的活塞－汽缸裝置內裝有某氣體，活塞之質量為40 kg，截面面積為0.025 m²。若大氣壓力為95 kPa，而重力加速度為9.79 m/sec²，則汽缸內氣體之壓力為若干？

7.　一潛水夫潛至海面下10 m處，試求該潛水夫所承受之壓力。假設海水之比重為1.03，海面上之大氣壓力為0.96 bar。

8.　若冷凝器(condenser)上壓力錶的真空讀數為750 mmHg，而氣壓計之讀數為761 mmHg，則冷凝器之作用壓力為若干Pa？

9.　某研究者定義三個新的熱力量x、y與z，試判斷此等熱力量是否為熱力性質(或狀態函數)。(1) $x = \int (pdv + vdp)$，(2) $y = \int (pdv - vdp)$，(3) $z = \int (RdT + pdv)$，其中$R = pv/T = $常數。

10.　試完成下面的水之性質表：

p(kPa)	50×10^3	60×10^3	(c)	100	(g)	100	(k)	100
T(°C)	100	100	100	(e)	100	(i)	100	100
v(m³/kg)	(a)	(b)	(d)	(f)	(h)	1.5	3.418	(1)
x(%)	—	—	0	100	90	(j)	—	—

11.　試完成下表，工作物為水：

p(MPa)	T(°C)	x(%)	v(m³/kg)	u(kJ/kg)	h(kJ/kg)
0.5	(a)	(b)	(c)	(d)	2748.7
(e)	300	(f)	0.02	(g)	(h)
1.2	(i)	—	(j)	2650.0	(k)
10.0	200	—	(1)	(m)	(n)
3.0	165	—	(o)	(p)	(q)

12. 試完成下表，工作物爲水：

p(bars)	T(°C)	x(%)	v(m³/kg)	u(kJ/kg)
20	400	—	(a)	(b)
60	(c)	(d)	0.020	(e)
75	140	—	(f)	(g)
(h)	190	(i)	(j)	2590.0
2.5	(k)	(l)	(m)	535.1
20.0	100	—	(n)	(o)

13. 試求下列各物質在所示狀態下之相關性質：

    (1)H_2O，當$p = 10\,MPa$，$h = 93.33\,kJ/kg$時，T與v之值；

    (2)H_2O，當$p = 3.0\,MPa$，$T = 50$℃時，v與u之值；

    (3)H_2O，當$T = 130$℃，$u = 2,300\,kJ/kg$時，p與v之值；

    (4)H_2O，當$p = 1.0\,MPa$，$u = 2,583.6\,kJ/kg$時，T與h之值；

    (5)H_2O，當$p = 500\,kPa$，$v = 0.5226\,m^3/kg$時，T與u之值；

    (6)NH_3，當$T = 10$℃，$v = 0.1\,m^3/kg$時，p與h之值；

    (7)冷媒-12，當$T = 20$℃，$v = 0.022\,m^3/kg$時，p與h之值；

14. 一容器裝有200℃的液態水1 kg及水蒸氣0.1 kg，試求：(1)容器內水的乾度，(2)容器的容積，(3)液態水所佔之容積，(4)容器內的壓力。

15. 將2.6 kg的水自5 MPa、40℃，在固定壓力下予以加熱直到全部汽化，試求水在最初與最後的容積。

16. 一容積爲0.01 m³之剛性容器，裝有150 kPa的濕蒸汽。若予以加熱，該過程將經過臨界點，則容器內水的總質量及最初液態水所佔體積爲若干？

17. 一容積爲0.6 m³之剛性容器，最初裝有30℃的濕蒸汽，被加熱直到變爲100 kPa之飽和蒸汽。試求最初狀態下，液體的質量及汽體所佔的體積。

18. 有一容積爲2.0 cm³裝有0.10 MPa之濕蒸汽的剛性容器，被加熱直到內部變爲單一的飽和相。試定出最後的狀態，若容器內工作物的質量爲(1)0.10 g及(2)1.0 g。試將此兩過程繪於一p-v圖上。

19. 一容積爲0.4 m³的剛性容器，裝有壓力爲500 kPa的水。試定出水的狀態，若水的質量爲(1)2 kg，(2)0.5 kg。

20. 一活塞－汽缸裝置，最初裝有1 kg的液態水與1 kg的水蒸汽平衡存在於600 kPa的壓力。對水加熱，直到最後的容積爲最初容積之 4 倍，而過程中壓力維持固定。試將此過程繪於T-v圖上，並決定最後的溫度。

21. 存在於1.0 MPa，300℃的水蒸汽2 kg，依據$pv^{1.4} = C$ (C爲常數)的過程膨脹至0.1 MPa。試求：(1)水蒸汽最初的容積，(2)最後的容積，(3)最後的溫度，(4)最後的內能。

22. 如圖 1-21 所示，一容器以隔板予以分隔爲 A 與 B 兩部分。A 之容積爲 0.1 m³，最初裝有 100℃的濕蒸汽，液體及汽體分別佔有 10% 及 90%的容積；而 B 最初爲眞空。將隔板移走，並對水加熱使溫度維持不變，最後達到平衡之壓力經量測爲100 kPa。試求 B 之容積。

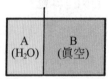

圖 1-21　練習題 22

23. 一活塞－汽缸裝置，最初之容積爲2 m³，裝有10 bars之壓力及200℃
    之溫度的水蒸汽(狀態 1)。在固定溫度下，熱量被移走，直到容積
    爲最初容積的 56.4%(狀態 2)。接著進行一等容過程最後達到30 bars
    的壓力(狀態 3)。(1)試求狀態 2 的壓力(kPa)與內能(kJ/kg)，(2)試求
    狀態 3 的溫度(℃)與內能(kJ/kg)，(3)試將此兩個過程繪於一p-v圖上。

24. 一密閉系統裝有1 kg的液態水及1 kg的水蒸汽平衡存在於700 kPa的
    壓力。(1)試求最初的溫度與乾度，(2)在固定的壓力下對水加熱，
    直到溫度達到350℃，試求系統容積的變化。

25. 有一容積爲0.1 m³的容器，最初裝有15℃的飽和冷媒-12，其中液
    體佔有容積的 12%。若再加入5 kg的冷媒-12，且自容器移走熱量，
    使溫度維持於15℃。試求最後的乾度，及液體所佔容積百分比的
    改變量。

26. 有一容積爲0.1 m³的絕熱剛性容器，最初裝有200℃的濕蒸汽，蒸
    汽所佔容積爲液體容積的兩倍。(1)容器內液體與蒸汽之質量各爲
    若干？(2)若將容器頂端的閥打開，在0.2 kg的蒸汽逸出後再予關
    閉，而量測容器內最後的溫度爲190℃，試求最後容器內液體的質
    量，及蒸汽所佔的體積。

27. 有一容積爲0.5 m³的剛性容器，最初裝有−10℃的冷媒-12 濕汽體，
    液體佔有 10%的容積。(1)試求容器內冷媒之乾度及總質量，(2)將
    冷媒加熱，且打開容器頂端的安全閥，使部分冷媒汽體逸出而維
    持容器內固定的壓力。當容器內冷媒之乾度達到 10% 時將閥關
    閉，試求逸出冷媒之質量。

28. 有兩個以閥相連接的容器 A 與 B，最初 A 裝有壓力爲400 kPa，而
    乾度爲 80%的濕蒸汽，容積爲0.2 m³；B 裝有壓力爲200 kPa而溫度

為250℃的蒸汽,容積為0.5 m³。若將閥打開,使兩個容器內的工作物最後達到相同的壓力,且溫度為25℃,則最後的壓力及乾度(若為濕蒸汽)為若干?

29. 一直立的活塞-汽缸裝置,在汽缸壁上裝有一組停止塊,最初裝有3 kg在200 kPa壓力下的水之飽和液體(狀態 1)。對水加熱,造成活塞的上升,而活塞抵觸停止塊時,其容積為 60 公升(狀態 2)。試決定狀態 2 之乾度。

    若再繼續加熱,直到其狀態存在於p-v圖的飽和曲線上(狀態 3),則狀態 3 為飽和液體或飽和汽體?而其壓力與溫度又各為若干?試將此兩個過程繪於一p-v圖上。

30. 有一如圖 1-22 所示之活塞-汽缸裝置,最初之容積為0.02 m³,裝有溫度為50℃(T_1)的水2 kg。對水加熱,直至壓力達到1.0 MPa(p_2)後始可推動活塞,且持續加熱使溫度最後達到200℃(T_3)。(1)試求最初及當活塞開始上升時,液體所佔之容積,(2)試求最後之總容積,(3)試將此兩個過程繪於一p-v圖上。

圖 1-22　練習題 30

31. 一容積為0.1 m³的容器,裝有35℃之冷媒-12,液態與汽態所佔之容積相等。若再添加冷媒-12 於容器內,使容器內冷媒-12 的總質量為80 kg。假設在此添加過程中,溫度維持於35℃,則添加之冷媒-12 的質量爲若干？，又最後狀態下液態所之佔容積爲若干？

32. 容積爲0.1 m³的容器 A，與另一容器 B 之間以閥相連接。最初，容器 A 內裝有25℃的冷媒-12，液態與汽態所佔之容積分別爲 10%與 90%；而容器 B 爲眞空。將閥打開，直至兩容器達到200 kPa的平衡壓力後再予關閉，且在過程中藉由適當的熱交換，使冷媒-12 的溫度維持固定的25℃，試求容器 B 之容積。

Chapter **2**

熱力學第一定律

　　熱力學第一定律(the first law of thermodynamics)又稱爲能量不滅或能量守恆定律(the law of conservation of energy)，係用以分析系統在進行任何過程時，所有相關能量之間的關係。惟能量的轉換，與工作物的狀態及質量大小有直接的關係。故本章將首先討論質量守恆定律，及功與熱的觀念；其次說明熱力學第一定律的基本觀念，並討論在密閉系統與開放系統的應用；最後將敘述熱機與冷凍機，及其性能之分析。

2-1　質量守恆定律

　　如圖 2-1 所示，有一開放系統或控容(C.V.)，具有一個進口(i)及一個出口(e)，工作物自進口(i)流入，在系統內與外界進行能量(功與熱)的交換後，再由出口(e)流出。先就工作物的質量而言，流進與流出的質量間之差，即爲系統內工作物質量的改變量，此即稱爲質量守恆定律。

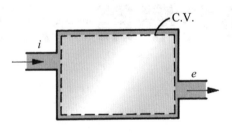

圖 2-1　開放系統(控容)

　　假設進口及出口的質量流率(mass flow rate)分別爲$\dot{m}_i$及$\dot{m}_e$，則系統內工作物質量隨時間(t)的改變率爲

$$\frac{dm_{cv}}{dt} = \dot{m}_i - \dot{m}_e \tag{2-1}$$

　　若$\dot{m}_i$大於$\dot{m}_e$，系統內質量將逐漸累增；若$\dot{m}_i$小於$\dot{m}_e$，系統內總質量將逐漸遞減；若$\dot{m}_i$等於$\dot{m}_e$，則系統內總質量將固定不變，僅只是工作物的更新。

若系統具有多個進口及多個出口，則方程式(2-1)可寫為

$$\frac{dm_{cv}}{dt} = \Sigma\dot{m}_i - \Sigma\dot{m}_e \qquad (2\text{-}2)$$

若在問題的分析上，係令某過程進行一段時間，而對過程開始至過程結束之時段進行分析，則方程式(2-1)與(2-2)可分別為

$$(m_2 - m_1)_{cv} = m_i - m_e \qquad (2\text{-}3)$$

$$(m_2 - m_1)_{cv} = \Sigma m_i - \Sigma m_e \qquad (2\text{-}4)$$

式中，m_i為在該時段內自某進口流入系統的總質量，m_e為在該時間內自某出口流出的總質量，而m_1與m_2分別為在過程開始時及結束時系統內工作物的總質量。

若系統不具任何進、出口，即系統不與外界作質量的交換，則該系統為密閉系統。由方程式(2-3)，因$m_i = m_e = 0$，故

$$m_2 = m_1 = 常數$$

即密閉系統不論進行何種過程，系統內工作物的總質量維持固定不變，故密閉系統又稱為固定質量系統。質量守恆定律在開放系統(控容)之特例上的應用，將於稍後再作討論。

2-2　功與熱

在分析熱力問題中能量之轉換時，將能量概予分為功與熱兩大類，故首先需建立功與熱的基本觀念，始能進行相關的分析。

2-2.1　功

就物理學之觀點而言，若有一力F作用於一物體，而在力的作用方向產生位移x，則功(work) W 定義為

$$W = \int_1^2 F \cdot dx \qquad\qquad (2\text{-}5)$$

該定義當然亦可應用於熱力學，惟其敘述稍有不同；通常係將功定義為：「當系統與外界所交換的能量，所造成的效應為相當於可將某重物提升一距離，則謂該系統向其外界作了某量的功，而該能量即為功。」但應注意的是，並非一定要有力的作用及重物的提升才有功，只要能量的交換造成"相當於"提升重物的效果，即有功的輸出。以下利用數個例子說明此概念：

1. 考慮一往復式活塞－汽缸內燃機裝置，並以汽缸內的工作物為系統；當汽缸內的高壓氣體膨脹時，系統有能量傳至外界，因氣體的膨脹而將活塞向外推動某距離，故自物理學知，系統向外作功，而該傳送之能量即為功。但，活塞之運動並未將重物提升一距離，由熱力學對功之定義而言，為何有功？假想活塞之運動，利用其連桿帶動一滑輪作旋轉，而可將重物提升某距離，故符合熱力學"相當於"將重物提升一距離之條件，而謂系統向外界作功。

2. 考慮一往複式活塞－汽缸壓縮機裝置，並以汽缸內的工作物為系統。習知者係以電動馬達驅動連桿而帶動活塞的內移，而將工作物壓縮使壓力升高，故由物理學知，有功自外界加於系統內，而消耗的電能即為功。但此能量交換並未造成重物"下降"某距離之效應，由熱力學對功之定義而言，為何有功？假想一吊掛有重物的滑輪取代電動馬達，令重物下降帶動滑輪旋轉，而驅動連桿使活塞向內移，亦可達到將工作物壓縮之目的，故因重物的"下降"，而有功"加入"系統。

3. 如圖 2-2 所示，為一電池驅動之馬達(如汽車中以電瓶驅動啟動馬達)，或可視為習知的以交流電動馬達(如電風扇)。若以電池為系統，則電路接通時，系統與外界之能量交換屬電能，且對外界(即馬達)造成之效應為產生一旋轉軸，而無「提升一重物」之效應，故依熱力學對功之定義而言，該能量(電能)並非功。但若如圖所示地假想該馬達旋轉軸接一滑輪，則可將重物提升一距離，而系統電池對外輸出的能量(電能)，即為系統對外界所作的功。

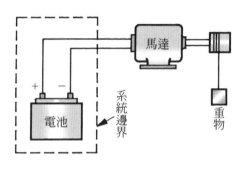

圖 2-2　說明功之圖例

若以馬達為系統，且假設馬達的效率為 100%，則電路接通後，有功(電能)自外界(電池)加於系統，且有等量的功自系統向電池以外的外界作出。

由前述例子可知，功為系統進行某一過程時，始能發生的一種與外界之能量交換，故系統存在於某一狀態時，不可謂之有功。此外，可由系統向外界作出，亦可由外界作用於系統內，故在考慮能量平衡之分析時，需以數學符號定出功的作用方向。習慣上，將系統對外界所作的功定為正(+)，而將外界作用於系統的功定為負(−)。

在熱力學上以 W 表示功，且因其值的正或負即可瞭解功作用的方向，故不需另加註腳。又工作物每單位質量的功以 w 表示，而每單位時間的功，即功率(power)則以 $\dot{W}$ 表示。功為能量的一種，而能量的基本單位為焦耳(Joule)，以 J 表示。施一牛頓(N)的力產生一米(m)的位移，所需的功(能量)即為一焦耳(J)，亦即

　　　　　$1J = 1N\text{-}m$

　　功率之基本單位爲瓦特(Watt)，以 W 表示(注意勿與功混淆)，係定義爲

　　　　　$1W = 1\ J/sec$

　　因 J 與 W 爲甚小的能量單位，故經常使用 kJ、MJ、kW 及 MW 等較大的單位，其中 k 代表 10^3，而 M 代表 10^6。

2-2.2 　熱

　　令兩個溫度不同的物體彼此接觸，則高溫者溫度將逐漸降低，而低溫者溫度將逐漸升高，最後兩物體降達到一相同的溫度。該兩個物體溫度的升高或降低，是因爲有能量的加入或移出，此種因爲溫度差而造成的能量傳遞即稱爲熱(heat)。故熱係定義爲，當系統與外界之間因爲溫度差的存在，而造成的一種能量交換。與功相同，熱亦爲在過程進行時始可能發生的系統與外界間之能量交換，當系統存在於某一狀態時，亦不可謂之有熱。

　　熱可由外界加於系統，亦可自系統向外界傳出，故亦需以數學符號定出傳熱的方向。習慣上，將由外界加於系統的熱定義爲正(+)，而將自系統傳出至外界的熱定爲負(−)，而此符號系統與功者適巧相反。

　　在熱力學上以 Q 表示熱，每單位質量的熱交換量以 q 表示，而每單位時間的熱交換量則以 $\dot{Q}$ 表示。熱亦爲能量的一種，故其單位與功相同。

　　當系統進行過程時，若其邊界係由絕熱材料構成，則不論系統與外界間存在有多大的溫度差，也不可能有熱流經系統邊界，此種無熱交換之過程，特稱之爲絕熱過程(adiabatic process)。

前曾述及，熱力問題的分析中，將能量概分為熱與功兩大類，而將熱與功予以區分的一個最簡單之手法為：若能量的交換係因為溫度差而造成的，則該能量為熱，而所有其它形式的能量交換，如電流、體積的變化、旋轉軸等，均視之為功。

現舉一例說明熱與功的區分，圖 2-3 所示為一剛性容器中裝有某種氣體，容器外側環繞電熱線，而電熱線接至一電池(或電源)。(a)圖為以容器內之氣體為系統，當電流流經電熱線時，將造成容器壁的溫度高於氣體的溫度，故流經系統邊界的能量為熱。(b)圖則為以容器及電熱線之組合為系統，此時流經系統邊界之能量為電能(電流)，故視為功。

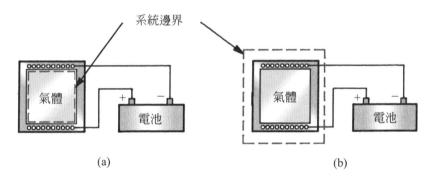

圖 2-3　說明功與熱之區別的舉例

【例題 2-1】

如圖 2-4 所示，一個裝滿油的絕熱容器，其內置放一裝有 0℃的冰與水之小容器。最初，油及冰與水存在於 0℃的熱平衡。若一電熱器將 10 kJ 的能量加於油中，經過一段時間後，油、冰與水又回復至 0℃，但小容器內的冰有一部分熔(融)解。假設油為系統A，而冰與水為系統B，試對系統 A、系統 B 及系統(A+B)分別討論熱與功的交換量。

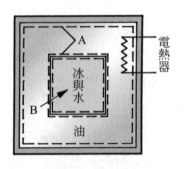

圖 2-4　例題 2-1

解：系統 A：

因電熱器加 10 kJ 的能量至油，而電熱器需消耗 10 kJ 的電能，故
$W = -10$ kJ。

能量加於油造成油溫的升高($T > 0°C$)與冰、水間產生溫度差，故熱將
自油傳至冰、水，直到油溫再降至 $0°C$，即電熱器加入的 10 kJ 能量
全部傳至冰、水為止。故 $Q = -10$ kJ。

系統 B：

因傳至冰、水的能量，完全因溫度差而造成，且無其他的能量交換，
故 $Q = 10$ kJ，$W = 0$。

系統(A+B)：

此系統的邊界，為絕熱材料制成，故不論外界之溫度大小，均無熱
可流經邊界，即 $Q = 0$。

外界需供給 10 kJ 之電能至電熱器；故 $W = -10$ kJ。

2-3　密閉系統無摩擦過程之功

以下之討論將假設過程為無摩擦(frictionless)，包括機件間的運動，
及流體與壁面間均無摩擦。因無能量消耗於摩擦阻力，故所得之功為最

大,即對外作出之功(+)爲最大,或所需加入的功爲最小,但因係"−"故仍爲大。

因此,無摩擦過程之功稱爲最大功(maximum work),分析最大功可作爲設計任何設備進行過程時,功的最高參考標準。

首先討論密閉系統進行過程時,由於容積的變化或邊界的移動,與外界間功之作用的分析。圖 2-5 所示爲分析密閉系統時,最經常使用的活塞−汽缸裝置圖,及氣體在汽缸內膨脹的壓−容(p-v)圖。若在所示活塞之位置時,設氣體的壓力爲p,活塞之截面積爲A,而氣體膨脹造成活塞移動之距離dL,則功δW爲

$$\delta W = pAdL$$

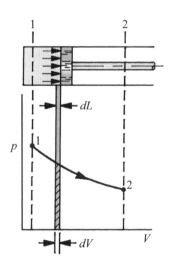

圖 2-5　氣體在汽缸內膨脹之壓−容圖

因$AdL = dV$,即爲氣體容積改變量,故

$$\delta W = pdV \tag{2-6}$$

此功即為圖 2-5 中p-v圖上所示斜線部分的面積。若氣體整個膨脹過程為自狀態 1 至狀態 2，則作用於活塞上的總功為

$$W = \int_1^2 pdV \qquad (2\text{-}7)$$

由方程式(2-7)知，總功為將過程繪於p-v圖上時，該過程下面所包含的面積。當過程朝容積增加的方向進行(即膨脹)時，功為正；當過程朝容積縮小的方向進行(即壓縮)時，則功為負。故分析問題時，若將過程草繪於p-v圖上，有助於分析功的作用方向或其正負。

若考慮系統內每單位質量工作物的功，則由方程式(2-7)可得

$$w = \int_1^2 pdv \qquad (2\text{-}8)$$

由方程式(2-7)或方程式(2-8)可知，作用於相同的兩個狀態(例如狀態 1 與 2)之間，由於過程的不同，或壓力與容積間變化關係的不同，則功亦不同。故如第一章第四節中所討論的，功為一路徑函數，而非狀態函數。

當一密閉系統進行二個或兩個以上的過程而完成一循環，則構成該循環之各個過程的功之總和，稱為淨功(net work)。圖 2-6 所示為由1→a、a→2、2→b、及b→1等四個過程所構成的循環之p-v圖，而為一順時針方向之循環。此循環之淨功W_{net}為

$$W_{net} = \oint pdV$$
$$= \int_1^a pdV + \int_a^2 pdV + \int_2^b pdV + \int_b^1 pdV$$

過程1→a與a→2之功均為正，其和為(a)圖中所示斜線部分之面積；過程2→b與b→1之功均為負，其和為(b)圖中所示斜線部分之面積；而淨功為兩面積之差，即(c)圖中所示斜線部分之面積，或循環所包圍部分之面積，為正值。

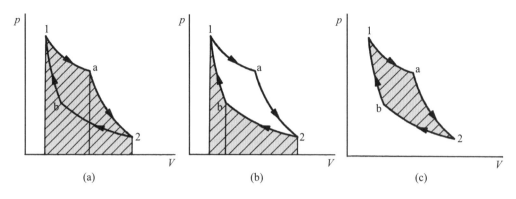

圖 2-6　密閉系統無摩擦循環之壓－容圖及淨功

　　若令圖 2-6 中各過程均予反向進行，即循環變爲逆時針方向，則其淨功爲負。

　　當系統進行過程時，若工作物的壓力(p)與容積(或比容) (V或v)間的函數關係，可用下式表示

$$pV^n = C \text{ 或 } pv^n = C \tag{2-9}$$

　　則此類過程稱爲多變過程(polytropic process)，其中C爲常數；而對某一過程而言，n亦爲常數，稱爲多變指數(polytropic exponent)。

　　當$n = 0$時，$p = C$，稱爲等壓過程(isobaric 或 constant pressure process)；當$n = \infty$時，V(或 v) $= C$，稱爲等容過程(isochoric 或 constant volume process)；當$n = 1$時，$pV = C$ 或 $pv = C$，在p-v圖上爲正雙曲線，當工作物爲理想氣體時，另有其特性，此將於第三章再作討論。以上三種過程爲多變過程的特例，如圖 2-7 所示。

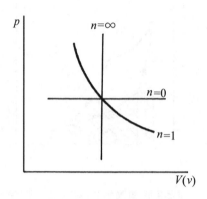

圖 2-7　多變過程之特例

　　若一密閉系統自狀態 1 進行一無摩擦之多變過程至狀態 2，則工作物每單位質量之功爲

$$w = \int_1^2 pdv = c\int_1^2 v^{-n}dv$$

$$= \frac{c}{-n+1}(v_2^{-n+1} - v_1^{-n+1})$$

$$\because c = p_1v_1^n = p_2v_2^n$$

$$\therefore w = \frac{1}{n-1}(p_1v_1 - p_2v_2) \tag{2-10}$$

方程式(2-10)，可應用於$n = 1$以外的多變過程。

當$n = 1$時，$pv = c$，

$$w = \int_1^2 pdv = \int_1^2 c\frac{dv}{v}$$

$$= c\ell n\frac{v_2}{v_1} = c\ell n\frac{p_1}{p_2} \tag{2-11}$$

式中，$c = p_1v_1 = p_2v_2$

若系統工作物之總質量爲m，則由方程式(2-10)可得總功W爲($n \neq 1$ 時)

$$W = \frac{m}{n-1}(p_1 v_1 - p_2 v_2) = \frac{1}{n-1}(p_1 V_1 - p_2 V_2) \tag{2-12}$$

或由方程式(2-11)，可得總功W為($n=1$時)

$$W = C\ell n \frac{V_2}{V_1} = C\ell n \frac{p_1}{p_2} \tag{2-13}$$

式中，$C = p_1 V_1 = p_2 V_2$

【例題 2-2】

　　圖 2-8(a)所示為一截面積為A' m^{2}的上方開放之容器，其內裝有半滿的某液體，比重量γ為kN/m^3。另有一相對甚小，截面積為A m^{2}的小容器，開口朝下予以倒置於液體中，且經達到平衡時予以固定。此時小容器內氣體之壓力為p_1 kPa，容積為V_1 m^3。若自外部對氣體加熱，氣體將膨脹而將小容器內的液體向下壓，造成液面的降低。試求當小容器內的液面比最初液面低h m時，功的大小。

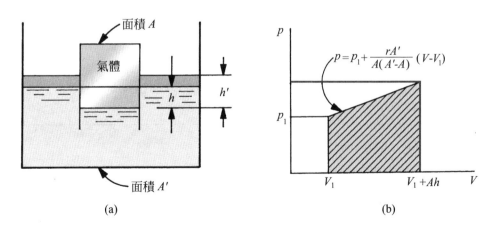

(a)   (b)

圖 2-8　例題 2-2

解：氣體膨脹後之容積V為

$$V = V_1 + Ah \ m^3$$

因V_1與A均為常數，故

$$dV = Adh$$

氣體膨脹後，小容器內外液面之高度差，假設為h'm，則

$$h' = h + \frac{Ah}{A'-A}$$

故氣體之壓力p為

$$p = p_1 + \gamma h' = p_1 + \gamma \left(h + \frac{Ah}{A'-A}\right)$$

若取小容器內的氣體為系統(密閉系統)，並假設氣體之膨脹為無摩擦，則功為

$$W = \int_{V_1}^{V} p \, dV = \int_0^h \left[p_1 + \gamma\left(h + \frac{Ah}{A'-A}\right)\right] A \, dh$$

$$= A\left[p_1 h + \frac{\gamma}{2}\left(h^2 + \frac{Ah^2}{A'-A}\right)\right]$$

$$= Ah\left[p_1 + \frac{\gamma A'}{2(A'-A)}h\right] \text{ kJ}$$

圖 2-8(b)為此膨脹過程之p-v圖，而斜線部分面積即為功。

【例題 2-3】

一密閉系統內的氣體，自$80\,\text{kPa}$之壓力及$0.05\,\text{m}^3$之容積(狀態 1)，以$n=1$之多變過程膨脹至$20\,\text{kPa}$之壓力(狀態 2)。接著系統進行$n=\infty$之多變過程至狀態 3，隨後以$n=0$之多變過程返回狀態 1 而完成一循環。試求此循環之淨功。

解：先將構成循環的三個過程繪於 p-V 圖上，如圖 2-9 所示，可知此循環為逆時針方向，故淨功為負，即有一淨功自外界加於系統。

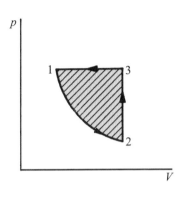

圖 2-9　例題 2-3

過程 $1 \rightarrow 2$：$n = 1$，$pV = C$，由方程式(2-13)

$$_1W_2 = p_1 V_1 \ell n \frac{p_1}{p_2} = 80 \times 0.05 \, \ell n \frac{80}{20} = 5.55 \, \text{kJ}$$

$$V_2 = V_1 \frac{p_1}{p_2} = 0.05 \times \frac{80}{20} = 0.2 \, \text{m}^3 = V_3$$

過程 $2 \rightarrow 3$：$n = \infty$，$V = C$，故

$$_2W_3 = 0$$

過程 $3 \rightarrow 1$：$n = 0$，$p = C$，故

$$_3W_1 = p_1(V_1 - V_3) = 80(0.05 - 0.2) = -12 \, \text{kJ}$$

故淨功 W_{net} 為

$$W_{net} = {}_1W_2 + {}_2W_3 + {}_3W_1$$
$$= 5.55 + 0 + (-12) = -6.45 \, \text{kJ}$$

【例題 2-4】

一活塞－汽缸裝置內，最初裝有0.15 m³之0.1 MPa壓力下的飽和水蒸氣。水蒸氣以$n=1.3$的多變過程膨脹至50 kPa之壓力，試求水蒸氣之質量、最後之內能、及功，並將此過程繪於p-v圖上。

解：狀態 1：$p_1 = 0.1$ MPa，飽和水蒸氣，由附表 2

$$v_1 = v_g = 1.6940 \text{ m}^3/\text{kg}$$

故水蒸氣之總質量m為

$$m = \frac{V_1}{v_1} = \frac{0.15}{1.6940} = 0.08855 \text{ kg}$$

狀態 2：$p_2 = 50$ kPa

$$v_2 = v_1(\frac{p_1}{p_2})^{1/n} = 1.6940(\frac{0.1 \times 10^3}{50})^{1/1.3} = 2.8872 \text{ m}^3/\text{kg}$$

由附表 2，$p_2 = 50$ kPa時，$v_f = 0.001030$ m³/kg，$v_g = 3.240$ m³/kg，故狀態 2 為濕蒸汽，其乾度x_2為

$$x_2 = \frac{v_2 - v_f}{v_{fg}} = \frac{2.8872 - 0.001030}{3.240 - 0.001030} = 0.8911$$

$$\therefore u_2 = u_f + x_2 u_{fg} = 340.44 + 0.8911 \times 2143.4 = 2250.42 \text{ kJ/kg}$$

由方程式(2-12)，此過程之功為

$$W = \frac{m}{n-1}(p_1 v_1 - p_2 v_2)$$
$$= \frac{0.08855}{1.3-1}(0.1 \times 10^3 \times 1.6940 - 50 \times 2.8872) = 7.391 \text{ kJ}$$

此過程之p-v圖如圖 2-10 所示。

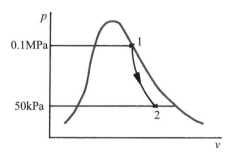

圖 2-10　例題 2-4

【例題 2-5】

一活塞汽缸裝置內，裝有$0.04\,m^3$，壓力為$200\ kPa$的某氣體。對氣體加熱，若氣體以下列三種不同的多變過程膨脹至$0.1\ m^3$的最後容積，試求各過程之功：(1) $n=0$；(2) $n=1$；(3) $n=1.3$。

解：(1) $W = \displaystyle\int_1^2 pdV = p\int_1^2 dV = p(V_2 - V_1)$

$= 200\times(0.1-0.04) = 12\ kJ$

(2)由方程式(2-13)，

$$W = p_1V_1\ell n\frac{V_2}{V_1} = 200\times0.04\,\ell n\frac{0.1}{0.04} = 7.33\ kJ$$

(3) $p_2 = p_1(\dfrac{V_1}{V_2})^{1.3} = 200\times(\dfrac{0.04}{0.1})^{1.3} = 60.77\ kPa$

由方程式(2-12)，

$$W = \frac{1}{n-1}(p_1V_1 - p_2V_2) = \frac{1}{1.3-1}(200\times0.04 - 60.77\times0.1)$$

$= 6.41\ kJ$

2-4 開放系統穩態穩流過程之功

在開放系統的熱力問題分析中，最經常考慮之過程為穩態穩流過程 (steady-state, steady-flow process)，通常以 SSSF 簡稱之。滿足下述五個條件之過程，始可視為 SSSF 過程：

1. 系統(或控容)內的工作物，在不同位置處有不同的性質(或狀態)，但對任一特定位置，則其性質(或狀態)永遠維持固定，不會隨時間(或過程的進行)而改變。

2. 流體流經某一開口(或系統邊界)時之性質(或狀態)永遠維持固定，但不同的開口可有不同的性質。

3. 流體流經某一開口的質量流率(mass flow rate)永遠維持固定，但不同的開口可有不同的質量流率。

4. 流進系統(或控容)的總質量流率，等於自系統流出的總質量流率。亦即，雖然不斷地有工作物流入系統及自系統流出，但系統內工作物的總質量永遠固定。

5. 系統與外界間之能量交換(包括熱與功)，一直維持穩定的速率。

常見的一些設備，如渦輪機、噴嘴、壓縮機、泵、蒸發器、凝結器等，均屬較長時間運轉使用的裝置，除了開機與關機之短時間外，可謂均在一穩定的情況下運轉，故可視為穩態穩流過程。

若流體流經系統邊界時之速度為 V(m/sec)，密度為 ρ(kg/m^3)或比容為 v (m^3/kg)，而開口之截面面積為 A(m^2)，則流體之質量流率 $\dot{m}$(kg/sec)為

$$\dot{m} = \rho A V = \frac{AV}{v} \tag{2-14}$$

假設過程為 SSSF，且僅有一個進口(i)及一個出口(e)，則由條件(4)及方程式(2-14)可得

$$\dot{m} = \dot{m}_i = \dot{m}_e = \frac{A_i V_i}{v_i} = \frac{A_e V_e}{v_e} \tag{2-15}$$

以下分析 SSSF 過程之功，惟仍假設過程為無摩擦。圖 2-11 所示為流體流動時，流體微小塊(element)的自由體圖，以此微小塊為分析之對象(系統)，分析作用於其上的力，惟因假設過程為無摩擦，故無剪力作用於流體。

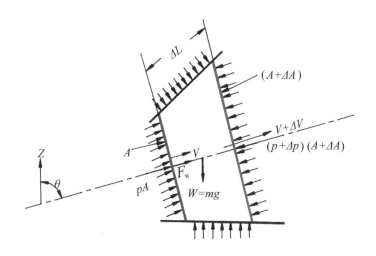

圖 2-11　無摩擦 SSSF 過程流體微小塊之自由體圖

作用於流體微小塊，而平行於流體流動之方向的諸力為：

1.　微小塊上游之流體作用於微小塊上游面之力，pA。

2.　微小塊下游之流體作用於微小塊下游面之力，$(p+\varDelta p)(A+\varDelta A)$。

3.　微小塊的重量在流體流動方向的分量，$mg\cos\theta$。

4.　周壁上垂直力在流體流動方向的分量。由於流體微小塊極小，故假設壓力p與流動距離$\varDelta L$兩者間為線性關係，即周壁上的平均壓力為$(p+\varDelta p/2)$，因此，流體流動方向之分力為$(p+\varDelta p/2)\varDelta A$。

5. 作功於流體微小塊所施加之力，F_w。

故作用於流體微小塊，而平行於流體流動之方向的合力爲

$$\Sigma F = pA - (p + \Delta p)(A + \Delta A) - mg\cos\theta + (p + \frac{\Delta p}{2})\Delta A + F_w$$

$$= -A\Delta p - \frac{\Delta p \Delta A}{2} - mg\cos\theta + F_w \tag{2-16}$$

由牛頓運動第二定律知，作用於流體微小塊之合力，應等於ma，其中m爲微小塊之質量，可用$\rho(A + \Delta A/2)\Delta L$表示；而$a$爲加速度，可用$\Delta V/\Delta t$表示($V$爲速度，而$t$爲時間)。因此

$$\Sigma F = ma = \rho(A + \frac{\Delta A}{2})\Delta L \frac{\Delta V}{\Delta t}$$

式中，$\Delta L/\Delta t$爲流體之平均速度，可用$V + \Delta V/2$表示，因此

$$\Sigma F = \rho(A + \frac{\Delta A}{2})(V + \frac{\Delta V}{2})\Delta V \tag{2-17}$$

由方程式(2-16)及(2-17)，且假設$\Delta p \Delta A$、$\Delta A \Delta V$，及其高次項可予忽略不計，則

$$-A\Delta p - mg\cos\theta + F_w = \rho AV\Delta V$$

$$\text{或} \quad F_w = A\Delta p + \rho AV\Delta V + mg\cos\theta$$

因此，作用於微小塊之功爲

$$W_{in} = F_w\Delta L = A\,\Delta L\Delta p + \rho A\,\Delta LV\Delta V + mg\Delta L\cos\theta$$

式中，$A\Delta L$即爲微小塊之容積，$\rho A\Delta L$即爲微小塊之質量m，而$\Delta L\cos\theta$即爲高度差ΔZ。因此

$$W_{in} = (\text{容積})\Delta p + mV\Delta V + mg\Delta Z$$

若考慮單位質量之流體，將上式除以m可得

$$w_{in} = v\Delta p + V\Delta V + g\Delta Z$$

因熱力學上將作用於系統之功定義爲負，故上式可寫爲

$$w = -v\Delta p - V\Delta V - g\Delta Z$$

令ΔL趨近於dL，則上式可以微分式表示爲

$$\delta w = -vdp - VdV - gdZ \qquad (2\text{-}18)$$

若此開放系統僅有一個進口i，一個出口e，則單位質量的流體在進出口間所進行之無摩擦 SSSF 過程的功爲

$$w = -\int_i^e vdp - \frac{1}{2}(V_e^2 - V_i^2) - g(Z_e - Z_i) \qquad (2\text{-}19)$$

方程式(2-19)中，$\frac{1}{2}(V_e^2 - V_i^2)$與$g(Z_e - Z_i)$分別表示單位質量的流體，在進、出口之間的動能(kinetic energy)與位能(potential energy)之改變量，此將於後面再詳予討論。若假設動能與位能之改變量均可予忽略不計，則方程式(2-19)可改寫爲

$$w = -\int_i^e vdp \qquad (2\text{-}20)$$

由方程式(2-20)可知，若將過程繪於p-v圖上，則該過程投影至p軸上所包含之面積即爲功。

若一開放系統，流體自進口i至出口e，進行一無摩擦SSSF過程，且動能與位能之改變均可忽略不計，而該過程爲多變過程，$pv^n = C$，則單位質量流體之功爲

$$w = -\int_i^e vdp = -C^{1/n}\int_i^e p^{-1/n}dp$$

$$= -C^{1/n}\frac{n}{n-1}[p_e^{(n-1)/n} - p_i^{(n-1)/n}]$$

因 $C^{1/n} = p_i^{1/n}v_i = p_e^{1/n}v_e$，代入上式

$$w = \frac{n}{n-1}(p_iv_i - p_ev_e) \tag{2-21}$$

方程式(2-21)可應用於$n = 1$以外的多變過程。當$n = 1$時，即$pv = C$時，則功為

$$w = -\int_i^e vdp = -C\int_i^e \frac{dp}{p}$$
$$= C\ell_n\frac{p_i}{p_e} = C\ell_n\frac{v_e}{v_i} \tag{2-22}$$

式中，$C = p_iv_i = p_ev_e$

將方程式(2-22)與方程式(2-11)比較可知，兩個方程式之型式完全相同，差異僅為方程式(2-11)為密閉系統自狀態 1 進行$n=1$的多變過程至狀態 2，而方程式(2-22)為SSSF系統自進口i進行$n=1$的多變過程至出口e。因$n=1$時，$pv = C$，在p-v圖上為一正雙曲線，以兩座標軸為漸進線，故當狀態 1 與狀態i相同，而狀態 2 與狀態e相同，則將過程投影於v軸與投影於p軸，分別所包含之面積相等，即功相等，此亦可說明前述兩方程式之相關性。

【例題 2-6】

某流體在$300\,\text{kPa}$的壓力，$4\,\text{kg/m}^3$的密度，以$1.5\,\text{kg/sec}$之質量流率穩態穩流地流入一系統，以$n = 2$的多變過程無摩擦地膨脹至$100\,\text{kPa}$的出口壓力，假設進出口間速度與高度的改變可忽略不計，試求此過程之功率。

解：此過程為$n = 2$之多變過程，即$pv^2 = C$，或$p_i(\frac{1}{\rho_i})^2 = p_ev_e^2$，故出口處之比容為

$$v_e = \frac{1}{\rho_i}(\frac{p_i}{p_e})^{1/2} = \frac{1}{4} \times (\frac{300}{100})^{1/2} = 0.433\ \mathrm{m^3/kg}$$

因進出口間的速度與高度之改變可忽略不計，故由方程式(2-21)，

$$w = \frac{n}{n-1}(p_i v_i - p_e v_e) = \frac{2}{2-1}(300 \times \frac{1}{4} - 100 \times 0.433)$$
$$= 63.4\ \mathrm{kJ/kg}$$

因此，此過程之功率 $\dot{W}$ 為

$$\dot{W} = \dot{m}w = 1.5 \times 63.4 = 95.1\ \mathrm{kW}$$

【例題 2-7】

　　水蒸汽在 1.0 MPa 之壓力，300℃ 之溫度穩定地流入一蒸汽輪機，以 $n=1.48$ 的多變過程膨脹至 150 kPa，試求蒸汽輪機輸出之功。假設進出口間動能與位能之改變可忽略不計。

解：因 $p_i = 1.0$ MPa，$T_i = 300$℃，故進口之狀態為過熱蒸汽，由附表 3 可得，$v_i = 0.2579\ \mathrm{m^3/kg}$。

　　因此過程為 $n = 1.48$ 之多過程，即 $p_i v_i^{1.48} = p_e v_e^{1.48}$，故出口之比容為

$$v_e = v_i(\frac{p_i}{p_e})^{1/1.48} = 0.2579 \times (\frac{1.0 \times 10^3}{150})^{1/1.48} = 0.9293\ \mathrm{m^3/kg}$$

由方程式(2-21)

$$w = \frac{n}{n-1}(p_i v_i - p_e v_e)$$
$$= \frac{1.48}{1.48-1}(1.0 \times 10^3 \times 0.2579 - 150 \times 0.9293)$$
$$= 365.39\ \mathrm{kJ/kg}$$

【例題 2-8】

空氣在 1 bar 的壓力及 15℃的溫度，以2 m³/sec的體積流率(volume flow rate)穩定地進入一壓縮機，以$n=1$之多變過程被壓縮至6 bars 的壓力，試求壓縮機所需之功率。

解：若流體之質量流率爲$\dot{m}$，則方程式(2-22)，可得功率$\dot{W}$爲

$$\dot{W}=\dot{m}p_iv_i\ell n\frac{p_i}{p_e}=p_i\dot{V}_i\ell n\frac{p_i}{p_e}=(1\times10^2)\times2\ell n\frac{1}{6}$$
$$=-358.35\,\text{kW}$$

【例題 2-9】

水蒸汽在3 MPa之壓力，400℃之溫度，以10 m/sec之速度穩定地經一截面積爲0.1 m²的開口流入一蒸汽輪機，以$n=1.3$之多變過程膨脹至100 kPa之壓力，自截面積爲1 m²的開口流出。試求水蒸汽之質量流率、出口速度、及蒸汽輪機的輸出功率。假設進出口間的位能變化可忽略不計。

解：因$p_i=3$ MPa，$T_i=400$℃，故進口之狀態爲過熱蒸汽，由附表 3 可得，$v_i=0.09936\,\text{m}^3/\text{kg}$

由方程式(2-15)，水蒸汽之質量流率$\dot{m}$爲

$$\dot{m}=\frac{A_iV_i}{v_i}=\frac{0.1\times10}{0.09936}=10.0644\,\text{kg/sec}$$

因此過程爲$n=1.3$之多變過程，即$p_iv_i^{1.3}=p_ev_e^{1.3}$故出口之比容爲

$$v_e=v_i(\frac{p_i}{p_e})^{1/1.3}=0.09936\times(\frac{3\times10^3}{100})^{1/1.3}=1.3597\,\text{m}^3/\text{kg}$$

由方程式(2-15)，出口之速度爲

$$V_e = \frac{\dot{m}v_e}{A_e} = \frac{10.0644 \times 1.3597}{1} = 13.6846 \text{ m/sec}$$

由方程式(2-19)，蒸汽輪機之輸出功率$\dot{W}$為

$$\dot{W} = \dot{m}[\frac{n}{n-1}(p_iv_i - p_ev_e) - \frac{1}{2}(V_e^2 - V_i^2)]$$

$$= 10.0644 \times [\frac{1.3}{1.3-1}(3 \times 10^3 \times 0.09936 - 100 \times 1.3597)$$

$$-\frac{1}{2 \times 10^3}(13.6846^2 - 10^2)] = 7069.57 \text{ kW}$$

2-5 熱力學第一定律

　　熱力學第一定律為分析能量的一個最基本的定律，係由甚多實驗之結果所推論而得的定律，而無法以任何其它的自然定律或原理導出或證明之。

　　本節將首先討論系統進行循環時之熱力學第一定律，再分析系統進行過程時之熱力學第一定律。

2-5.1 熱力循環之熱力學第一定律

　　密閉系統進行任何一個循環時，熱力學第一定律謂，功的循環積分(cyclic integral)與熱的循環積分成正比，即

$$\oint \delta W \propto \oint \delta Q$$

$$\text{或} \quad \oint \delta W = J \oint \delta Q \tag{2-23}$$

　　或中J為比例常數(proportional constant)，其值視功與熱所使用之單位而定；本書所使用之國際系統單位中，功與熱係使用相同的單位，故J之值為1。因此，方程式(2-23)可寫為

$$\oint \delta W = \oint \delta Q \tag{2-24}$$

由方程式(2-24)知，當系統完成一循環時，該循環之淨功，必定與循環之淨熱相等。亦即，若循環有一淨功自系統向外界作出，則有一等量的淨熱由外界加於系統中；若循環有一淨功由外界作用於系統內，則有一等量的淨熱自系統傳出至外界；若循環之淨功爲零，則系統與外界之淨熱交換量亦爲零。

現舉一例說明熱力循環之第一定律。圖 2-12 所示爲一以絕熱材料製成之剛性容器，其內裝有某種氣體。又容器內裝設一螺旋槳葉片，其轉軸接至容器外的滑輪，而滑輪上以繩索吊掛一重物。

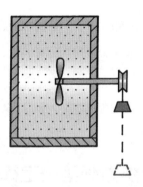

圖 2-12　熱力循環第一定律之說明例

以容器內之氣體爲系統，當重物下降某一距離，帶動滑輪使螺旋槳葉片旋轉某一轉數，將能量(功)加於系統內，造成氣體狀態的改變，或壓力與溫度的升高。而加於系統內的功，其大小等於重物下降位能的減少量。

欲使系統回復至其最初的狀態而完成一循環，可將圖 2-12 中容器下方的絕熱板移開，使能量(熱)自系統傳出至溫度較低的外界。而系統所需放出之熱，其大小應等於重物下降時加於系統內的功。

故系統(氣體)完成循環,而加於系統的淨功,等於由系統放出的的淨熱。

2-5.2 熱力過程之熱力學第一定律

方程式(2-24)係當系統完成一循環時,第一定律對功與熱之解說,而循環係由兩個或兩個以上過程所構成,故熱力問題的分析,首重系統自一狀態至另一狀態,或進行某一過程時,能量間之關係的分析。以下將基於循環之第一定律,說明第一定律在系統進行某一過程時之應用,並推導出極為有用的熱力性質。

圖 2-13 所示之壓-容(p-v)圖中,A 與 B 為狀態 1 至狀態 2 的兩個不同的過程,而過程 C 為自狀態 2 至狀態 1。故由 A、B 及 C 三個過程,可構成 1$\overrightarrow{A}$2$\overrightarrow{C}$1 及 1$\overrightarrow{B}$2$\overrightarrow{C}$1 兩個循環。

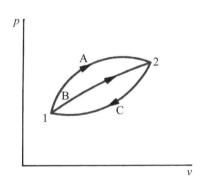

圖 2-13 兩狀態間循環之壓-容圖

對循環 1$\overrightarrow{A}$2$\overrightarrow{C}$1 而言,由方程式(2-24)知

$$\int_{1-A}^{2} \delta Q + \int_{2-C}^{1} \delta Q = \int_{1-A}^{2} \delta W + \int_{2-C}^{1} \delta W \tag{1}$$

同理,對循環 1$\overrightarrow{B}$2$\overrightarrow{C}$1 而言

$$\int_{1-B}^{2}\delta Q+\int_{2-C}^{1}\delta Q=\int_{1-B}^{2}\delta W+\int_{2-C}^{1}\delta W \tag{2}$$

將式(1)與式(2)相減,可得

$$\int_{1-A}^{2}\delta Q-\int_{1-B}^{2}\delta Q=\int_{1-A}^{2}\delta W-\int_{1-B}^{2}\delta W \tag{3}$$

將式(3)重新整理可得

$$\int_{1-A}^{2}(\delta Q-\delta W)=\int_{1-B}^{2}(\delta Q-\delta W) \tag{2-25}$$

由方程式(2-25)可知,作用於相同的兩個狀態(狀態 1 與狀態 2)之間,$(\delta Q-\delta W)$的積分值僅決定於過程之最初與最後的狀態,而與兩個狀態之間的過程之種類無關。因此,$(\delta Q-\delta W)$爲一狀態函數,而爲系統某一熱力性質的微分,將此性質定義爲系統之儲能(stored energy),並以E(或e)表示之。因此

$$\delta Q-\delta W=dE \tag{2-26}$$

由方程式(2-26)知,系統與外界間能量的淨交換量,等於系統內工作物總儲能的改變量。亦即,若某過程自外界有一淨能(功或熱)加於系統中,則工作物之儲能有一相等的增加量;若過程有一淨能自系統傳至外界,則工作物之儲能有一相等的減少量。

方程式(2-26)習慣上經常予以改寫爲

$$\delta Q=dE+\delta W \tag{2-27}$$

若過程的最初狀態爲狀態 1,而最後狀態爲狀態 2,則將方程式(2-27)積分可得

$$Q=E_2-E_1+W \tag{2-28}$$

式中，Q與W為過程中系統與外界間的熱交換量及功作用量，而E_2與E_1分別為系統內工作物在狀態 2 與狀態 1 時之總儲能。若考慮系統內每單位質量的工作物，則方程式(2-28)除以總質量後可得

$$q = e_2 - e_1 + w \qquad\qquad\qquad\qquad (2\text{-}29)$$

方程式(2-26)～(2-29)即為密閉系統進行過程時之熱力學第一定律，或能量不滅定律。

2-6　內能、動能、位能及焓

儲能 E(e)係表示系統的工作物存在於某一狀態時，其內部所具有的全部能量之總和。能量有各種不同的形式，如動能(kinetic energy)、位能(potential energy)、化學能(chemical energy)、電能(electric energy)、磁能(magnetic energy)…等等，而在熱力學上可予歸納為，決定於工作物之狀態的內能、決定於工作物之速度的動能，及決定於工作物所在位置之高度的位能。

2-6.1　內能、動能及位能

1.　內能

除了動能與位能以外，工作物內部所具有的各種不同形式之能量，均決定於工作物所存在之狀態，故予以視為單一之性質，而稱之為內能(internal energy)，以$U(u)$表示。

第一章所討論之熱力性質間的關係，亦可應用於內能，且予以表列於熱力性質表中，現仍以液相及汽相為例。予以歸納如下：

⑴　壓縮液(或過冷液)

物質為單相，故以其狀態的壓力及溫度，查壓縮液體表即可得到u值。但，經常以其存在之溫度的u_f取代之。

(2) 飽和液體

以其狀態的壓力或溫度，查飽和表中之u_f即其u值。

(3) 濕汽體

物質為雙相(液－汽混合)，故以其狀態的壓力或溫度查飽和表，配合乾度x，即可利用下列方程式計算u值。

$$u = (1-x)u_f + xu_g$$

或　$u = u_f + xu_{fg}$

或　$u = u_g - (1-x)u_{fg}$

(4) 飽和汽體

以其狀態的壓力或溫度，查飽和表中的u_g即其u值。

(5) 過熱汽

物質為單相，故以其狀態的壓力及溫度，查過熱汽表即可得到u值。

理想氣體之內能，將於第三章再作討論。

2. 動能

動能係決定於系統(或工作物)運動之速度，以$KE(ke)$表示。通常以系統靜止(即速度為零)時，定義動能為零。

假設一系統最初為靜止的，若施一水平力F於系統，使系統在力作用之方向產生dx的位移，則加於系統之能量(功)轉換為系統動能的增加量，即

$$dKE = Fdx$$

由牛頓運動第二定律知

$$F = ma = m\frac{dV}{dt} = m\frac{dx}{dt}\frac{dV}{dx} = mV\frac{dV}{dx}$$

因此

$$dKE = mVdV$$

將上式自靜止($V = 0$，$KE = 0$)積分至某一速度V，則

$$\int_{KE=0}^{KE} dKE = \int_{V=0}^{V} mVdV$$

$$KE = \frac{1}{2}mV^2 \qquad\qquad (2\text{-}30)$$

初學者極易在動能(及位能)的單位發生錯誤，應予特別注意。若m以 kg 表示，而V以 m/sce 表示，則代入方程式(2-30)所得動能KE之單位為

$$kg \times (\frac{m}{sec})^2 = (\frac{kg-m}{sec^2}) \times m = N-m = J$$

而在熱力問題的分析中，功、熱、內能、及將討論的焓、熵等，經常使用 kJ 為能量的單位，故應將方程式(2-30)乘以10^{-3}，方為 kJ。

若系統進行某一過程($1 \rightarrow 2$)，不論有無功的作用或熱的交換，亦不論內能及位能有無改變，只要速度發生改變，則動能之改變量為

$$\Delta KE = KE_2 - KE_1 = \frac{1}{2}m(V_2^2 - V_1^2)$$

若考慮單位質量的工作物，則方程式(2-30)可改寫為

$$ke = \frac{1}{2}V^2 \qquad\qquad (2\text{-}31)$$

3. 位能

位能係決定於系統(或工作物)所存在位置之高度，以$PE(pe)$表示。

假設一系統最初靜止地存在於一設定的比較基準平面上，若施一向上垂直力F於系統，使系統上升一距離dZ並靜止於該位置，則加於系統之能量(功)轉換為系統位能的增加量，即

$dPE = FdZ$

由牛頓運動第二定律，

$F = ma = mg$

因此

$dPE = mgdZ$

將上式自基準平面($Z = 0$，$PE = 0$)積分至某一高度Z，則

$$\int_{PE=0}^{PE} dPE = \int_{Z=0}^{Z} mgdZ$$

假設在分析的高度範圍內，重力加速度g之改變極小，而可視爲常數，則

$PE = mgZ$　(2-32)

注意，若m以kg表示，g爲m/sec²，而Z以m表示，則PE之單位爲J，需乘以10^{-3}始爲 kJ。

若系統進行某一過程(1→2)，不論有無功的作用或熱的交換，亦不論內能及動能有無改變，只要高度發生變化，則位能之改變量爲

$\Delta PE = PE_2 - PE_1 = mg(Z_2 - Z_1)$

若考慮單位質量的工作物，則方程式(2-32)可改寫爲

$pe = gZ$　(2-33)

綜上所述，儲能E(或dE)可寫爲

$$E = U + \frac{1}{2}mV^2 + mgZ$$

或　$dE = dU + mVdV + mgdZ$

或考慮每單位質量之工作物，則可分別寫爲

$e = u + \dfrac{1}{2}V^2 + gZ$

$de = du + VdV + gdZ$

而第一定律方程式，方程式(2-27)與(2-28)，可分別寫爲

$$\delta Q = dU + mVdV + mgdZ + \delta W \tag{2-34}$$

$$Q = (U_2 - U_1) + \frac{1}{2}m(V_2{}^2 - V_1{}^2) + mg(Z_2 - Z_1) + W \tag{2-35}$$

或考慮每單位質量之工作物，則又可分別寫爲

$$\delta q = du + VdV + gdZ + \delta w \tag{2-36}$$

$$q = (u_2 - u_1) + \frac{1}{2}(V_2{}^2 - V_1{}^2) + g(Z_2 - Z_1) + w \tag{2-37}$$

2-6.2　焓

焓(enthalpy)，係一個將熱力性質藉由數學方式結合而定義出的熱力性質，以$H(h)$表示。其定義爲

$$H = U + pV \tag{2-38}$$

或　$h = u + pv \tag{2-39}$

U(或u)爲儲能中的一種型式，但PV(或pv)則不是，故H(或h)並非儲能中的一部分。稍後將提及，在某些情況下，pV(或pv)亦爲一種能量，故H(或h)亦可視爲能量。但仍應了解，焓僅是一個由其它熱力性質所定義出，在熱力問題分析上極爲有用的熱力性質，而非儲能。

前面曾討論的有關內能之觀念，均可應用於焓，故不再詳細說明。

2-7 熱力學第一定律在密閉系統之應用

由第六節之討論可知，密閉系統自狀態 1 進行某一過程至狀態 2，熱力學第一定律之能量方程式為

$$Q = (U_2 - U_1) + \frac{1}{2}m(V_2{}^2 - V_1{}^2) + mg(Z_2 - Z_1) + W \qquad (2\text{-}35)$$

$$\text{或} \quad q = (u_2 - u_1) + \frac{1}{2}(V_2{}^2 - V_1{}^2) + g(Z_2 - Z_1) + w \qquad (2\text{-}37)$$

雖然密閉系統可能會有運動的情況，但工程上所分析的密閉系統通常是固定不動的，因此可假設重力及運動之效應可不考慮，即系統之動能與位能的改變均可忽略不計。故密閉系統進行過程時，儲能之改變量相當於內能之改變量，而方程式(2-35)與(2-37)可分別簡化為

$$Q = U_2 - U_1 + W \qquad (2\text{-}40)$$

$$q = u_2 - u_1 + w \qquad (2\text{-}41)$$

【例題 2-10】

有一水桶裝有100 kg的水，而水面高度為1.02 m。有一質量為 10 kg 的石塊，最初位於水面上方 10.2 m 處(狀態 1)，且其溫度與水的溫度相同。令石塊自狀態 1 向下掉落，最後停置於水桶底部，試求下列過程之 ΔU、ΔKE、ΔPE、Q及W，假設$g = 9.8 \text{ m/sec}^2$。

(1)石塊剛接觸水面時(狀態 2)。

(2)石塊抵達水桶底部時(狀態 3)。

(3)將水冷卻，使得水及石塊之溫度回復至與最初相同之溫度時(狀態 4)。

解：考慮水與石塊之組合為系統，並假設除(3)之情況外，系統與外界為
　　　無熱交換，以水面為基準平面。

(1)過程1→2：$Q=0$；$W=0$；$\Delta U=0$

　　由方程式(2-40)知

$$\Delta KE = -\Delta PE = -mg(Z_2-Z_1)$$
$$= -10\times9.8\times(0-10.2)$$
$$= 1,000J = 1.0\,kJ$$
$$\Delta PE = -1.0\,kJ$$

(2)過程1→3：$Q=0$；$W=0$；$\Delta KE=0$

　　由方程式(2-40)知

$$\Delta U = -\Delta PE = -mg(Z_3-Z_1)$$
$$= -10\times9.8\times(-1.02-10.2)$$
$$= 1,100J = 1.1\,kJ$$
$$\Delta PE = -1.1\,kJ$$

(3)過程1→4：$\Delta U=0$；$\Delta KE=0$；$W=0$

　　由方程式(2-40)知

$$Q = \Delta PE = mg(Z_4-Z_1)$$
$$= 10\times9.8\times(-1.02-10.2)$$
$$= -1,100J = -1.1\,kJ$$

【例題 2-11】

如例題 2-4，試求該過程之熱交換量。

解：狀態 1 為 0.1 MPa 之飽和水蒸汽，由附表 2 可得

$$u_1 = u_g = 2506.1 \text{ kJ/kg}$$

由例題 2-4 知

$$m = 0.08855 \text{ kg}；u_2 = 2250.42 \text{ kJ/kg}；W = 7.391 \text{ kJ}$$

故由方程式(2-42)

$$Q = U_2 - U_1 + W = m(u_2 - u_1) + W$$
$$= 0.08855 \times (2250.42 - 2506.1) + 7.391$$
$$= -15.249 \text{ kJ}$$

【例題 2-12】

一容器內裝有某種流體，並裝有可由外部驅動的螺旋槳葉片。若經由螺旋槳葉片加於流體之功為 5,000 kJ，而自容器傳出之熱量為 1,500 kJ，則容器內流體內能之改變量為若干？

解：考慮容器內之流體為系統，則由方程式(2-42)

$$Q = U_2 - U_1 + W$$
$$U_2 - U_1 = Q - W = (-1,500) - (-5,000) = 3,500 \text{ kJ}$$

【例題 2-13】

0.05 kg 的 4℃ 之乾飽和氨汽，在一密閉系統內被加熱至 700 kPa 與 60℃。假設在加熱過程中，同時有 6.5 kJ 的功作用於系統內，試求加熱量。

解：狀態 1：$T_1 = 4℃$，乾飽和氨汽，由附表 5

$$p_1 = 497.49 \text{ kPa}，v_1 = v_g = 0.2517 \text{ m}^3/\text{kg}$$

$$h_1 = h_g = 1447.6 \text{ kJ/kg}$$

由方程式(2-39)

$$u_1 = h_1 - p_1 v_1 = 1447.6 - 497.49 \times 0.2517$$
$$= 1322.38 \text{ kJ/kg}$$

狀態 2：$p_2 = 700 \text{ kPa}$，$T_2 = 60℃$，爲過熱汽，由附表 6，

$$v_2 = 0.2212 \text{ m}^3\text{/kg}，h_2 = 1578.2 \text{ kJ/kg}$$

由方程式(2-39)

$$u_2 = h_2 - p_2 v_2 = 1578.2 - 700 \times 0.2212$$
$$= 1423.36 \text{ kJ/kg}$$

由方程式(2-40)

$$Q = m(u_2 - u_1) + W = 0.05 \times (1423.36 - 1322.38) + (-6.5)$$
$$= -1.451 \text{ kJ}$$

【例題 2-14】

　　一活塞－汽缸裝置內，最初裝有 0.5 MPa，200℃的水蒸汽，容積爲 1 m³。若在固定的壓力下予以冷卻，使 1 kg 的水蒸汽凝結爲液相，試將此過程繪於p-v圖上，並求功與熱交換量。

解：狀態 1：$p_1 = 0.5 \text{ MPa}$，$T_1 = 200℃$，爲過熱蒸汽，由附表 3，

$$v_1 = 0.4249 \text{ m}^3\text{/kg}，u_1 = 2642.9 \text{ kJ/kg}$$

水蒸汽之總質量m爲

$$m = \frac{V_1}{v_1} = \frac{1}{0.4249} = 2.3535 \text{ kg}$$

狀態 2：$p_2 = p_1 = 0.5\,\text{MPa}$，而其乾度$x_2$為

$$x_2 = \frac{m-1}{m} = \frac{2.3535-1}{2.3535} = 0.5751$$

由附表 2，

$$v_f = 0.001093\,\text{m}^3/\text{kg}，v_g = 0.3749\,\text{m}^3/\text{kg}$$

$$u_f = 639.68\,\text{kJ/kg}，u_{fg} = 1921.6\,\text{kJ/kg}$$

因此

$$v_2 = v_f + x_2 v_{fg} = 0.001093 + 0.5751 \times (0.3749 - 0.001093)$$

$$= 0.2161\,\text{m}^3/\text{kg}$$

$$u_2 = u_f + x_2 u_{fg} = 639.68 + 0.5751 \times 1921.6$$

$$= 1744.79\,\text{kJ/kg}$$

此過程為等壓過程，其p-v圖如圖 2-14 所示，且過程之功W為

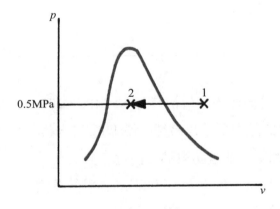

圖 2-14　例題 2-14

$$W = \int_1^2 p\,dV = \int_1^2 mp\,dv = mp \int_1^2 dv$$

$$= mp(v_2 - v_1) = 2.3535 \times 0.5 \times 10^3 \times (0.2161 - 0.4249)$$

$$= -245.71\,\text{kJ}$$

由方程式(2-42)

$$Q = m\,(u_2 - u_1) + W$$

$$= 2.3535 \times (1744.79 - 2642.9) + (-245.71)$$

$$= -2359.41\,\text{kJ}$$

另解：

$$W = \int_1^2 p\,dV = p\int_1^2 dV = p\,(V_2 - V_1)$$

$$Q = U_2 - U_1 + W = U_2 - U_1 + P\,(V_2 - V_1)$$

$$= (U_2 + P_2 V_2) - (U_1 + P_1 V_1)$$

$$= H_2 - H_1 = m\,(h_2 - h_1)$$

故，密閉系統進行等壓過程時，熱交換量等於焓的改變量。

由附表 3，$h_1 = 2855.4\,\text{kJ/kg}$

由附表 2，$h_f = 640.23\,\text{kJ/kg}$，$h_{fg} = 2108.5\,\text{kJ/kg}$

$$h_2 = h_f + x_2 h_{fg} = 640.23 + 0.5751 \times 2108.5$$

$$= 1852.83\,\text{kJ/kg}$$

$$Q = m\,(h_2 - h_1) = 2.3535 \times (1852.83 - 2855.4)$$

$$= -2359.55\,\text{kJ}$$

【例題 2-15】

一活塞—汽缸裝置有 1 MPa 與 50℃的氨汽，容積為 1 m³，以 $n = 1.3$ 的多變過程膨脹至 497.49 kPa。試求此過程的總功與總熱交換量。

解：狀態 1：$p_1 = 1\text{MPa}$，$T_1 = 50℃$，為過熱汽體，由附表 6

$$v_1 = 0.1450\,\text{m}^3/\text{kg}，h_1 = 1537.7\,\text{kJ/kg}$$

氨汽之總質量 m 為

$$m = \frac{V_1}{v_1} = \frac{1}{0.1450} = 6.8966 \text{ kg}$$

由方程式(2-39)：

$$u_1 = h_1 - p_1 v_1 = 1537.7 - 1000 \times 0.1450 = 1392.7 \text{ kJ/kg}$$

狀態 2：此過程為 $pv^{1.3} = C$，即 $p_1 v_1^{1.3} = p_2 v_2^{1.3}$，因此

$$v_2 = v_1 (\frac{p_1}{p_2})^{1/1.3} = 0.1450 (\frac{1000}{497.49})^{1/1.3} = 0.2481 \text{ m}^3/\text{kg}$$

因 $p_2 = 497.49$ kPa，由附表 5

$$v_f = 0.001580 \text{ m}^3/\text{kg}，v_{fg} = 0.2502 \text{ m}^3/\text{kg}$$
$$h_f = 199.6 \text{ kJ/kg}，h_{fg} = 1248.0 \text{ kJ/kg}$$

故為濕蒸汽，其乾度 x_2 為

$$x_2 = \frac{v_2 - v_f}{v_{fg}} = \frac{0.2481 - 0.001580}{0.2502} = 0.9853$$

而其焓值 h_2 為

$$h_2 = h_f + x_2 h_{fg} = 199.6 + 0.9853 \times 1248.0 = 1429.25 \text{ kJ/kg}$$

再次由方程式(2-39)：

$$u_2 = h_2 - p_2 v_2 = 1429.25 - 497.49 \times 0.2481 = 1305.82 \text{ kJ/kg}$$

由方程式(2-12)：

$$W = \frac{m}{n-1}(p_1 v_1 - p_2 v_2) - \frac{6.8966}{1.3-1}(1000 \times 0.1450 - 497.49 \times 0.2481)$$
$$= 495.93 \text{ kJ}$$

由方程式(2-42)：

$$Q = m(u_2 - u_1) + W = 6.8966(1305.82 - 1392.7) + 495.93$$

$$= -103.25 \, \text{kJ}$$

2-8　熱力學第一定律在開放系統之應用

　　熱力學第一定律即爲能量不滅或能量守恆定律，不論所分析之系統爲密閉系統或開放系統，其能量平衡之觀念可概述爲

　　　　　[加於系統之能量的淨量]=[系統儲能的增加量]

　　或　[自系統移走之能量的淨量]=[系統儲能的減少量]

　　若系統爲密閉系統，系統與外界之能量交換僅有熱與功，而當動能與位能之改變量可忽略不計時，儲能即可視爲內能，其能量平衡之觀念，於第七節中已詳作討論。

　　若系統爲開放系統，則系統與外界之能量交換，除了熱與功之外，流進系統之物質將其所具有的儲能帶入系統，造成系統儲能的增加；相對地，自系統流出之物質將儲能帶走，而造成系統儲能的減少。

　　此外，物質流經系統邊界，亦總是伴隨著功的作用。物質欲自外界流入系統，則外界須對物質施力使移動某一距離，即對物質作功而予以推入，此將造成系統儲能的增加；相對地，物質欲自系統流出，則系統須對物質施力使移動某一距離，即對物質作功而予以推出，此將造成系統儲能的減少。此種流體流動所需之功(或能量)，稱爲流功(flow work)或流能(flow energy)。

　　圖 2-15 所示爲具有一個進口i，一個出口e的開放系統。若進口處有一動力F_i作用於流體，流體之壓力爲p_i，截面面積爲A_i，而被推入系統之流體的體積爲V_i，則將該流體推入系統所需之功 (即加於系統之能量)爲

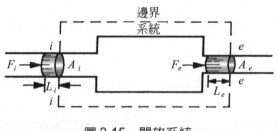

圖 2-15　開放系統

流功$=F_iL_i=p_iA_iL_i=p_iV_i$

同理，系統將流體推出所需之功(即系統放出之能量)為

流功$=p_eV_e$

故知，流功即為流動流體之壓力與體積的乘積。若考慮流經系統之單位質量的流體，則流功為流體之壓力與比容的乘積，亦即pv。

因此，由能量平衡可得開放系統之第一定律方程式為

$$Q-W+(E_i+p_iV_i)-(E_e+p_eV_e)=E_2-E_1 \tag{2-42}$$

式中E_2與E_1分別表示系統最後與最初狀態下的儲能。若開放系統具有多個進口與多個出口，則

$$Q-W+\sum_i(E+pV)-\sum_e(E+pV)=E_2-E_1 \tag{2-43}$$

方程式(2-42)亦可用微分式表示為

$$\delta Q-\delta W+[(e+pv)\delta m]_i-[(e+pv)\delta m]_e=dE \tag{2-44}$$

2-8.1　穩態穩流系統之第一定律

第四節中曾提及，穩態穩流(SSSF)系統為開放系統中經常使用的一個特例，廣被應用於渦輪機、壓縮機、噴嘴及泵等的分析中，故此處將討論第一定律應用於穩態穩流系統時之特性。

首先考慮一僅具有一個進口i及一個出口e的穩態穩流系統，如圖 2-16 所示。由 SSSF 系統的第一個及第四個條件知，系統內之性質(或狀態)及質量永遠維持固定，因此$E_2=E_1$。故方程式(2-42)可寫為

$$Q-W+(E_i+p_iV_i)-(E_e+p_eV_e)=0$$

$$Q-W+m_i(e_i+p_iv_i)-m_e(e_e+p_ev_e)=0$$

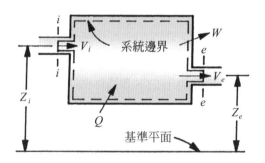

圖 2-16　穩態穩流系統

由 SSSF 系統的第四個條件知，$m_i=m_e=m$，此處m為流經系統邊界之質量。又由儲能(e)之定義知

$$e=u+\frac{1}{2}V^2+gZ$$

故上式可寫為

$$Q-W+m(u_i+\frac{1}{2}V_i^2+gZ_i+p_iv_i)-m(u_e+\frac{1}{2}V_e^2+gZ_e+p_ev_e)=0$$

$$Q-W+m(h_i+\frac{1}{2}V_i^2+gZ_i)-m(h_e+\frac{1}{2}V_e^2+gZ_e)=0$$

$$或\quad Q=m[(h_e-h_i)+\frac{1}{2}(V_e^2-V_i^2)+g(Z_e-Z_i)]+W$$

在分析問題時，經常由流經系統每單位質量之流體著手，較為簡單方便，將上式除以質量m，則可得到SSSF系統單位質量流體的第一定律(或能量平衡)方程式

$$q = (h_e - h_i) + \frac{1}{2}(V_e^2 - V_i^2) + g(Z_e - Z_i) + w \tag{2-45}$$

假設流經系統之質量流率為$\dot{m}(\dot{m}_i = \dot{m}_e = \dot{m})$，則方程式(2-45)乘以$\dot{m}$可得

$$\dot{Q} = \dot{m}[(h_e - h_i) + \frac{1}{2}(V_e^2 - V_i^2) + g(Z_e - Z_i)] + \dot{W} \tag{2-46}$$

式中，$\dot{Q} = \dot{m}q$，為熱傳率，而$\dot{W} = \dot{m}w$，為功率。

若系統有多個進口，多個出口，則第一定律方程式為

$$\dot{Q} = \sum_e \dot{m}(h + \frac{1}{2}V^2 + gZ) - \sum_i \dot{m}(h + \frac{V^2}{2} + gZ) + \dot{W} \tag{2-47}$$

由方程式(2-19)，SSSF系統之w為

$$w = -\int_i^e v\,dp - \frac{1}{2}(V_e^2 - V_i^2) - g(Z_e - Z_i)$$

代入方程式(2-45)可得

$$q = (h_e - h_i) - \int_i^e v\,dp \tag{2-48}$$

【例題 2-16】

試求例題 2-7 中，過程之熱交換量。

解：因$p_i = 1.0$ MPa，$T_i = 300℃$，由附表3可查得

$$h_i = 3051.2 \text{ kJ/kg}$$

又因$p_e = 150$ kPa，$v_e = 0.9293$ m³/kg(由例題 2-7)，知狀態e為濕蒸汽，由附表2可查得

$v_f = 0.001053 \text{ m}^3/\text{kg}$，$v_g = 1.1593 \text{ m}^3/\text{kg}$

$h_f = 467.11 \text{ kJ/kg}$，$h_{fg} = 2226.5 \text{ kJ/kg}$

故出口處之乾度x_e為

$$x_e = \frac{v_e - v_f}{v_{fg}} = \frac{0.9293 - 0.001053}{1.1593 - 0.001053} = 0.8014$$

而出口處之焓h_e為

$$h_e = h_f + x_e h_{fg} = 467.11 + 0.8014 \times 2226.5 = 2251.43 \text{ kJ/kg}$$

由方程式(2-45)，動能與位能之改變可忽略不計。

$$q = (h_e - h_i) + w = (2251.43 - 3051.2) + 365.39$$
$$= -434.38 \text{ kJ/kg}$$

【例題 2-17】

試求例題 2-9 中，過程之熱交換率。

解：因$p_i = 3 \text{ MPa}$，$T_i = 400℃$，由附表 3 可查得

$h_i = 3230.9 \text{ kJ/kg}$

因$p_e = 100 \text{ kPa}$，$v_e = 1.3597 \text{ m}^3/\text{kg}$(由例題 2-9)，知狀態$e$為濕蒸汽，由附表 2 可查得

$v_f = 0.001043 \text{ m}^3/\text{kg}$，$v_g = 1.6940 \text{ m}^3/\text{kg}$

$h_f = 417.46 \text{ kJ/kg}$，$h_{fg} = 2258.0 \text{ kJ/kg}$

故出口處之乾度x_e為

$$x_e = \frac{v_e - v_f}{v_{fg}} = \frac{1.3597 - 0.001043}{1.6940 - 0.001043} = 0.8025$$

而出口處之焓h_e為

$$h_e = h_f + x_e h_{fg} = 417.46 + 0.8025 \times 2258.0 = 2229.51 \text{ kJ/kg}$$

由例題 2-9 知，$V_e = 13.6846$ m/sec，$V_i = 10$ m/sec，$\dot{m} = 10.0644$ kg/sec，$\dot{W} = 7069.57$ kW，而位能改變可忽略不計，故由方程式(2-46)

$$\dot{Q} = \dot{m}[(h_e - h_i) + \frac{1}{2}(V_e^2 - V_i^2)] + \dot{W}$$

$$= 10.0644 \times [(2229.51 - 3230.9)$$

$$+ \frac{1}{2 \times 10^3}(13.6846^2 - 10^2)] + 7069.57$$

$$= -3008.38 \text{ kJ/sec}$$

【例題 2-18】

水蒸汽在 500 kPa，300℃，以可忽略的速度進入一噴嘴，以$n = 2$的多變過程膨脹至 150 kPa，經面積為 10 cm²的開口流出。試求水蒸汽的質量流率，與此過程的熱傳率。

解：因$p_i = 500$ kPa，$T_i = 300$℃，為過熱汽體，由附表 3 可得

$$v_i = 0.5226 \text{ m}^3/\text{kg}，h_i = 3064.2 \text{ kJ/kg}$$

因過程為$pv^2 = C$，即$p_i v_i^2 = p_e v_e^2$，故出口處之比容v_e為

$$v_e = v_i(\frac{p_i}{p_e})^{1/2} = 0.5226(\frac{500}{150})^{1/2} = 0.9541 \text{ m}^3/\text{kg}$$

因$p_e = 150$ kPa，由附表 2 可得

$$v_f = 0.001053 \text{ m}^3/\text{kg}，v_g = 1.1593 \text{ m}^3/\text{kg}，h_f = 467.11 \text{ kJ/kg}，$$
$$h_{fg} = 2226.5 \text{ kJ/kg}$$

故出口狀態為濕蒸汽，其乾度x_e與焓h_e分別為

$$x_e = \frac{v_e - v_f}{v_{fg}} = \frac{0.9541 - 0.001053}{1.1593 - 0.001053} = 0.8228$$

$$h_e = h_f + x_e h_{fg} = 467.11 - 0.8228 \times 2226.5 = 2299.07 \ \text{kJ/kg}$$

由方程式(2-19)與(2-21)，因$w = 0$，$V_i \approx 0$，並假設$g(z_e - z_i) = 0$，可得水蒸汽的流出速度V_e為

$$V_e = [\frac{2n}{n-1}(p_i v_i - p_e v_e)]^{1/2}$$

$$= [\frac{2 \times 10^3 \times 2}{2-1}(500 \times 0.5226 - 150 \times 0.9541)]^{1/2}$$

$$= 687.56 \ \text{m/sec}$$

由方程式(2-14)，水蒸汽之質量流率$\dot{m}$為

$$\dot{m} = \frac{A_e V_e}{v_e} = \frac{(10 \times 10^{-4}) \times 687.56}{0.9541} = 0.7206 \ \text{kg/sec}$$

由方程式(2-46)，熱傳率$\dot{Q}$為

$$\dot{Q} = \dot{m}[(h_e - h_i) + \frac{V_e^2}{2}] = 0.7206[(2299.07 - 3064.2) + \frac{(687.56)^2}{2 \times 10^3}]$$

$$= -381.02 \ \text{kJ/sec}$$

【例題 2-19】

水蒸汽在 1.0 MPa 與 300℃，以 2 kg/sec 的質量流率穩定地進入一渦輪機，以$n = 1.3$的多變過程膨脹至 100 kPa。試求渦輪機的功率與熱傳率。假設進出口間的動能與位能改變均可忽略。

解：因$p_i = 1\text{MPa}$，$T_i = 300℃$，為過熱汽體，由附表 3 可得

$$v_i = 0.2579 \ \text{m}^3/\text{kg}，h_i = 3051.2 \ \text{kJ/kg}$$

因過程為$pv^{1.3} = C$，即$p_i v_i^{1.3} = p_e v_e^{1.3}$，故出口處之比容$v_e$為

$$v_e = v_i (\frac{p_i}{p_e})^{1/1.3} = 0.2579 (\frac{1000}{100})^{1/1.3} = 1.5159 \, \text{m}^3/\text{kg}$$

因 p_e = 100 kPa，由附表 2 可得

$$v_f = 0.001043 \, \text{m}^3/\text{kg}, \; v_g = 1.6940 \, \text{m}^3/\text{kg}, \; h_f = 417.46 \, \text{kJ/kg},$$

$$h_{fg} = 2258.0 \, \text{kJ/kg}$$

故出口狀態爲濕蒸汽，其乾度 x_e 與焓 h_e 分別爲

$$x_e = \frac{v_e - v_f}{v_{fg}} = \frac{1.5159 - 0.001043}{1.6940 - 0.001043} = 0.8948$$

$$h_e = h_f + x_e h_{fg} = 417.46 + 0.8948 \times 2258.0 = 2437.92 \, \text{kJ/kg}$$

由方程式(2-21)

$$\dot{W} = \frac{\dot{m}n}{n-1}(p_i v_i - p_e v_e) = \frac{2 \times 1.3}{1.3 - 1}(1000 \times 0.2579 - 100 \times 1.5159)$$

$$= 921.35 \, \text{kW}$$

由方程式(2-48)

$$\dot{Q} = \dot{m}(h_e - h_i) + \dot{W} = 2(2437.92 - 3051.2) + 921.35$$

$$= 305.21 \, \text{kJ/sec}$$

【例題 2-20】

在 $-6°C$ 的飽和氨汽以 0.05 kg/sec 的質量流率及可忽略的速度穩定地流入一壓縮機，以 $n = 1.3$ 的多變過程被壓縮至 600 kPa，經面積爲 2.0cm^2 的開口流出，試求流出速度，及此過程的功率與熱傳率。假設進出口間位能改變可忽略。

解：因進口狀態爲 $T_i = -6°C$ 的飽和汽體，由附表 5 可得

$p_i = 341.25\,\text{kPa}$，$v_i = 0.3599\,\text{m}^3/\text{kg}$，$h_i = 1436.8\,\text{kJ/kg}$

因過程為 $pv^{1.3} = C$，即 $p_i v_i^{1.3} = p_e v_e^{1.3}$，故出口處之 v_e 為

$$v_e = v_i (\frac{p_i}{p_e})^{1/1.3} = 0.3599(\frac{341.25}{600})^{1/1.3} = 0.2332\,\text{m}^3/\text{kg}$$

故出口狀態過熱汽體，由附表 6 使用內插法可得出口的焓 h_e 為
$h_e = 1512.50\,\text{kJ/kg}$

由方程式(2-14)，可得氨的流出速度 V_e 為

$$V_e = \frac{\dot{m} v_e}{A_e} = \frac{0.05 \times 0.2332}{2.0 \times 10^{-4}} = 58.3\,\text{m/sec}$$

由方程式(2-19)與(2-21)，因 $V_i \approx 0$ 及 $g(z_e - z_i) \approx 0$，可得

$$\dot{W} = \dot{m}[\frac{n}{n-1}(p_i v_i - p_e v_e) - \frac{V_e^2}{2}]$$

$$= 0.05[\frac{1.3}{1.3-1}(341.25 \times 0.3599 - 600 \times 0.2332) - \frac{(58.3)^2}{2 \times 10^3}]$$

$$= -3.79\,\text{kW}$$

由方程式(2-48)

$$\dot{Q} = \dot{m}[(h_e - h_i) + \frac{V_e^2}{2}] + \dot{W} = 0.05[(1512.50 - 1436.8) + \frac{(58.3)^2}{2 \times 10^3}]$$

$$+ (-3.79)$$

$$= 0.07997\,\text{kJ/sec}$$

【例題 2-21】

　　鹽水(比重為 1.2)在 100 kPa 之壓力，$-10°C$ 之溫度，經一直徑為 7.5 cm 之開口進入泵，而在 300 kPa 之壓力，經一直徑為 5 cm 之開口流出。若鹽水之質量流率為 15 kg/sec，而泵之出口比進口高 1m，並假設此泵壓過程為無摩擦，試求泵所需之功率。

解：與例題 2-20 相同，此題亦無法由第一定律能量方程式求取功，仍然須使用穩態穩流功的方程式，即方程式(2-19)

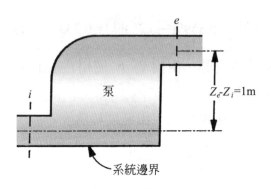

圖 2-17 例題 2-21

$$w = -\int_i^e vdp - \frac{1}{2}(V_e^2 - V_i^2) - g(Z_e - Z_i)$$

假設鹽水為不可壓縮，即令 $v = C$，故

$$-\int_i^e vdp = v(p_i - p_e) = \frac{1}{\rho}(p_i - p_e)$$

利用方程式(2-15)，可分別求得進出口之速度

$$V_i = \frac{\dot{m}}{\rho A_i} = \frac{15}{(1.2 \times 10^3) \times \frac{\pi}{4}(\frac{7.5}{100})^2} = 2.83 \text{ m/sec}$$

$$V_e = \frac{\dot{m}}{\rho A_e} = \frac{15}{(1.2 \times 10^3) \times \frac{\pi}{4}(\frac{5}{100})^2} = 6.37 \text{ m/sec}$$

或 $$V_e = \frac{\dot{m}}{\rho A_e} = \frac{\rho A_i V_i}{\rho A_e} = V_i(\frac{A_i}{A_e}) = V_i(\frac{D_i^2}{D_e^2})$$

$$= 2.83 \times \frac{7.5^2}{5^2} = 6.37 \text{ m/sec}$$

因此，泵壓每 kg 鹽水所需之功為

$$w = \frac{1}{\rho}(p_i - p_e) - \frac{1}{2}(V_e{}^2 - V_i{}^2) - g(Z_e - Z_i)$$

$$= \frac{1}{1.2 \times 10^3}(100 - 300)$$

$$- \frac{1}{2 \times 10^3}(6.37^2 - 2.83^2) - 9.8 \times 1 \times 10^{-3}$$

$$= -0.193 \, \text{kJ/kg}$$

而所需之功率為

$$\dot{W} = \dot{m}w = 15 \times (-0.193) = -2.895 \, \text{kW}$$

2-8.2　充填過程與排放過程之第一定律

　　若一開始系統僅具有一開口，且該開口以控制閥接至一壓力較高的流體供給源，則將閥打開後，流體將流入系統，但並無流體自系統流出，此等過程稱為充填過程(filling 或 charging process)，且若流體供給源與系統比較為甚大，則流體流經開口之狀態可視為固定。常見的例子為實驗室之鋼瓶容器(如氧氣、氮氣、乙炔氣等)及住家用的液化瓦斯鋼瓶等，用完後廠家收回需再將工作物灌入，即進行充填過程。

　　若具有一開口的開放系統，其內裝有壓力較外界之壓力為高的某工作物，將開口打開後，工作物將自系統流出，但並無工作物自外界流入系統，此等過程稱為排放過程(diffusion 或 discharging process)。前述鋼瓶在實驗室或家庭中使用時，即進行排放過程。

1. 充填過程

　　由方程式(2-42)，因無出口，故

$$Q - W + (E_i + p_i V_i) = E_2 - E_1$$

因，$E = m(u + \dfrac{1}{2}V^2 + gZ)$，$pV = mpv$，且 $u + pv = h$，故

$$Q - W + m_i(h_i + \dfrac{1}{2}V_i^2 + gZ_i)$$

$$= m_2(u_2 + \dfrac{1}{2}V_2^2 + gZ_2) - m_1(u_1 + \dfrac{1}{2}V_1^2 + gZ_1) \tag{2-49}$$

式中 i 表示進口處流體之狀態，而 1 與 2 分別表示系統內工作物最初及最後之狀態。若系統爲固定者，即系統無動能及位能的改變；且若流體在進口處之動能及位能可予忽略不計，則方程式(2-49)可簡化爲

$$Q - W + m_i h_i = m_2 u_2 - m_1 u_1 \tag{2-50}$$

又由質量平衡可得

$$m_i = m_2 - m_1 \tag{2-51}$$

此外亦可利用微分方程式分析，由方程式(2-44)，因無出口，故

$$deltaQ - \delta W + (e_i + p_i v_i)\,\delta m_i = dE$$

$$\text{或} \quad \delta Q - \delta W + (h_i + \dfrac{1}{2}V_i^2 + gZ_i)\,\delta m_i$$

$$= d\left[m\left(u + \dfrac{1}{2}V^2 + gZ\right)\right] \tag{2-52}$$

若系統的動能與位能之改變及流體進口處的動能與位能均可忽略不計，則方程式(2-52)可簡化爲

$$\delta Q - \delta W + h_i \delta m_i = d(mu) = dU \tag{2-53}$$

而質量平衡爲

$$\delta m_i = dm \tag{2-54}$$

【例題 2-22】

一容積爲 $1 m^3$ 的絕熱剛性容器，以閥連接至一 200 kPa 與 200℃ 的水蒸汽供給源，將閥打開令水蒸汽流入容器，當容器內壓力達到 200 kPa 時將閥關閉。若最初容器內爲眞空，試求最後容器內水蒸汽的溫度與質量。

解：由方程式(2-50)與(2-51)，因 $Q=0$，$W=0$ 及 $m_1=0$，故

$$m_i h_i = m_2 u_2 \quad 與 \quad m_i = m_2$$

則 $h_i = u_2$

因 $p_i = 200$ kPa，$T_i = 200℃$，爲過熱水蒸汽，由附表 3 可得

$$h_i = 2870.5 \ \text{kJ/kg} = u_2$$

因 $p_2 = 200$ kPa，$u_2 = 2870.5$ kJ/kg，由附表 3 內插可得最後的溫度 T_2 與比容 v_2

$$T_2 = 339.15℃ \quad 與 \quad v_2 = 1.4075 \ \text{m}^3/\text{kg}$$

容器內水蒸汽最後的質量 m_2 爲

$$m_2 = \frac{v}{v_2} = \frac{1}{1.4075} = 0.7105 \ \text{kg}$$

【例題 2-23】

假設最初容器內裝有 100 kPa 的濕蒸汽，其中液相佔有容器容積的 0.1%，其餘作用條件與例題 2-22 相同。試求過程中流入容器的水蒸汽之質量。

解：此為一充填過程，系統與外界間無熱交換亦無功的作用，由方程式
(2-50)與(2-51)可得

$$(m_2 - m_1)h_i = m_2 u_2 - m_1 u_1 \tag{1}$$

先由已知條件決定m_1、u_1及h_1

由前面的例題知，$h_i = 2870.5 \text{ kJ/kg}$

因最初狀態為 100 kPa 壓力下的濕蒸汽，由附表 2 可得

$v_{f_1} = 0.001043 \text{ m}^3/\text{kg}$，$v_{g_1} = 1.6940 \text{ m}^3/\text{kg}$，$u_{f_1} = 417.36 \text{ kJ/kg}$，

$u_{fg_1} = 2088.7 \text{ kJ/kg}$

則可分別求得最初容器內液體的質量m_{l_1}，氣體的質量m_{v_1}，總質量
m_1乾度x_1及內能u_1，為

$$m_{l_1} = \frac{V_{l_1}}{v_{f_i}} = \frac{0.001 \times 1}{0.001043} = 0.9588 \text{ kg}$$

$$m_{v_1} = \frac{V_{v_1}}{v_{g_1}} = \frac{(1-0.001) \times 1}{1.6940} = 0.5897 \text{ kg}$$

$$m_1 = m_{l_1} + m_{v_1} = 0.9588 + 0.5897 = 1.5485 \text{ kg}$$

$$x_1 = m_{v_1}/m_1 = 0.5897/1.5485 = 0.3808$$

$$u_1 = u_{f_1} + x_1 u_{fg_2} = 417.36 + 0.3808 \times 2088.7 = 1212.74 \text{ kJ/kg}$$

假設最後容器內的水蒸汽為 200 kPa 的濕蒸汽，因附表 2 可得

$v_{f_2} = 0.001061 \text{ m}^3/\text{kg}$，$v_{g_2} = 0.8857 \text{ m}^2/\text{kg}$，$u_{f_2} = 504.49 \text{ kJ/kg}$

$u_{fg_2} = 2025.0 \text{ kJ/kg}$

則最後狀態的比容v_2與內能u_2，可分別以乾度x_2表示為

$$v_2 = v_{f_2} + x_2 v_{fg_2} = 0.001061 + x_2(0.8857 - 0.001061) \tag{2}$$

$$u_2 = u_{f_2} + x_2 u_{fg_2} = 540.49 + x_2(2025.0) \tag{3}$$

將式(1)重整，並將m_2以$\dfrac{V}{v_2}$取代可得

$$\frac{V}{v_2} = (h_i - u_2) = m_1(h_i - u_1) \tag{4}$$

將已知的V，求得的h_i，m_1，u_1等數據，及式(2)與(3)代入式(4)可得

$$\frac{1}{0.001061 + x_2(0.8857 - 0.001061)}[2870.5 - (504.49 + 2025.0x_2)]$$
$$= 1.5485(2870.5 - 1212.74)$$

解上式可得：$x_2 = 0.55$

因$0 < x_2 < 1$，故前面的假設顯為合理；則

$$V_2 = 0.001061 + 0.55 \times (0.8857 - 0.001061) = 0.4876\,\text{m}^3/\text{kg}$$

則容器內水蒸汽最後的質量m_2為

$$m_2 = \frac{V}{v_2} = \frac{1}{0.4876} = 2.0509\,\text{kg}$$

過程中流入容器的水蒸汽質量m_i為

$$m_i = m_2 - m_1 = 2.0509 - 1.5485 = 0.5204\,\text{kg}$$

討論：若解得的$x_2 > 1$，顯市上面的假設為錯誤，則最後容器內的水蒸汽應屬過熱汽體，而其解析將於下一個例題中說明之。

【例題 2-24】

一容積為 1 m^3的絕熱剛性容器最初裝有 100 kPa 的濕蒸汽，其中液相佔有容器容積的 0.01%。該容器以閥連接至 1 MPa 與 1000℃的水蒸汽供應源。將閥打開令水蒸汽流入容器，當容器內壓力達到 1MPa 時將閥關閉。試求最後容器內水蒸汽的溫度，及過程中流入容器的水蒸汽之質量。

解：A.依例題 2-23 相同的解析方法可得(此部分留給讀者自行練習)

$h_i = 4637.6$ kJ/kg，$m_1 = 0.686137$ kg，$u_1 = 2214.27$ kJ/kg

$v_2 = 0.001127 + x_2(0.19444 - 0.001127)$

$u_2 = 761.68 + 1822.0x_2$

由例題 2-23 的式(4)

$$\frac{V}{v_2}(h_i - u_2) = m_1(h_i - u_1) \tag{4}$$

將相關數據及v_2與u_2的關係式代入式(4)，並求解可得

$x_2 = 1.8074$

因$x_2 > 1$，故知濕蒸汽的假設不合理，水蒸汽最後的狀態應是過熱汽體。

B.將相關數據代入式(4)可得

$$\frac{1}{v_2}(4637.6 - u_2) = 0.405687(4637.6 - 1970.92)$$

此式中有v_2與u_2兩個未知數，但v_2與u_2係決定於相同的最後狀態(狀態 2)，故需使用試誤法(trial-and-error method)解之，其方法為：
配合已知的$p_2 = 1$MPa，假設一T_2，由附表 3 得到v_2與u_2，代入上式中檢視等號是否成立。
本題中依此法求得之最後溫度T_2及對應的v_2為

$T_2 = 857.8℃$；$v_2 = 0.5211 \text{m}^3/\text{kg}$

則容器內水蒸汽最後的質量m_2為

$$m_2 = \frac{V}{v_2} = \frac{1}{0.5211} = 1.919017 \text{ kg}$$

而過程中流入容器的水蒸汽之質量m_i為

$$m_i = m_2 - m_1 = 1.919017 - 0.686137 = 1.23288 \text{ kg}$$

【例題 2-25】

一 $0.1 \mathrm{m}^3$ 的剛性容器最初裝有 $80°C$ 的濕蒸汽，其中液相佔有容器容積約 10%。若有 2 kg 的 100 kPa 與 $150°C$ 之水蒸汽流入容器，同時與外界作熱交換，使得容器內最後的溫度爲 $200°C$，試求熱交換量。

解：因 $T_1 = 80°C$，由附表 1 可得

$$v_{f1} = 0.001029 \,\mathrm{m^3/kg}, \ v_{g1} = 3.407 \,\mathrm{m^3/kg} \,;\ u_{f1} = 334.86 \,\mathrm{kJ/kg},$$
$$u_{fg1} = 2147.4 \,\mathrm{kJ/kg}$$

則最初狀態液體質量 m_{i1}、汽體質量 m_{v1}、總質量 m_1、乾度 x_1 及內能 u_1 可分別求得爲

$$m_{i1} = \frac{V_{l1}}{v_{f1}} = \frac{0.1 \times 0.1}{0.001029} = 9.7182 \,\mathrm{kg}$$

$$m_{v1} m_{v1} = \frac{V_{v1}}{v_{g1}} = \frac{(1-0.1) \times 0.1}{3.407} = 0.0264 \,\mathrm{kg}$$

$$m_1 = m_{l1} + m_{v1} = 9.7182 + 0.0264 = 9.7446 \,\mathrm{kg}$$

$$x_1 = \frac{m_{v1}}{m_1} = \frac{0.0264}{9.7446} = 0.002709$$

$$u_1 = u_{f1} + x_1 u_{fg1} = 334.86 + 0.002709 \times 2147.4 = 340.68 \,\mathrm{kJ/kg}$$

因有 2 kg 的水蒸汽流入容器，故最後的總質量 m_2 爲

$$m_2 = m_1 + m_i = 9.7446 + 2 = 11.7446 \,\mathrm{kg}$$

而最後的比容 v_2 爲

$$v_2 = V/m_2 = 0.1/11.7446 = 0.0085145 \,\mathrm{m^3/kg}$$

因 $T_2 = 200°C$，由附表 1 可得

$v_{f_2} = 0.001157\,\text{m}^3/\text{kg}$，$v_{g_2} = 0.12736\,\text{m}^3/\text{kg}$；$u_{f_2} = 850.65\,\text{kJ/kg}$ ，$u_{fg_2} = 1744.7\,\text{kJ/kg}$

故最後狀態仍為濕蒸汽，其乾度x_2為

$$x_2 = \frac{v_2 - v_{f_2}}{v_{fg_2}} = \frac{0.0085145 - 0.001157}{0.12736 - 0.001157} = 0.0582989$$

而最後的內能u_2為

$$u_2 = u_{f_2} + x_2\,u_{fg_2} = 850.65 + 0.0582989 \times 1744.7 = 952.36\,\text{kJ/kg}$$

因$p_i = 100\,\text{kPa}$，$T_i = 150\,℃$，為過熱蒸汽，由附表 3 可得

$$h_i = 2776.4\,\text{kJ/kg}$$

由方程式(2-50)，因無功的作用$W = 0$，故過程中的熱交換量Q為

$$
\begin{aligned}
Q &= m_2 u_2 - m_1 u_1 - m_i h_i \\
&= 11.7446 \times 952.36 - 9.7446 \times 340.68 - 2 \times 2776.4 \\
&= 2312.4968\,\text{kJ}
\end{aligned}
$$

---

2. 排放過程

由方程式(2-42)，因無進口，故

$$Q - W - (E_e + p_e V_e) = E_2 - E_1$$

因$E = m(u + \frac{1}{2}V^2 + gZ)$，$pV = mpv$，及$u + pv = h$，故

$$
\begin{aligned}
&Q - W - m_e(h_e + \frac{1}{2}V_e^2 + gZ_e) \\
&= m_2(u_2 + \frac{1}{2}V_2^2 + gZ_2) - m_1(u_1 + \frac{1}{2}V_1^2 + gZ_1)
\end{aligned}
\tag{2-55}
$$

　　式中，e表示流體在出口處之狀態，即為該瞬間系統內之狀態；因此，除非系統內的狀態維持固定，否則狀態e將隨著過程的進行而改變。若狀態e維持固定，或以某一代表性之狀態應用於整個過程，方程式(2-55)始成立。否則，$m_e(h_e+\frac{1}{2}V_e^2+gZ_e)$應以下式取代

$$\int_1^2 (h_e+\frac{1}{2}V_e^2+gZ_e)\delta m_e$$

　　假設方程式(2-55)成立，且系統的動能與位能之改變，及流體在出口處之動能與位能均可忽略不計，則該式可簡化為

$$Q-W-m_e h_e = m_2 u_2 - m_1 u_1 \tag{2-56}$$

又由質量平衡可得

$$m_e = m_1 - m_2 \tag{2-57}$$

此外，亦可利用微分方程式分析，由方程式(2-44)，因無進口，故

$$\delta Q - \delta W - (e_e + p_e v_e)\delta m_e = dE$$

$$或 \quad \delta Q - \delta W - (h_e + \frac{1}{2}V_e^2 + gZ_e)\delta m_e = d[m(u+\frac{1}{2}V^2+gZ)] \tag{2-58}$$

　　若系統的動能與位能之改變，及流體在出口處的動能與位能均可忽略不計，則方程式(2-58)可簡化為

$$\delta Q - \delta W - h_e \delta m_e = d(mu) = dU \tag{2-59}$$

而質量平衡為

$$\delta m_e = -dm \tag{2-60}$$

【例題 2-26】

一容積為 $0.02m^3$ 的容器最初裝有 150℃的濕蒸汽,其中液相與汽相佔有相同的容積。將容器頂端的閥打開,令 4 kg 的水蒸汽流出後再予以關閉,而在過程中對容器加熱使其溫度維持固定,試求加熱量。

解:此為一排放過程,因過程中無功的作用 $W = 0$,由方程式(2-56)與(2-57)可得到此過程的能量平衡關係式為

$$Q = m_2 u_2 - m_1 u_1 + m_e h_e$$

欲求過程中的熱交換量 Q,需先求得容器中最初質量 m_1,內能 u_1,最後的內能 u_2,及流出水蒸汽的焓 h_e。

因 $T_1 = T_2 = 150℃$,由附表 1 可得

$$v_f = 0.001091 \text{ m}^3/\text{kg} , v_g = 0.3928 \text{ m}^3/\text{kg}$$

$$u_f = 631.68 \text{ kJ/kg} , u_{fg} = 1927.9 \text{ kJ/kg} , h_g = 2746.5 \text{ kJ/kg}$$

則最初容器內液體的質量 m_{l_1}、汽體的質量 m_{v_1}、總質量 m_1、乾度 x_1 及內能 u_1,可分別求得為

$$m_{l_1} = \frac{V_{l_1}}{v_f} = \frac{0.5 \times 0.02}{0.001091} = 9.1660 \text{ kg}$$

$$m_{v_1} = \frac{V_{v_1}}{v_g} = \frac{0.5 \times 0.02}{0.3928} = 0.0255 \text{ kg}$$

$$m_1 = m_{l_1} + m_{v_1} = 9.1660 + 0.0255 = 9.1915 \text{ kg}$$

$$x_1 = \frac{m_{v_1}}{m_1} = \frac{0.0255}{9.1915} = 0.0028$$

$$u_1 = u_f + x_1 u_{fg} = 631.68 + 0.0028 \times 1927.9 = 637.08 \text{ kJ/kg}$$

因 $m_e = 4$ kg,則最後容器內的總質量 m_2、比容 v_2、乾度 x_2 及內能 u_2 分

別爲

$$m_2 = m_1 - m_e = 9.1915 - 4 = 5.1915 \text{ kg}$$

$$v_2 = \frac{V}{m_2} = \frac{0.02}{5.1915} = 0.003852 \text{ m}^3/\text{kg}$$

$$x_2 = \frac{v_2 - v_f}{v_{fg}} = \frac{0.003852 - 0.001091}{0.3928 - 0.001091} = 0.0071$$

$$u_2 = u_f + x_2 u_{fg} = 631.68 + 0.0071 \times 1927.9 = 645.37 \text{ kJ/kg}$$

因流出之水蒸汽爲 150℃的飽和汽體，故

$$h_e = h_g = 2746.5 \text{ kJ/kg}$$

將相關數據代入能量平衡關係式，可求得加熱量Q爲

$$Q = m_2 u_2 - m_1 u_1 + m_e h_e$$
$$= 5.1915 \times 645.37 - 9.1915 \times 637.08 + 4 \times 2746.5$$
$$= 8480.72 \text{ kJ}$$

2-9　熱機及熱效率

　　若一系統進行某一熱力循環中，自外界供給熱量，而可產生淨功輸出，則此系統(或設備)稱之爲熱機(heat engine)。或謂功(或熱)之循環積分爲正值，則該系統(或設備)即爲熱機。最常見的熱機有內燃機、蒸汽動力廠、汽輪機動力廠等。

　　應用熱機之目的，在於將自外界熱源所供給的熱量，經由循環的作用，可將其中的一部分轉換爲有用的功而輸出。因此，熱爲該熱機的運轉消耗成本，而功爲該熱機的運轉回收效益；若消耗成本(熱)越小，或回收效益(功)越大，則該熱機之性能越佳。

　　熱機之性能通常稱之為熱效率(thermal efficiency)，而以符號η_t表示，係定義為循環之淨功與加入之熱量的比值(百分率，%)，亦即

$$\eta_t = \frac{\oint \delta W}{Q_{in}}$$

由第一定律方程式，或方程式(2-24)知，$\oint \delta W = \oint \delta Q$，故上式又可寫為

$$\eta_t = \frac{\oint \delta Q}{Q_{in}} = \frac{Q_{in} - Q_{out}}{Q_{in}} = 1 - \frac{Q_{out}}{Q_{in}}$$

由上式知，當$Q_{out} = Q_{in}$，即該熱機無淨功輸出($\oint \delta W = 0$)，則其$\eta_t = 0$，故此種熱機的存在不具意義，且不可能有人應用。又，當$Q_{out} = 0$，即該熱機無排出任何熱量，而將熱源所供給之熱量全部轉換為淨功輸出，則其$\eta_t = 100\%$，故此種熱機為最理想的熱機，惟實際上不可能有此種熱機的存在，此將於熱力學第二定律中再予討論。因此，實際應用的熱機，其熱效率係介於上述兩種極端之間，亦即

$$0 < \eta_t < 100\%$$

2-10　冷凍機及性能係數

　　若一系統進行某一熱力循環中，自外界施加淨功於系統內，使系統可自較低溫的外界吸取熱量而產生製冷的效果，再將該熱量及加入之功全部以熱之形式排出至較高溫的外界，則此系統(或設備)稱之為冷凍機(refrigerator)。或謂功(或熱)之循環積分為負值，則該系統(或設備)即為冷凍機。最常見之冷凍機為第一章所述的，目前應用於冰箱、冷氣機等的蒸汽壓縮式冷凍機。

　　應用冷凍機之目的，在於藉助施加的淨功，使自較低溫的外界吸取熱量而產生製冷的效果。因此，施加之淨功為該冷凍機的運轉消耗成本，而自外界吸取之熱量為該冷凍機的運轉回收效益；若消耗成本(功)越小，或回收效益(熱)越大，則該冷凍機之性能越佳。

　　冷凍機之性能通常稱之為性能系數(coeffieient of performance)，而以符號COP表示，係定義為自外界吸取之熱量與施加之淨功的比值，亦即

$$\text{COP} = \frac{Q_{in}}{-\oint \delta W}$$

　　由第一定律方程式，或方程式(2-24)知，$\oint \delta W = \oint \delta Q$，故上式又可寫為

$$\text{COP} = \frac{Q_{in}}{-\oint \delta Q} = \frac{Q_{in}}{Q_{out} - Q_{in}}$$

　　由上式知，當$Q_{in} = 0$，即該冷凍機無法自外界吸取熱量而無製冷效果，則其COP = 0，故此種冷凍機的存在不具意義，且不可能有人應用。又，當$Q_{out} = Q_{in}$，即該冷凍機無須自外界施加功，即可自較低溫的外界吸取熱，再傳出至較高溫的外界，則其COP = ∞，故為最理想的冷凍機，惟實際上不可能有此種冷凍機的存在，此亦將於第四章再作討論。因此，實際應用的冷凍機，其性能係數係介於上述兩種極端之間，亦即

　　　　0<COP<∞

　　若應用一冷凍機，其目的在於利用自系統所排放出之熱量而產生加熱升溫的效果，則該冷凍機又特別稱之為熱泵(heat pump)。冷暖兩用空調機在進行暖房運轉時，即為最常見之熱泵。

　　熱泵之運轉消耗成本仍為施加之淨功，而運轉回收效益，則為排出至外界的熱量；若消耗成本(功)越小，或回收效益(熱)越大，則該熱泵之性能越佳。

熱泵之性能通常稱之為性能因數(performance factor)，而以符號PF表示，係定義為排放至外界之熱量與施加之淨功的比值，亦即

$$PF = \frac{Q_{out}}{-\oint \delta W} = \frac{Q_{out}}{-\oint \delta Q} = \frac{Q_{out}}{Q_{out} - Q_{in}}$$

由上式，PF與COP間之關係為

$$PF = \frac{Q_{out} - Q_{in}}{Q_{out} - Q_{in}} + \frac{Q_{in}}{cQ_{out} - Q_{in}} = 1 + COP$$

實際應用之熱泵，其性能因數為

$$1 < PF < \infty$$

練習題

1. 一個裝有 0℃ 之冰與水的小容器，置於一個較大的裝滿油的絕熱容器之內，如圖 2-18 所示。最初，油及冰與水存在於 0℃ 的熱平衡。若藉由螺旋槳的攪拌，有 10 kJ 的能量加於油；而經由加熱器，有 5 kJ 的能量加於冰與水。經過一段時間後，整個系統再度回復至 0℃，但小容器內的冰有部分熔解。若設定油為系統A，而冰與水為系統B，試對系統A、系統B，及整個系統討論熱與功之作用情形。

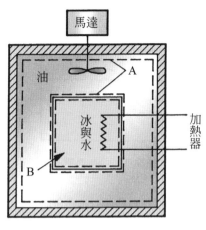

圖 2-18　練習題 1

2. 一活塞－汽缸裝置內裝有 300 kPa 之壓力、600℃之溫度的水，進行一等壓過程至 1,000℃之溫度，試求此過程之功。

3. 一活塞－汽缸裝置內裝有 0.03 m³的壓力為 150 kPa，溫度為 50℃ (狀態 1)之某氣體。首先，氣體在等壓下被加熱直到體積變為二倍 (狀態 2)；接著氣體以$n=1$的多變過程膨脹至體積又變為狀態 2 的二倍(狀態 3)。試求氣體最後的壓力及總功。

4. 如圖 2-19 所示，一較大的容器內部裝滿比重量為γ kN/m³的某液體，而一截面積為A m²的小容器以開口朝下倒置於液體中，且在達到平衡時予以固定。此時小容器內空氣之壓為p_1 kPa，容積為V_1 m³。若自外部對空氣加熱，氣體將膨脹而將小容器內的液體向下壓，造成液面的降低。試求當小容器內的液面比最初液面低h m 時，功的大小。

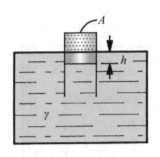

圖 2-19　練習題 4

5.　一密閉系統最初裝有 600 kPa 之壓力的液態水 1 kg 及水蒸汽 1 kg，在固定的壓力下對水加熱，直到最後的容積為最初容積之 4 倍。試將此過程繪於 p-v 圖上，並求最後的溫度及功。

6.　一活塞－汽缸裝置，最初裝有 1 m^3 的 500 kPa 與 200℃ 之水蒸汽，以 n=1.35 之多變過程膨脹至 100 kPa。試求(1)水蒸汽之質量，(2)水蒸汽最後的溫度(若為過熱)或乾度(若為濕蒸汽)，(3)此過程之功。

7.　一活塞－汽缸裝置最初裝有 0.05 m^3 的壓力為 100 kPa 的某氣體，且此時有一彈性係數為 150 kN/m 的線性彈簧接觸於活塞上，但與活塞間無任何作用力。若對氣體加熱，造成活塞的上升直到氣體之容積成為原來的二倍。假設活塞之截面面積為 0.25 m^2，試求(1)氣體最後的壓力，(2)作用於彈簧上的功，(3)總功。

8.　一活塞－汽缸裝置最初裝有 0.5 m^3 的某氣體，且此時有一彈性係數為 150 kN/m 的線性彈簧施加某一作用力於活塞上。若將氣體冷卻，造成活塞的下降直到彈簧與活塞間無任何作用力，而此時氣體之容積為最初容積的一半，壓力為 100 kPa。假設活塞之截面面積為 0.5 m^2，試求(1)氣體最初之壓力，(2)彈簧對氣體所作之功，(3)此過程之總功。

9. 一活塞－汽缸裝置內裝有 2 m³的壓力爲 100 kPa，溫度爲 100℃ 之
    水蒸汽，以 $n=1.25$ 之多變過程被壓縮至 500 kPa 之壓力。試求(1)
    水蒸汽之質量，(2)水蒸汽在最後狀態下的乾度(若爲濕蒸汽)或溫
    度(若爲熱過蒸汽)，(3)此過程之功。將此過程繪於 p-v 圖上。

10. 一活塞－汽缸裝置內裝有 2 kg 的水蒸汽，其壓力爲 500 kPa，容積
    爲 0.4 m³，以 $n=1.25$ 之多變過程膨脹至 0.8 m³的最後容積。將此過
    程繪於 p-v 圖上，並求(1)水蒸汽最初狀態之乾度，(2)水蒸汽最後狀
    態之乾度(若爲濕蒸汽)或溫度(若爲過熱蒸汽)，及(3)此過程之功。

11. 試求練習題 2 之過程的熱交換量。

12. 試求練習題 5 之過程的熱交換量。

13. 試求練習題 6 之過程的熱交換量。

14. 試求練習題 9 之過程的熱交換量。

15. 壓力爲 1.2 MPa，乾度爲 90%之水蒸汽，有 0.3 m³之容積，被加熱
    至 300℃。試分別求下面兩種過程之加熱量，(1)等容過程，(2)等壓
    過程，並將兩個過程繪於一 p-v 圖上。

16. 0.15 m³的壓力爲 0.1 MPa 之乾飽和水蒸汽，在一密閉系統內以 $n=1.3$
    之多變過程膨脹至 50 kPa 的最後壓力，試求功與熱交換量。

17. 一容積爲 0.6 m³之剛性容器，滿裝著壓力爲 500 kPa，溫度爲 70℃
    之氨。若氨與外界進行熱交換直到變爲乾飽和汽體，試求熱交換
    量。

18. 一個容積爲 5 cm³之小膠囊，內部裝有壓力爲 10 kPa，溫度爲 40℃
    的液態水。將此膠囊置於一個容積爲 0.03 m³的眞空容器內，而後
    將該膠囊打破，使水蒸發並充滿整個容器。經過一段足夠長的時
    間後，容器內的水與外界達到 40℃的熱平衡。試求水在最後的狀
    態下之乾度(若爲濕蒸汽)或壓力(若爲過熱蒸汽)，及熱交換量。

19. 在一活塞－汽缸的蒸汽機內，水蒸汽自 1.0 MPa 之壓力及 500℃之溫度，以$n=1.35$之多變過程膨脹至 200 kPa 的最後壓力。試求此過程的功及熱交換量。

20. 一容積爲 1 m^3 的剛性容器，最初裝有 20℃的冷媒-12，其中液態與汽體分別佔有三分之一與三分之二的容積。對冷媒加熱直到溫度上升至 80℃，試求(1)容器內最初的壓力，(2)最初狀態下液體與汽體之質量，(3)最後狀態下冷媒之壓力(若爲過熱汽)或乾度(若爲濕汽體)，(4)加熱量。

21. 一活塞－汽缸裝置，最初裝有 0.35 m^3 的溫度爲 150℃之水蒸汽 1 kg。將水蒸汽緩慢地壓縮直到容積爲原來的 10%，且在過程中水蒸汽與外界進行熱交換，使溫度維持固定於 150℃。(1)試求此過程之功與熱，(2)最後狀態下，液體所佔容積爲若干？(3)將此過程繪於p-v圖上。

22. 一活塞－汽缸裝置內，最初裝有 0.02 m^3 的壓力爲 100 kPa，溫度爲 40℃之水。對水加熱，直到有 5 kg 的水汽化爲水蒸汽。試求此過程之功與熱交換量，並繪出此過程之p-v圖。

23. 壓力爲 300 kPa，溫度爲 200℃的水蒸汽，在一密閉系統內以$n=1.3$的多變過程膨脹至 100 kPa 的最後壓力，試求功與熱交換量。

24. 一活塞－汽缸裝置，最初裝有 0.03 m^3 的壓力爲 20 bars 之乾飽和水蒸汽(狀態 1)。將水蒸汽在等容下冷卻至 200℃的溫度(狀態 2)，而後水蒸汽在定壓下膨脹至容積成爲最初容積的二倍(狀態 3)。試將此兩個過程繪於一p-v圖上，並求：(1)狀態 2 之壓力及乾度，(2)過程 1→2 之熱交換量，(3)狀態 3 之乾度(若爲濕蒸汽)或溫度(若爲過熱蒸汽)，(4)過程 2→3 之功與熱交換量。

25. 如圖 2-20 所示之活塞－汽缸裝置，活塞之截面面積爲 0.15 m³，最初裝有壓力爲 0.1 MPa，溫度爲 150℃之水蒸汽 0.05 kg。(1)對水蒸汽加熱，當活塞達到停止塊時，水蒸汽之溫度及加熱量各爲若干？(2)若繼續加熱，使水蒸汽溫度達 600℃，則最後的壓力及加熱量各爲若干？試將兩個過程繪於一 p-v 圖上。

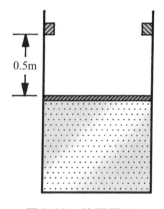

圖 2-20　練習題 25

26. 一活塞－汽缸裝置，最初裝有 5 m³ 的壓力爲 1 MPa，溫度爲 400℃之水蒸汽。若水蒸汽以 $n=1.5$ 之多變過程膨脹至 0.1 MPa，試求(1)水蒸汽最後之容積，(2)此過程之功及熱交換量。

27. 如圖 2-21 所示之活塞－汽缸裝置，最初以梢將活塞固定，內容積爲 0.2 m³，裝有壓力爲 0.1 MPa 之水與水蒸汽的混合物，其中水佔有 20% 之容積。(1)對混合物加熱，直到全部變爲飽和水蒸汽，試求最後之壓力及加熱量。(2)之後，將梢拔除並令水蒸汽以 $n=1.3$ 之多變過程膨脹至 0.1 MPa 的最後壓力，試求最後狀態下的溫度(若爲過熱蒸汽)或乾度(若爲濕蒸汽)，及此過程之功與熱交換量。試將此兩過程繪於一 p-v 圖上。

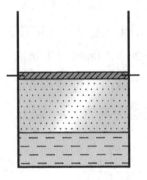

圖 2-21　練習題 27

28. 一剛性容器，最初以隔板予以分隔為 A 與 B 兩部分，A 部分之容積為 0.1 m³，裝有溫度為 100℃而液體與汽體分別佔容積的 10%與 90%的水；B 部分為真空。若將隔板移除，且進行適當的熱交換而維持固定的溫度，最後的壓力經量測為 100 kPa。試求 B 部分之容積，及熱交換量。

29. 一剛性容器，最初以隔板予以分隔為容積相同的兩個部分，一個部分裝有壓力為 200 kPa，溫度為 25℃的水 5 kg，而另一個部分為真空。若將隔板移除，水將膨脹而充滿整個容器，且與外界進行熱交換，使溫度又回復至 25℃。試求(1)此剛性容器之容積，(2)容器內最後的壓力，(3)熱交換量。

30. 一密閉系統最初裝有溫度為 200℃之乾飽和水蒸汽，容積為 0.05 m³。若水蒸汽以 n=1 之多變過程膨脹至 200 kPa 的最後壓力，試求此過程之功及熱交換量。

31. 一密閉系統最初裝有壓力為 200 kPa，溫度為 150℃之水蒸汽，容積為 2 m³。若以 n=1 之多變過程，將水蒸汽壓縮至 1.5 MPa 的最後壓力，試問此過程之功及熱交換量。

32. 一密閉系統最初裝有壓力為 100 kPa 之某氣體 5 kg，容積為 2 m³。若以 $n = 1.3$ 之多變過程，將氣體壓縮至 800 kPa 的最後壓力，而該氣體的熱力性質間之關係假設為 $h = 1.4\ u = 3.5\ pv$，則此過程之功及熱交換量各為若干？

33. 某氣體在一密閉系統內，自 800 kPa 的壓力及 0.1 m³/kg 的比容，以多變過程膨脹至 100 kPa 的最後壓力。假設該氣體的熱力性質間之關係為 $h = 1.4\ u = 3.5\ pv$，試求下列三種不同過程之功與熱交換量，並將三個過程繪於一 p-v 圖上。(1) $n = 1$；(2) $n = 1.3$；(3) $n = 1.4$。

34. 試求例題 2-9 中，蒸汽輪機與外界之熱交換率(請見 2-24 頁)。

35. 水蒸汽在 2.5 MPa 之壓力，350℃ 之溫度，穩定地流經內徑為 5 cm 之管路而進入蒸汽輪機，再於 100 kPa 之壓力，以 25 m/sec 之速度經由內徑為 15 cm 的管路排出。當水蒸汽之質量流率為 830 kg/hr 時，蒸汽輪機之功率輸出為 95 kW。試求水蒸汽在流經蒸汽輪機時，與外界間的熱交換率，以 kJ/sec 表示。

36. 水蒸汽在 2 MPa 之壓力及 400℃ 之溫度，穩定地流入一蒸汽輪機，以 $n = 1.3$ 之多變過程膨脹至 100 kPa 之壓力流出。若水蒸汽之質量流率為 5 kg/sec，試求功率及熱交換率。

37. 水在 1.0 MPa 之壓力及 40℃ 之溫度進入蒸汽產生器(steam generator)，被加熱成為壓力為 1.0 MPa，溫度為 400℃ 之水蒸汽。水蒸汽再進入蒸汽輪機，以 $n = 1.4$ 之多變過程膨脹至 100 MPa 的出口壓力。若水蒸汽之質量流率為 0.3 kg/sec，試求(1)蒸汽產生器之加熱率，(2)蒸汽輪機之輸出功率及熱交換率。試將兩個過程繪於一 p-v 圖上。

38. 水蒸汽在 700 kPa 之壓力，200℃之溫度，以極低之速度穩定地流入一蒸汽輪機，而膨脹至 10 kPa 之壓力及 90% 之乾度，經一截面面積為 0.03 m^2 之開口流出。若水蒸汽之質量流率為 1,000 kg/hr，其功率輸出為 110 kW，試求流經蒸汽輪機每 kg 水蒸汽之熱交換量。

39. 水蒸汽在 200 kPa 之壓力，300℃之溫度，以極低之速度穩定地流入一絕熱的蒸汽輪機，膨脹至 50 kPa 之壓力，以 150 m/sec 之速度流出。若水蒸汽之質量流率為 8 kg/sec，其功率輸出為 800 kW，試求水蒸汽在出口處之溫度(若為過熱)或乾度(若為濕蒸汽)。

40. 某氣體以 2 kg/sec 之質量流率，在 400 kPa 的壓力及 0.5m^3/kg 的比容，以 30 m/sec 之速度穩定地流入一絕熱噴嘴，並以 $n=1.4$ 的多變過程膨脹至 100 kPa 的出口壓力。試求(1)氣體在噴嘴出口處之速度，(2)噴嘴出口的截面面積，(3)氣體在進出口間焓的改變量。

41. 某氣體以 1.5 kg/sec 之質量流率，在 100 kPa 的壓力及 1.13 kg/m^3 的密度，以極低之速度穩定地流入一壓縮機，並以 $n=1.3$ 的多變過程被壓縮至 200 kPa 之出口壓力，而出口速度為 50 m/sec。試求此過程之功率及熱交換率，假設該氣體熱力性質間之關係為 $h=1.4$，$u=3.5pv$。

42. 在一氨冷凍系統中，冷媒自蒸發器流出時為 −10℃ 之飽和汽體，並以 0.1 kg/sec 之質量流率穩定地流入壓縮機，再以 $n=1.3$ 之多變過程被壓縮至 500 kPa 的壓力，經一截面面積為 1.0 cm^2 之開口流出。假設進口速度極低而可予忽略，(1)試求冷媒在壓縮機出口處之速度，(2)試求壓縮過程之功率及熱交換率。

43. 水蒸汽在 30 巴的壓力與 320℃的溫度，以極低之速度穩定地進入一絕熱噴嘴，而在 20 巴的壓力以 535 m/sec 之速度流出。若水蒸汽之質量流率爲 8,000 kg/hr，試求⑴出口處水蒸汽之焓值及溫度(若爲過熱蒸汽)或乾度(若爲濕蒸汽)，⑵噴嘴出口的截面面積。

44. 一離心式壓縮機，經由內徑爲 7 cm 之管路穩定地吸入 2,000 kg/hr 的壓力爲 0.5 巴。溫度爲 0℃之冷媒-12。冷媒-12 被壓縮至 7 巴的壓力與 140℃的溫度，經內徑爲 2 cm 之管路流出。在過程中，有 40,000 kJ/hr 的熱被傳至外界，試求⑴冷媒-12 在壓縮機進口處及出口處之速度，⑵功率。

45. 水蒸汽在 1.2 MPa 之壓力，400℃之溫度，以可忽略的速度穩定地流入一噴嘴，以 $n = 1.35$ 之多變過程膨脹至 0.2 MPa 的出口壓力。試求⑴水蒸汽之流出速度，以 m/sec 表示，⑵此過程之熱交換量，以 kJ/kg 表示，⑶噴嘴出口的截面面積，以 cm² 表示，若水蒸汽之質量流率爲 2 kg/sec。

46. 水蒸汽在 2.0 MPa 之壓力，250℃之溫度，以極低之速度穩定地流入一絕熱噴嘴，並膨脹至 0.5 MPa 的出口壓力。若水蒸汽在出口處之乾度不得小於 95%，則水蒸汽最大的流出速度爲若干？若噴嘴出口管路之內徑爲 5 cm，則水蒸汽之最大質量流率爲若干？

47. 水蒸汽在 1.0 MPa 之壓力，400℃之溫度，以極低之速度穩定地流入一噴嘴，並以 $n = 1.5$ 的多變過程膨脹至 200 kPa 的出口壓力。若水蒸汽之質量流率爲 1.0 kg/sec，試求水蒸汽流出之速度、噴嘴出口之截面面積，及此過程之熱交換率。

48. 一容積爲 0.01 m³ 之容器，最初裝有 200℃的水與水蒸汽，各佔容積的一半。若將容器頂端所設之閥打開，使水蒸汽流出，且同時對容器加熱使內部維持固定的溫度。當容器內質量變爲最初質量的一半時，將閥關閉，試求總加熱量。

49. 一容積為 5 m³ 之容器，最初裝有壓力為 0.2 MPa 之乾飽和水蒸汽。此容器以管道及一控制閥連接至壓力為 0.6 MPa，溫度為 200℃ 的一個極大的水蒸汽供給源。將閥打開，使水蒸汽流入容器內，直到容器內壓力上升至 0.6 MPa 後，再將閥關閉。假設過程進行中，熱交換極微而可忽略不計，試求流入容器內水蒸汽之質量。

50. 一容積為 1 m³ 之壓力容器，最初裝有溫度為 300℃ 的濕蒸汽，液相及汽相所佔容積相等。若將容器底部的排放閥打開，使水緩緩地流出，同時對容器加熱，使其溫度維持固定不變。當容器內之質量為最初質量的一半時，再將閥關閉，則總加熱量為若干？

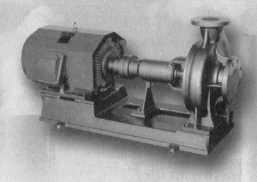

Chapter **3**

理想氣體

　　第一章曾討論純物質之一般性質，包括固相、液相及汽相之特性，以及相平衡之觀念。若所分析之過程中，純物質一直維持汽相，而無相變化的現象產生，則該汽體經常特稱之爲氣體(gas)；若氣體之狀態(或性質)滿足若干特定之條件，則可將該氣體視爲理想氣體(ideal gas 或 perfect gas)。理想氣體的各性質間，有特殊且較爲簡單的關係存在。本章將討論何謂理想氣體，理想氣體若干性質間之關係，最後並將討論，當系統所使用之工作物爲理想氣體時，第一定律能量分析之應用。

3-1　理想氣體與理想氣體狀態方程式

3-1.1　理想氣體

　　當氣體存在之狀態，其密度甚小或比容甚大，即可視爲理想氣體。由第一章知，純物質之狀態可利用兩個獨立性質予以明確定出，故密度(或比容)可利用兩個獨立性質定出其大小。因氣體係以單相存在，因此這兩個獨立性質可選擇壓力(p)及溫度(T)。故當氣體存在於低的壓力及高的溫度，則該氣體即可視爲理想氣體。

　　然而，此定義似乎過於籠統，究竟多高的溫度始可視爲高溫，而多低的壓力始可視爲低壓？通常以該物質之臨界點作爲比較之基準，當壓力低於臨界壓力($p<p_c$)時，即可視爲低壓；而溫度高於臨界溫度之二倍($T>2T_c$)時，即可視爲高溫。

　　以最常使用的空氣爲例，由表 1-2 知，其臨界壓力爲 3.85MPa(約 38 標準大氣壓)，相當地高；而臨界溫度爲 132.4K(約 −140℃)，相當地低，故在一般的應用範圍，空氣均存在於低壓高溫，而可視爲理想氣體。

　　當然，氣體之狀態滿足前述低壓高溫之條件，即爲理想氣體。但若壓力遠低於臨界壓力，則即使溫度不甚高；或溫度遠高於臨界溫度的二倍，則即使壓力不甚低；仍均可視爲理想氣體，而可使用本章將討論的特性關係，其所造或之誤差極小，一般在 1%以內而可被接受。

3-1.2　理想氣體狀態方程式

若一方程式可將純物質所存在狀態下的壓力、比容及溫度三個性質間的關係表示出來，則該方程式稱爲狀態方程式(equation of state)。

對各種不同的理想氣體進行實驗，由所得結果分析知

$$\frac{p\bar{v}}{T} = 常數$$

式中 p 爲絕對壓力(kPa)，$\bar{v}$ 爲摩爾比容(molar specific volume，$m^3/kmol$)，T 爲絕對溫度(K)，則常數爲 8.3144 kJ/kmol-K，以 R_u 表示，稱爲通用氣體常數(unisversal gas-constant)。故上式可改寫爲

$$p\bar{v} = R_u T \tag{3-1}$$

而稱之爲理想氣體狀態方程式。

若氣體之摩爾質量(molar mass)以 M(kg/kmol)表示，則將公式(3-1)除以 M 可得，

$$pv = RT \tag{3-2}$$

式中 $R = \dfrac{R_u}{M}$，稱爲氣體常數(gas-constant，kJ/kg-K)。若干理想氣體之摩爾質量 M 及氣體常數 R，示於附表 17。

因比容 v 與密度 ρ 互成倒數，即 $v = \dfrac{1}{\rho}$，故方程式(3-2)可寫爲

$$p = \rho RT \tag{3-3}$$

若工作物之總質量爲 m(kg)，方程式(3-2)乘以 m 可得

$$pV = mRT \tag{3-4}$$

令 n 爲摩爾數(number of moles)，則 $n = \dfrac{m}{M}$，因此公式(3-4)可寫爲

$$pV = nR_uT \tag{3-5}$$

【例題 3-1】

壓力爲 101 kPa，溫度爲 25℃ 之空氣，其密度及摩爾比容各爲若干？

解：由附表 17，空氣之氣體常數 $R = 0.287$ kJ/kg-K，摩爾質量 $M = 28.97$ kg/kmol。由方程式(3-2)

$$v = \frac{RT}{p} = \frac{0.287 \times (25 + 273.15)}{101} = 0.8472 \text{ m}^3/\text{kg}$$

$$\rho = \frac{1}{v} = \frac{1}{0.8472} = 1.1804 \text{ kg/m}^3$$

$$\bar{v} = Mv = 28.97 \times 0.8472 = 24.5434 \text{ m}^3/\text{kmol}$$

【例題 3-2】

氫氣之溫度爲 0℃，密度爲 0.8 kg/m³，則其壓力爲若干？

解：由表 1-2，氫之臨界點性質，$p_c = 1.30$ MPa，$T_c = 33.3$ K，因 $T = 0℃ \gg 2T_c$，故假設爲理想氣體。

由附表 17，氫之氣體常數 $R = 4.12418$ kJ/kg-K，

由方程式(3-3)

$$p = \rho RT = 0.8 \times 4.12418 \times (0 + 273.15)$$

$$= 901.22 \text{ kPa}$$

因 $p < p_c$，故理想氣體之假設顯屬合理。

【例題 3-3】

容積爲 0.35 m³ 之容器，裝有 2.5 kg 溫度爲 0℃ 之氮，其壓力爲若干？

解：由表 1-2，氮之臨界點性質，$p_c = 3.39\,\text{MPa}$，$T_c = 126.2\,\text{K}$，因

$T = 0℃ > 2T_c$，故假設爲理想氣體。

由附表 17，氮之氣體常數 $R = 0.29680\,\text{kJ/kg-K}$，

由方程式(3-4)

$$p = \frac{mRT}{V} = \frac{2.5 \times 0.29680 \times (0 + 273.15)}{0.35}$$
$$= 579.08\,\text{kPa}$$

因 $p \ll p_c$，故理想氣體之假設顯屬合理。

【例題 3-4】

有一 6 m×10 m×4 m 之空間，其內之壓力爲 100 kPa，溫度爲 25℃，則該空間內空氣之質量爲若干？

解：由附表 17，空氣之氣體常數 $R = 0.287\,\text{kJ/kg-K}$，

由方程式(3-4)

$$m = \frac{pV}{RT} = \frac{100 \times (6 \times 10 \times 4)}{0.287 \times (25 + 373.15)} = 280.48\,\text{kg}$$

【例題 3-5】

一容積爲 0.5 m³ 之容器，裝有摩爾質量爲 24 的某理想氣體 10 kg，溫度爲 25℃，則該氣體之壓力爲若干？

解：由方程式(3-5)

$$p = \frac{nR_uT}{V} = \frac{(m/M)R_uT}{V} = \frac{(10/24) \times 8.3144 \times (25+273.15)}{0.5}$$
$$= 2065.78 \text{ kPa}$$

3-2　比熱

　　將單位質量的某物質之溫度升高(或降低)一度，所需供給(或移走)之熱量，稱爲該物質之比熱(specific heat)，可以下式表示

$$c = (\frac{\partial q}{\partial T})x$$

　　式中c爲比熱(kJ/kg-K)，而x表示加熱(或冷卻)時之特性。故因加熱(或冷卻)過程(或方法)的不同，理論上，純物質有多種不同的比熱值。但最經常使用，且與其它性質有特殊關係存在之比熱有二個，爲定容比熱(constant-volume specific heat)c_v，及定壓比熱(constant pressure specific heat)c_p。

　　將物質在定容下加熱(或冷卻)，由第一定律知其熱交換量等於內能之改變量，即$\delta q = du$，故由上述比熱之定義知，定容比熱c_v係定義爲

$$c_v = (\frac{\partial u}{\partial T})_v \tag{3-6}$$

　　而將物質在定壓下加熱(或冷卻)，由第一定律知其熱交換量等於焓之改變量，即$\delta q = dh$，故由上述比熱之定義又可知，定壓比熱c_p係定義爲

$$c_p = (\frac{\partial h}{\partial T})_p \tag{3-7}$$

　　方程式(3-6)與(3-7)所定義之比熱稱爲瞬間比熱(instantaneous specific heat)，其值因物質所存在之狀態的不同而改變。因此，在所分析過程之

溫度範圍內，有時使用平均比熱(mean specific heat)於整個過程中，而視爲常數。平均比熱係定義爲

$$\tilde{c}_v = (\frac{\Delta u}{\Delta T})_v = \frac{1}{2}(c_{v1} + c_{v2}) \tag{3-8}$$

$$\tilde{c}_p = (\frac{\Delta h}{\Delta T})_p = \frac{1}{2}(c_{p1} + c_{p2}) \tag{3-9}$$

式中$\tilde{c}_v$與$\tilde{c}_p$分別爲平均定容比熱與平均定壓比熱。

當物質與外界進行熱交換，其結果爲造成物質溫度的改變，此種熱交換稱爲顯熱(sensibe heat)，故比熱爲物質以單相存在時方始存在的物理量，若物質係多相共存時，則無所謂的比熱。

若物質與外界之熱交換，其結果爲造成相的變化，則此種熱交換稱爲潛熱(latent heat)。當物質在某壓力下進行相變化，其溫度亦固定不變，而熱交換量爲兩飽和相間之焓差，即潛熱係分別定義爲

液－汽相間：汽化潛熱(latent heat of vaporization)h_{fg}

固－液相間：熔解潛熱 (latent heat of fusion) h_{if}

固－汽相間：昇華潛熱(latent heat of sublimation)h_{ig}

3-3　理想氣體之性質

理想氣體之比熱、內能、焓，及將於第四章討論之熵等性質，均有特性關係存在，欲討論此等特性關係，首先需了解焦耳定律。

3-3.1　焦耳定律

圖 3-1 所示爲焦耳(Joule)的實驗設備，係在一由絕熱材料製成之容器中裝滿水，水中置有兩個較小且其間裝設一控制閥的小容器 A 與 B。最初，容器 A 裝有與水達到熱平衡(即相同溫度)的某理想氣體(如空氣)，而容器 B 爲眞空。

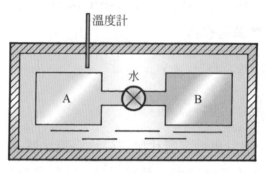

圖 3-1 焦耳實驗設備

　　將控制閥打開，使容器 A 內之理想氣體部分流至容器 B，並持續記錄水的溫度，直到容器 A 與 B 達到平衡為止。若水之溫度升高，表示此過程有熱量自氣體傳至水；反之，若水之溫度降低，則表示此過程有熱量自水傳至氣體。但由實驗結果發現，水之溫度一直維持固定，表示該過程進行中，氣體與外界(水)間無熱量的交換，即 $Q = 0$。又，此過程為一自由膨脹(free expansion)過程，無功的作用，即 $W = 0$。因此，由第一定律知 $\Delta U = 0$，或理想氣體之內能維持固定而無任何改變。

　　第一章曾提及，一熱力性質可以兩個獨立性質之函數表示，故內能可用溫度與容積(或比容)之函數表示，即 $u = f(T,v)$；或用溫度與壓力之函數表示，即 $u = f(T,p)$。然而，由焦耳實驗之結果知，理想氣體之溫度不變，內能不變，但其壓力已改變(降低)，而容積亦已改變(增加)。故焦耳推論，理想氣體之內能不會因壓力或容積之改變而產生變化，而僅因溫度的改變始可能產生變化。即，理想氣體之內能僅為溫度之函數，$u = f(T)$，此稱為焦耳定律(Joule' law)。焦耳定律亦可表示為

$$(\frac{\partial u}{\partial p})_T = 0 \ \text{或} \ (\frac{\partial u}{\partial v})_T = 0 \tag{3-10}$$

3-3.2 理想氣體之內能

由焦耳定律知，理想氣體之內能僅爲溫度之函數，但該函數關係又如何呢？對氣體而言，溫度T與比容v兩者必然是彼此獨立之性質，故令內能u以溫度T及比容v之函數表示，即

$$u = f(T,v)$$

$$du = (\frac{\partial u}{\partial T})_v dT + (\frac{\partial u}{\partial v})_T dv$$

由方程式(3-6)知，$(\frac{\partial u}{\partial T})_v = c_v$，故上式可改寫爲

$$du = c_v dT + (\frac{\partial u}{\partial v})_T dv$$

此方程式可應用於任何純物質所進行之任何過程；但若工作物爲理想氣體，則由方程式(3-10)知，$(\frac{\partial u}{\partial v})_T = 0$，因此

$$du = c_v dT \ ; \ \Delta u = \int c_v dT \tag{3-11}$$

由方程式(3-11)知，理想氣體進行任何過程(不一定等容過程)，其內能之改變量可用定容比熱c_v與溫度間的函數關係表示；且因內能僅爲溫度之函數，故定容比熱亦僅爲溫度之函數，此將於稍後再作討論。

3-3.3 理想氣體之焓

由第一定律知，在分析有關開放系統之問題時，必定要考慮工作物之焓值，因此理想氣體之焓的特性亦需加以分析。由焓h之定義

$$h = u + pv$$

若工作物爲理想氣體，因$pv = RT$，故

$$h = u + RT$$

上式中，u僅爲溫度之函數，而R爲氣體常數，故知h亦僅爲溫度之函數，亦即焦耳定律又可延伸爲$h = \phi(T)$，或表示爲

$$(\frac{\partial h}{\partial p})_T = 0 \text{ 或 } (\frac{\partial h}{\partial v})_T = 0 \tag{3-12}$$

但焓h與溫度T之函數關係又如何呢？對氣體而言，壓力p與溫度T兩者必然是彼此獨立之性質，因此令焓h以壓力p及溫度T之函數表示，即

$$h = \phi(p, T)$$

$$dh = (\frac{\partial h}{\partial p})_T dp + (\frac{\partial h}{\partial T})_p dT$$

由方程式(3-7)知，$(\frac{\partial h}{\partial T})_p = C_p$，故上式可寫爲

$$dh = (\frac{\partial h}{\partial p})_T dp + c_p dT$$

此方程式可應用於任何純物質，進行任何過程，只要p與T是彼此獨立的；但若工作物爲理想氣體，則由方程式(3-12)知，$(\frac{\partial h}{\partial p})_T = 0$，因此

$$dh = c_p dT \; ; \; \Delta h = \int c_p dT \tag{3-13}$$

由方程式(3-13)知，理想氣體進行任何過程(不一定等壓過程)，其焓之改變量可用定壓比熱C_p與溫度間的函數係表示；且因焓僅爲溫度之函數，故定壓比熱僅爲溫度之函數，此亦將於稍後再作討論。

3-3.4 理想氣體之比熱

由前述之焦耳定律知，理想氣體之內能與焓均僅爲溫度之函數，且其函數關係可分別以c_v與c_p表示。故首先須定出c_v及c_p與溫度之關係，始

能分析內能及焓的改變量,進而作能量之分析。以下將先討論定壓比熱 c_p 與定容比熱 c_v 間的特殊關係,再說明定出 c_p 與 c_v 之方法。

1. 比熱間之關係

由焓之定義,並考慮工作物為理想氣體時

$$h = u + pv = u + RT$$

將上式微分,並將方程式(3-11)與(3-13)代入可得

$$dh = du + RdT$$

$$c_p\,dT = c_v\,dT + RdT$$

因此,$c_p - c_v = R$ (3-14)

由方程式(3-10)及(3-12)知,c_v 與 c_p 均僅為溫度之函數,即理想氣體存在於不同之溫度時,其 c_v 或 c_p 均有不同的值。但由方程式(3-14)則發現,不論理想氣體存在於任何溫度(或狀態),其 c_p 與 c_v 間的差,永遠等於該氣體之氣體常數 R。

將方程式(3-14)乘以氣體之摩爾質量 M 可得

$$\bar{c}_p - \bar{c}_v = R_u$$ (3-15)

式中 $\bar{c}_p$ 與 $\bar{c}_v$ 均為摩爾比熱(molar specific heat,kJ/kmol-K)。由此式知,不論何種理想氣體,亦不論存在於任何溫度(狀態),摩爾比熱間之差,即 $\bar{c}_p - \bar{c}_v$,均等於通用氣體常數 R_u,永遠為一定數。

由方程式(3-14)與(3-15)又可知,利用 c_p(或 $\bar{c}_p$)與 R(或 R_u)即可求得 c_v(或 $\bar{c}_v$),故甚多圖或表僅示出定壓比熱 c_p(或 $\bar{c}_p$),而未示出定容比熱 c_v(或 $\bar{c}_v$)。又因 R 與 R_u 永遠為正值,故知定壓比熱永遠大於定容比熱。

以上為討論兩個比熱間之差的關係,而兩個比熱間之比又另予定義為 k,即

$$k = \frac{c_p}{c_v} = \frac{\bar{c}_p}{\bar{c}_v} \qquad\qquad (3\text{-}16)$$

k稱為等熵指數(isentropic exponent)，其意義及應用將於第四章中再詳予討論；惟由前述知，對理想氣體而言，k亦僅為溫度之函數，且永遠大於 1。

由方程式(3-14)或(3-15)與方程式(3-16)，可求得比熱與氣體常數，等熵指數間之關係為

$$c_p = \frac{kR}{k-1} \text{ , } c_v = \frac{R}{k-1} \qquad\qquad (3\text{-}17)$$

$$\bar{c}_p = \frac{kR_u}{k-1} \text{ , } \bar{c}_v = \frac{R_u}{k-1} \qquad\qquad (3\text{-}18)$$

2. 比熱值之決定

比熱值之決定，主要有下述數個方法，惟以下之討論將著重於定壓比熱，因如前述，定容比熱可由定壓比熱及氣體常數求得。

(1) 圖形法

因理想氣體之定壓比熱及定容比熱均僅為溫度之函數，故若繪出其比熱—溫度圖，即可自該圖讀取任一溫度之比熱值；或由所分析之問題的溫度範圍，在圖上定出二點，則曲線下方之面積即表示內能或焓的改變量。圖 3-2 所示，為數種氣體在極低壓下(即可視為理想氣體)，其摩爾定壓比熱($\bar{c}_p$)與溫度(T)之關係圖。

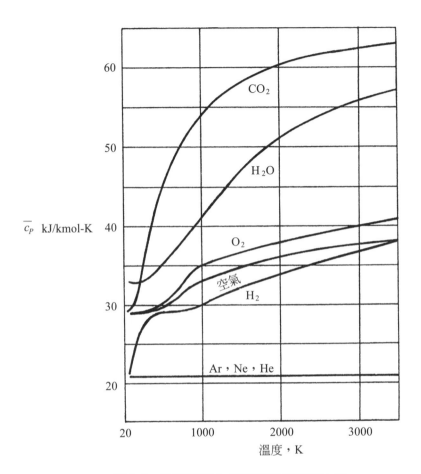

圖 3-2　數種氣體在極低壓下之定壓比熱

(2)　方程式法

　　　若將比熱與溫度間之函數關係以方程式表示，則可利用該方程式求得某溫度下之比熱值；或將該方程式對所分析之過程的溫度範圍作積分，即可求得該過程之內能或焓的改變量。表 3-1 所示為，數種理想氣體之摩爾定壓比熱與溫度之函數關係方程式。

表 3-1　數種理想氣體之摩爾定壓比熱

	$\bar{c}_p$ = kJ/kmol-K	θ = T(K)/100	
氣體		範圍(K)	最大誤差 (%)
N_2	$\bar{c}_p = 39.060 - 512.79\theta^{-1.5} + 1072.7\theta^{-2} - 820.40\theta^{-3}$	300-3500	0.43
O_2	$\bar{c}_p = 37.432 + 0.020102\theta^{1.5} - 178.57\theta^{-1.5} + 236.88\theta^{-2}$	300-3500	0.30
H_2	$\bar{c}_p = 56.505 - 702.74\theta^{-0.75} + 1165.0\theta^{-1} - 560.70\theta^{-1.5}$	300-3500	0.60
CO	$\bar{c}_p = 69.145 - 0.70463\theta^{0.75} - 200.77\theta^{-0.5} + 176.76\theta^{-0.75}$	300-3500	0.42
OH	$\bar{c}_p = 81.546 - 59.350\theta^{0.25} + 17.329\theta^{0.75} - 4.266\theta$	300-3500	0.43
NO	$\bar{c}_p = 59.283 - 1.7096\theta^{0.5} - 70.613\theta^{-0.5} + 74.889\theta^{-1.5}$	300-3500	0.34
H_2O	$\bar{c}_p = 143.05 - 183.54\theta^{0.25} + 82.751\theta^{0.5} - 3.6989\theta$	300-3500	0.43
CO_2	$\bar{c}_p = -3.7357 + 30.529\theta^{0.5} - 4.1034\theta + 0.024198\theta^2$	300-3500	0.19
NO_2	$\bar{c}_p = 46.045 + 216.10\theta^{-0.5} - 363.66\theta^{-0.75} + 232.550\theta^{-2}$	300-3500	0.26
CH_4	$\bar{c}_p = -672.87 + 439.74\theta^{0.25} - 24.875\theta^{0.75} + 323.88\theta^{-0.5}$	300-2000	0.15
C_2H_4	$\bar{c}_p = -95.395 + 123.15\theta^{0.5} - 35.641\theta^{0.75} + 182.77\theta^{-3}$	300-2000	0.07
C_2H_6	$\bar{c}_p = 6.895 + 17.26\theta - 0.6402\theta^2 + 0.00728\theta^3$	300-1500	0.83
C_3H_8	$\bar{c}_p = -4.042 + 30.46\theta - 1.571\theta^2 + 0.03171\theta^3$	300-1500	0.40
C_4H_{10}	$\bar{c}_p = 3.954 + 37.12\theta - 1.833\theta^2 + 0.03498\theta^3$	300-1500	0.54

(3)　常數法

　　　若理想氣體之比熱可視爲常數，則由方程式(3-11)與(3-13)知 $\Delta u = c_v \Delta T$ 與 $\Delta h = c_p \Delta T$，將可簡化問題之分析。但因比熱爲溫度之函數，故此常數值應如何決定？理論上，應求取所分析過程之溫度範圍內的平均比熱值($\tilde{c}_v$ 與 $\tilde{c}_p$)，再將該值視爲常數應用於所分析之過程，亦即前述之

$$\widetilde{c}_v = \frac{1}{2}(c_{v1} + c_{v2}) \tag{3-8}$$

$$\widetilde{c}_p = \frac{1}{2}(c_{p1} + c_{p2}) \tag{3-9}$$

然而，方程式(3-8)與(3-9)中，仍需將溫度代入比熱與溫度之函數關係方程式以求取瞬間比熱，故仍相當繁雜。

一個最經常使用的方法為，將理想氣體在27℃(300 K)之比熱值應用於所分析的整個過程。若所分析之過程的溫度範圍，偏離 27℃ 並非甚大，則分析之結果經常是可被接受的。本書以下之討論，若未特別強調需考慮比熱隨溫度之變化，則可將比熱視為常數，並使用 300 K 時的值。

等熵指數k亦為溫度之函數，但當比熱可視為常數時，則k亦為常數。數種理想氣體在 300 K 之溫度下的c_p、c_v及k值，示於附表 17。

附表 18 為空氣在低壓下之熱力性質，此表係假設在絕對零度(0 K)時，空氣之內能u及焓h均為零，比熱為溫度之函數，在各種不同溫度下的u值與h值。

【例題 3-6】

某理想氣體之摩爾質量為 40，而等熵指數k為 1.35，則該氣體之氣體常數為若干？又該氣體之定壓比熱與定容比熱各為若干？

解：
$$R = \frac{R_u}{M} = \frac{8.3144}{40} = 0.20786 \text{ kJ/kg-K}$$

由方程式(3-17)可得

$$c_p = \frac{kR}{k-1} = \frac{1.35 \times 0.20786}{1.35-1} = 0.80175 \text{ kJ/kg-K}$$

$$c_v = \frac{R}{k-1} = \frac{0.20786}{1.35-1} = 0.59389 \text{ kJ/kg-K}$$

【例題 3-7】

1 kg 之氧氣自 300 K 被加熱至 1500 K，試求焓之改變量，假設氧氣可視為理想氣體。

(1)考慮比熱為溫度之函數。

(2)考慮比熱為常數，並使用 300 K 時之比熱值。

解：(1)由表 3-1 可得氧氣之比熱－溫度函數關係方程式，因此每一 kmol 之焓改變量為

$$\bar{h}_2 - \bar{h}_1 = \int_{\theta_1}^{\theta_2} [37.432 + 0.020102\theta^{1.5} - 178.57\theta^{-1.5} + 236.88\theta^{-2}]100\,d\theta$$

$$= 100 \times [37.432\theta + \frac{0.020102}{2.5}\theta^{2.5} + \frac{178.57}{0.5}\theta^{-0.5} - 236.88\theta^{-1}]_{\theta_1=3}^{\theta_2=15}$$

$$= 40525 \text{ kJ/kmol}$$

故每 1 kg 之焓改變量為

$$h_2 - h_1 = \frac{\bar{h}_2 - \bar{h}_1}{M} = \frac{40525}{31.999}$$

$$= 1266.45 \text{ kJ/kg}$$

(2)由附表 17，300 K時氧氣之定壓比熱c_p為

$$c_p = 0.9216 \text{ kJ/kg-K}$$

$$h_2 - h_1 = c_p(T_2 - T_1) = 0.9216 \times (1500 - 300)$$

$$= 1105.92 \text{ kJ/kg}$$

此加熱過程達 1500 K，距 300 K 相當大，故使用 300 K 之比熱值於整個過程，所造成之誤差較大。

$$誤差(\%) = \frac{1266.45 - 1105.92}{1266.45} = 12.68\%$$

【例題 3-8】

空氣自 100 kPa 的壓力，300 K 的溫度，以 $n = 1.3$ 之多變過程被壓縮至 200 kPa，試求焓之改變量。

(1)假設比熱為常數，並使用 300 K 之比熱值。

(2)考慮比熱為溫度之函數。

解： $v_1 = \dfrac{RT_1}{p_1} = \dfrac{0.287 \times 300}{100} = 0.861 \ \text{m}^3/\text{kg}$

因 $p_1 v_1^{1.3} = p_2 v_2^{1.3}$，故狀態 2 之比容 v_2 為

$$v_2 = v_1 (\frac{p_1}{p_2})^{1/1.3} = 0.861 \times (\frac{100}{200})^{1/1.3} = 0.505 \ \text{m}^3/\text{kg}$$

$$T_2 = \frac{p_2 v_2}{R} = \frac{200 \times 0.505}{0.287} = 351.92 \ \text{K}$$

(1)由附表 17，空氣在 300 K 之定壓比熱 c_p 為

$$c_p = 1.0035 \ \text{kJ/kg-K}$$

$$h_2 - h_1 = c_p (T_2 - T_1) = 1.0035 \times (351.92 - 300)$$
$$= 52.10 \ \text{kJ/kg}$$

(2)由附表 18，$T_1 = 300 \ \text{k}$，$T_2 = 351.92 \ \text{K}$ 時之 h 值分別為

$$h_1 = 300.19 \ \text{kJ/kg}$$

$$h_2 = 350.48 + \frac{360.58 - 350.48}{360 - 350} \times (351.92 - 350)$$
$$= 352.42 \ \text{kJ/kg}$$

$$h_2 - h_1 = 352.42 - 300.19 = 52.23 \ \text{kJ/kg}$$

此過程之溫度僅達 351.92 K，離 300 K 較小，故以 300 K 之比熱值應用於整個過程，所造成之誤差甚小，而可予以接受。

$$誤差(\%) = \frac{52.23 - 52.10}{52.23} = 0.25\%$$

3-4　工作物為理想氣體時之第一定律分析

當工作物為理想氣體時，不論為密閉系統或開放系統，其第一定律之應用或能量之分析，與第二章所討論者並無不同；惟本章已述及理想氣體所具之各種特性關係，諸如理想氣體狀態方程式，內能、焓與比熱等性質間的關係，其應用將對分析過程產生些許的差異。本節將分別對密閉系統及穩態穩流系統之第一定律分析進行討論。

3-4.1　密閉系統

由第二章知，第一定律應用於密閉系統，其能量守恆方程式為

$$q = (u_2 - u_1) + w \tag{2-41}$$

當工作物為理想氣體時，因內能u僅為溫度T之函數，故

$$q = \int_1^2 c_v \, dT + w$$

若定容比熱c_v可視為常數，則

$$q = c_v(T_2 - T_1) + w \tag{3-19}$$

若密閉系統進行$n = 1$除外之多變過程，$pv^n = C$，由方程式(2-10)知，單位質量之功w為

$$w = \frac{1}{n-1}(p_1 v_1 - p_2 v_2) \tag{2-10}$$

因工作物為理想氣體，其狀態方程式為$pv = RT$，故方程式(2-10)可改寫為

$$w = \frac{R}{n-1}(T_1 - T_2) \tag{3-20}$$

將方程式(3-20)代入方程式(3-19)可得

$$
\begin{aligned}
q &= c_v(T_2 - T_1) + \frac{R}{n-1}(T_1 - T_2) \\
&= \frac{nc_v - (c_v + R)}{n-1}(T_2 - T_1) \\
&= \frac{nc_v - c_p}{n-1}(T_2 - T_1) \\
&= c_n(T_2 - T_1)
\end{aligned}
\tag{3-21}
$$

式中$c_n = \dfrac{nc_v - c_p}{n-1}$，通常稱爲多變比熱(polytropic specific heat)。

若密閉系統進行$n = 1$之多變過程，$pv = C$，因工作物爲理想氣體，$pv = RT$，而R爲氣體常數，故知$T =$ 常數；因此，該過程即爲等溫過程。由方程式(2-11)，單位質量之功仍爲

$$w = C \ell n \frac{v_2}{v_1} = C \ell n \frac{p_1}{p_2} \tag{3-22}$$

式中$C = p_1 v_1 = p_2 v_2 = RT$

若密閉系統內理想氣體之總質量爲m，則方程式(3-19)、(3-20)及(3-22)可分別改寫爲

$$Q = (U_2 - U_1) + W = mc_v(T_2 - T_1) + W \tag{3-23}$$

$$W = \frac{mR}{n-1}(T_1 - T_2) \ (n \neq 1) \tag{3-24}$$

$$W = C \ell n \frac{V_2}{V_1} = C \ell n \frac{p_1}{p_2} \ (n \neq 1) \tag{3-25}$$

而方程式(3-25)中，$C = p_1 V_1 = p_2 V_2 = mRT$。

當理想氣體進行多變過程時，由方程式(3-2)知$pv = RT$，又由方程式(2-9)知$pv^n = C$，利用此兩個方程式可得到過程中任意兩個狀態(如狀態 1 與狀態 2)間，壓力、溫度及比容間之關係爲

$$\frac{T_2}{T_1} = (\frac{p_2}{p_1})^{(n-1)/n} = (\frac{v_1}{v_2})^{n-1} = (\frac{V_1}{V_2})^{n-1} \tag{3-26}$$

方程式(3-26)，不論理想氣體之比熱是否為常數，均可使用。

另一個經常考慮之過程為可逆(無摩擦)絕熱過程，首先考慮密閉系統進行此一過程，由第一定律知，

$$\delta q = du + \delta w = 0$$

若工作物為理想氣體，因 $du = c_v dT$，且因 $\delta w = pdv$，故

$$c_v dT + pdv = 0$$

由理想氣體狀態方程式 $pv = RT$ 知，$dT = \frac{1}{R}(pdv + vdp)$，代入上式可得

$$\frac{c_v}{R}(pdv + vdp) + pdv = 0$$

$$vdp + (1 + \frac{R}{c_v})pdv = 0$$

$$vdp + (\frac{c_v + R}{c_v})pdv = 0$$

$$vdp + \frac{c_p}{c_v}pdv = 0$$

$$vdp + kpdv = 0$$

$$\frac{dp}{p} + k\frac{dv}{v} = 0$$

若比熱可視為常數，則 k 亦為常數，因此對上式積分可得

$$pv^k = C \tag{3-27}$$

由方程式(3-27)知，當比熱為常數之理想氣體，進行可逆絕熱過程時，其壓力與比容間之關係為 $pv^k = C$，可視為多變過程中 $n = k$ 的一個特例，由方程式(2-10)與(3-20)，及方程式(3-24)，該過程之功可寫為

$$w = \frac{1}{k-1}(p_1 v_1 - p_2 v_2) = \frac{R}{k-1}(T_1 - T_2) \tag{3-28}$$

$$W = \frac{mR}{k-1}(T_1 - T_2) \tag{3-29}$$

又該過程中任意兩個狀態，溫度、壓力及比容間之關係又可寫爲

$$\frac{T_2}{T_1} = (\frac{p_2}{p_1})^{(k-1)/k} = (\frac{v_1}{v_2})^{(k-1)} = (\frac{V_1}{V_2})^{k-1} \tag{3-30}$$

需特別注意的是，方程式(3-27)至方程式(3-30)，工作物必須是理想氣體，且其比熱爲常數，方可使用此等方程式。若比熱非常數，則理想氣體進行可逆絕熱過程，該過程之壓力與比容間的關係，並非$pv^k = C$，此將於第四章再作討論。

第二章曾討論多變過程的數個特例，並示於圖2-7；因$pv^k = C$可視爲多變過程的另一個特例，故對理想氣體進行多變過程的幾個特例，特別再以圖 3-3 表示。其中應強調的是，$n = 1$爲等溫($T = C$)過程；而$n = k$爲可逆絕熱過程(比熱須爲常數)。又，因等溫過程與絕熱過程實際上甚難達到，故一般過程通常係介於此兩種過程之間，亦即$k > n > 1$。

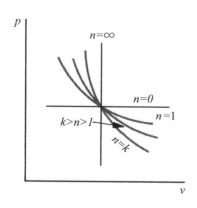

圖 3-3　理想氣體多變過程之特例

【例題 3-9】

一活塞－汽缸裝置，最初裝有壓力爲 150 kPa，溫度爲 25℃ 之氮氣，容積爲 0.1 m³。若加入 20 kJ 的功，將氮氣壓縮至 1 MPa 之壓力及 150℃ 之溫度，試求此過程之熱交換量。

解：由表 1-2 知，氮之臨界點性質，$p_c = 3.39\,\text{MPa}$，$T_c = 126.2\,\text{K}$，故在本過程之壓力與溫度範圍中，可將氮氣視爲理想氣體，並假設其比熱爲常數。

由附表 17，$R = 0.29680\,\text{kJ/kg-K}$，$c_v = 0.7448\,\text{kJ/kg}$。由理想氣體狀態方程式，可得氮氣之質量 m 爲

$$m = \frac{P_1 V_1}{R T_1} = \frac{150 \times 0.1}{0.29680 \times (25 + 273.15)} = 0.1695\,\text{kg}$$

由熱力學第一定律

$$Q = m(u_2 - u_1) + W = m c_v (T_2 - T_1) + W$$
$$= 0.1695 \times 0.7448 \times (150 - 25) + (-20)$$
$$= -4.22\,\text{kJ}$$

【例題 3-10】

一活塞－汽缸裝置，最初裝有壓力爲 500 kPa，溫度爲 300 K，而容積爲 0.1 m³ 的氦氣，以 $n = 1.5$ 之多變過程膨脹至 150 kPa 之壓力。試求此膨脹過程的功與熱交換量。

解：假設氦氣爲理想氣體，且其比熱爲常數。由附表 17，$R = 2.07703\,\text{kJ/kg-K}$，$c_p = 5.1926\,\text{kJ/kg-K}$，$c_v = 3.1156\,\text{kJ/kg-K}$。由理想氣體狀態方程式，氦氣之質量 m 爲

$$m = \frac{p_1 V_1}{R T_1} = \frac{500 \times 0.1}{2.07703 \times 300} = 0.0802 \text{ kg}$$

由方程式(3-26)，膨脹後之溫度 T_2 為

$$T_2 = T_1 (\frac{p_2}{p_1})^{(n-1)/n} = 300 \times (\frac{150}{500})^{(1.5-1)/1.5} = 200.83 \text{ K}$$

由方程式(3-24)，此過程之功為

$$W = \frac{mR}{n-1}(T_1 - T_2) = \frac{0.0802 \times 2.07703}{1.5 - 1} \times (300 - 200.83)$$
$$= 33.04 \text{ kJ}$$

由第一定律，熱交換 Q 為

$$Q = m(u_2 - u_1) + W = mc_v(T_2 - T_1) + W$$
$$= 0.0802 \times 3.1156 \times (200.83 - 300) + 33.04$$
$$= 8.26 \text{ kJ}$$

或，此過程之多變比熱 c_n 為

$$c_n = \frac{nc_v - c_p}{n-1} = \frac{1.5 \times 3.1156 - 5.1926}{1.5 - 1} = -1.0384 \text{ kJ/kg-K}$$

由方程式(3-23)，熱交換量 Q 為

$$Q = mc_n(T_2 - T_1) = 0.0802 \times (-1.0384) \times (200.83 - 300)$$
$$= 8.26 \text{ kJ}$$

【例題 3-11】

1 kg 之空氣，在一密閉系統內自 100 kPa 之壓力，5℃ 之溫度，被等溫地壓縮至 300 kPa 之壓力。試求(1)內能之改變量，(2)功，(3)熱交換量。

解：假設空氣為理想氣體，由附表 17，$R = 0.287$ kJ/kg-K。

(1)此過程為等溫過程，而空氣為理想氣體，故其內能維持不變，即

$$\Delta U = 0$$

(2)由方程式(3-25)

$$W = mRT\ell n\frac{p_1}{p_2} = 1 \times 0.287 \times (5+273.15)\ell n\frac{100}{300}$$

$$= -87.70 \text{ kJ}$$

(3)由熱力學第一定律，因 $\Delta U = 0$，故

$$Q = W = -87.70 \text{ kJ}$$

【例題 3-12】

一往復式活塞－汽缸裝置之壓縮機，最初裝有壓力為 100 kPa，溫度為 300 K 之空氣，以 $n = 1.3$ 之多變過程將空氣壓縮至 1,500 kPa 之壓力。試求壓縮 100 kg 的空氣所需之功及總熱交換量，若

(1)假設空氣之比熱為常數。

(2)空氣之比熱為溫度之函數。

解：(1)由附表 17，$R = 0.287$ kJ/kg-K，$c_v = 0.7165$ kJ/kg-K。由方程式(3-26)，壓縮後之溫度 T_2 為

$$T_2 = T_1(\frac{p_2}{p_1})^{(n-1)/n} = 300 \times (\frac{1500}{100})^{(1.3-1)/1.3}$$

$$= 560.44 \text{ K}$$

由方程式(3-24)，此過程之功 W 為

$$W = \frac{mR}{n-1}(T_1-T_2) = \frac{100 \times 0.287}{1.3-1} \times (300-560.44)$$

$$= -24915.43 \text{ kJ}$$

由熱力學第一定律，總熱交換量 Q 爲

$$Q = m(u_2 - u_1) + W = mc_v(T_2 - T_1) + W$$
$$= 100 \times 0.7165 \times (560.44 - 300) + (-24915.43)$$
$$= -6254.90\,\text{kJ}$$

(2)由附表 18，$T_1 = 300$ K 及 $T_2 = 560.44$ K 時之內能 u 值分別爲

$$u_1 = 214.09\ \text{kJ/kg}$$

$$u_2 = 404.44 + \frac{411.98 - 404.44}{570 - 560} \times (560.44 - 560)$$

$$= 404.77\ \text{kJ/kg}$$

由(1)知，$W = -24915.43$ kJ，故由第一定律，總熱交換量 Q 爲

$$Q = m(u_2 - u_1) + W = 100 \times (404.77 - 214.09) + (24915.43)$$

$$= -5847.43\,\text{kJ}$$

【例題 3-13】

一密閉系統裝有壓力爲 100 kPa，溫度爲 20℃的某理想 1 kg，被可逆絕熱地壓縮至 400 kPa 之壓力。假設此理想氣體之比熱爲常數，且 $c_p = 0.997$ kJ/kg-K，$c_v = 0.708$ kJ/kg-K。試求(1)最初之容積，(2)最後之容積，(3)最後之溫度，(4)功。

解：由方程式(3-14)，此理想氣體之氣體常數 R 爲

$$R = c_p - c_v = 0.997 - 0.708 = 0.289\ \text{kJ/kg-K}$$

(1)由理想氣體狀態方程式，最初之容積 V_1 爲

$$V_1 = \frac{mRT_1}{p_1} = \frac{1 \times 0.289 \times (20 + 273.15)}{100} = 0.8472\,\text{m}^3$$

⑵由方程式(3-16)，此理想氣體之等熵指數k為

$$k = \frac{c_p}{c_v} = \frac{0.997}{0.708} = 1.4082$$

此過程為可逆絕熱過程，即$pv^k = C$，由方程式(3-30)，最後之容積V_2為

$$V_2 = V_1(\frac{p_1}{p_2})^{1/k} = 0.8472 \times (\frac{100}{400})^{1/1.4082}$$
$$= 0.3166 \, \text{m}^3$$

⑶由理想氣體狀態方程式，最後之溫度T_2為

$$T_2 = \frac{p_2 V_2}{mR} = \frac{400 \times 0.3166}{1 \times 0.289} = 438.20 \, \text{K} = 165.05 \, ℃$$

或由方程式(3-30)，

$$T_2 = T_1(\frac{p_2}{p_1})^{(k-1)/k} = (20+273.15) \times (\frac{400}{100})^{(1.4082-1)/1.4082}$$
$$= 438.14 \, \text{K} = 164.99 \, ℃$$

⑷由方程式(3-29)，功W為

$$W = \frac{mR}{k-1}(T_1 - T_2) = \frac{1 \times 0.289}{1.4082-1} \times (20-165.05)$$
$$= -102.69 \, \text{kJ}$$

或由熱力學第一定律，因$Q = 0$，故

$$W = m(u_1 - u_2) = mc_v(T_1 - T_2)$$
$$= 1 \times 0.708 \times (20-165.05) = -102.70 \, \text{kJ}$$

3-4.2　穩態穩流系統

由第二章知，第一定律應用於僅具有一個進口及一個出口之穩態穩流系統，其能量方程式為

$$q = (h_e - h_i) + \frac{1}{2}(V_e^2 - V_i^2) + (Z_e - Z_i) + w \qquad (2\text{-}45)$$

若工作物為理想氣體，且其比熱可視為常數，則方程式(2-45)可寫成

$$q = c_p(T_e - T_i) + \frac{1}{2}(V_e^2 - V_i^2) + g(Z_e - Z_i) + w \qquad (3\text{-}31)$$

又，穩態穩流系統進行一無摩擦(可逆)過程時，由方程式(2-19)知，每單位質量之功w為

$$w = -\int_i^e vdp - \frac{1}{2}(V_e^2 - V_i^2) - g(Z_e - Z_i) \qquad (2\text{-}19)$$

故方程式(3-31)又可寫為

$$q = c_p(T_e - T_i) - \int_i^e vdp \qquad (3\text{-}32)$$

當工作物在進出口間所進行之過程，為$n=1$以外之多變過程，$pv^n = C$，由方程式(2-21)知

$$-\int_i^e vdp = \frac{n}{n-1}(p_i v_i - p_e v_e) \qquad (2\text{-}21)$$

因工作物為理想氣體，$pv = RT$，故方程式(2-21)可改寫為

$$-\int_i^e vdp = \frac{nR}{n-1}(T_i - T_e) \qquad (3\text{-}33)$$

因此方程式(2-19)可寫為

$$w = \frac{nR}{n-1}(T_i - T_e) - \frac{1}{2}(V_e^2 - V_i^2) - g(Z_e - Z_i) \qquad (3\text{-}34)$$

而方程式(3-32)可寫爲

$$q = c_p(T_e - T_i) + \frac{nR}{n-1}(T_i - T_e) \tag{3-35}$$

$$q = \frac{1}{n-1}[n(c_p - R) - c_p](T_e - T_i) = \frac{nc_v - c_p}{n-1}(T_e - T_i)$$

$$= c_n(T_e - T_i) \tag{3-36}$$

式中多變比熱$c_n = \dfrac{nc_v - c_p}{n-1}$，與密閉系統中所定義者相同，而方程式
(3-36)與方程式(3-21)相類似。

當 SSSF 系統進行$n = 1$之多變過程，即$pv = C$時，亦爲等溫過程，每
單位質量之功w爲

$$w = C\ell n\frac{v_e}{v_i} - \frac{1}{2}(V_e^2 - V_i^2) - g(Z_e - Z_i)$$

$$= C\ell n\frac{p_i}{p_e} - \frac{1}{2}(V_e^2 - V_i^2) - g(Z_e - Z_i) \tag{3-37}$$

式中$C = p_i v_i = p_e v_e = RT$。

方程式(3-26)亦可應用於 SSSF 系統之多變過程，即

$$\frac{T_e}{T_i} = (\frac{p_e}{p_i})^{(n-1)/n} = (\frac{v_i}{v_e})^{n-1} \tag{3-38}$$

若 SSSF 系統進行一可逆絕熱過程，由第一定律知其能量方程式爲

$$\delta q = dh + d(ke) + d(pe) + \delta w$$

工作物爲理想氣體，且其比熱爲常數，因$\delta w = -vdp - d(ke) - d(pe)$，
及因絕熱過程，$\delta q = 0$，故上式可寫爲

$$c_p dT - vdp = 0$$

由理想氣體狀態方程式$pv = RT$知，$dT = \dfrac{1}{R}(pdv + vdp)$，代入上式可得

$$\frac{c_p}{R}(pdv+vdp)-vdp=0$$

$$pdv+(1-\frac{R}{c_p})vdp=0$$

$$pdv+(\frac{c_p-R}{c_p})vdp=0$$

$$pdv+(\frac{c_v}{c_p})vdp=0$$

$$pdv+(\frac{1}{k})vdp=0$$

$$\frac{dp}{p}+k\frac{dv}{v}=0$$

因比熱爲常數，即k亦爲常數，故對上式進行積分可得與方程式(3-27)相同之結果，即

$$pv^k=C \qquad\qquad (3\text{-}27)$$

因此，比熱爲常數之理想氣體，進行一可逆絕熱過程，不論該系統爲密閉系統或穩態穩流系統，其過程均可用$pv^k=C$表示。方程式(3-30)亦可應用於進出口之間，即

$$\frac{T_e}{T_i}=(\frac{p_e}{p_i})^{(k-1)/k}=(\frac{v_i}{v_e})^{k-1} \qquad\qquad (3\text{-}39)$$

又，此過程之功w可寫爲

$$w=\frac{kR}{k-1}(T_i-T_e)-\frac{1}{2}(V_e^2-V_i^2)-g(Z_e-Z_i) \qquad\qquad (3\text{-}40)$$

由方程式(3-17)知，$\frac{kR}{k-1}=c_p$，故方程式(3-40)可寫爲

$$w=c_p(T_i-T_e)-\frac{1}{2}(V_e^2-V_i^2)-g(Z_e-Z_i)$$

$$=-(h_e-h_i)-\frac{1}{2}(V_e^2-V_i^2)-g(Z_e-Z_i)$$

上式與第一定律應用於穩態穩流系統進行絕熱過程，其能量方程式(方程式 2-45)所得之結果相同。

若穩態穩流系統，僅有一個進口及一個出口，其質量流率為 $\dot{m}$ ($=\dot{m}_i=\dot{m}_e$)，則方程式(3-29)、(3-32)、(3-35)，及(3-38)可分別改寫為

$$\dot{Q}=\dot{m}[c_p(T_e-T_i)+\frac{1}{2}(V_e^2-V_i^2)+g(Z_e-Z_i)]+\dot{W} \tag{3-41}$$

$$\dot{W}=\dot{m}[\frac{nR}{n-1}(T_i-T_e)-\frac{1}{2}(V_e^2-V_i^2)-g(Z_e-Z_i)]\,(n\neq 1) \tag{3-42}$$

$$\dot{W}=\dot{m}[c\ell_n\frac{p_i}{p_e}-\frac{1}{2}(V_e^2-V_i^2)-g(Z_e-Z_i)]$$

$$=\dot{m}[c\ell_n\frac{v_e}{v_i}-\frac{1}{2}(V_e^2-V_i^2)-g(Z_e-Z_i)]\,(n\neq 1) \tag{3-43}$$

$$\dot{W}=\dot{m}[\frac{kR}{k-1}(T_i-T_e)-\frac{1}{2}(V_e^2-V_i^2)-g(Z_e-Z_i)]\,(n=k) \tag{3-44}$$

【例題 3-14】

某理想氣體之摩爾質量為 40，等熵指數為 1.4，在 500 kPa 之壓力及 200°C 之溫度，以 630 kg/hr 之質量流率穩定地流入一氣輪機，而在 100 kPa 之壓力及 25°C 之溫度流出。若該氣體流經氣輪機時，有 35 kJ/kg 之熱量被移走，並假設進出口間之動能與位能的改變量均可忽略不計，試求氣輪機之功率輸出。

解：此理想氣體之氣體常數 R 為

$$R=\frac{R_u}{M}=\frac{8.3144}{40}=0.20786\,\text{kJ/kg-K}$$

由方程式(3-17)，此氣體之定壓比熱 c_p 為

$$c_p=\frac{kR}{k-1}=\frac{1.4\times 0.20786}{1.4-1}=0.72751\,\text{kJ/kg-K}$$

因動能及位能之改變量均可忽略不計，故由方程式(3-31)可得

$$w = q - c_p(T_e - T_i) = (-35) - 0.72751 \times (25 - 200)$$

$$= 92.31 \, \text{kJ/kg}$$

$$\dot{W} = mw = (630/3600) \times 92.31 = 16.15 \, \text{kW}$$

【例題 3-15】

質量流率爲 1 kg/sec，壓力爲 100 kPa 而溫度爲 5℃的空氣，穩定地流入壓縮機後，被 n=1 之多變過程壓縮至 500 kPa的壓力。若空氣在出口處動能增加 12 kJ/kg，而位能之改變可忽略不計，試求壓縮機所需之功率及熱交換率。

解：由方程式(3-37)，每單位質量之功 w 爲

$$w = RT\ell n \frac{p_i}{p_e} - \frac{1}{2}(V_e^2 - V_i^2)$$

$$= 0.287 \times (5 + 273.15)\,\ell n \frac{100}{500} - 12$$

$$= -140.48 \, \text{kJ/kg}$$

由方程式(3-31)，因 $T_i = T_e$，及 $\Delta pe = 0$，則

$$q = \frac{1}{2}(V_e^2 - V_i^2) + w = 12 + (-140.48) = -128.48 \, \text{kJ/kg}$$

故功率 $\dot{W}$ 與熱交換率 $\dot{Q}$ 分別爲

$$\dot{W} = \dot{m}w = 1 \times (-140.48) = -140.48 \, \text{kW}$$

$$\dot{Q} = \dot{m}q = 1 \times (-128.48) = -128.48 \, \text{kJ/sec}$$

【例題 3-16】

空氣在 400 kPa 之壓力與 80℃ 之溫度，以極低之速度穩定地流入一絕熱噴嘴，可逆地膨脹至 270 kPa 的壓力，自截面面積為 4000 mm^2 之出口流出。試求空氣之質量流率。

解：假設空氣為理想氣體，且比熱為常數，故此膨脹過程為 $pv^k = C$，

由方程式(3-39)，出口溫度 T_e 為

$$T_e = T_i(\frac{p_e}{p_i})^{(k-1)/k} = (80+273.15) \times (\frac{270}{400})^{(1.4-1)/1.4}$$

$$= 315.64 \, \text{K} = 42.49℃$$

由方程式(3-40)，因噴嘴 $w = 0$，$V_i = 0$，並假設位能改變可忽略不計，故出口速度 V_e 為

$$V_e = [\frac{2kR}{k-1}(T_i-T_e)]^{1/2}$$

$$= [\frac{2 \times 10^3 \times 1.4 \times 0.287}{1.4-1} \times (80-42.49)]^{1/2}$$

$$= 274.51 \, \text{m/sec}$$

由理想氣體狀態方程式，出口處之比容 v_e 為

$$v_e = \frac{RT_e}{p_e} = \frac{0.287 \times 315.64}{270} = 0.3355 \, \text{m}^3/\text{kg}$$

故空氣之質量流率 $\dot{m}$ 為

$$\dot{m} = \frac{A_e V_e}{v_e} = \frac{(4000 \times 10^{-6}) \times 274.51}{0.3355} = 3.27 \, \text{kg/sec}$$

【例題 3-17】

一水冷式壓縮機將壓力爲 100 kPa，溫度爲 300 K 之空氣穩定地吸入，而以n=1.35 之多變過程予以壓縮至 300 kPa 之排出壓力。若空氣之質量流率爲 2.5 kg/sec，流入之速度極低，而流出之速度爲 180 m/sec，位能之改變可忽略不計，試求壓縮機所需之功率，冷卻水之冷卻率，及出口處之截面面積，若(1)空氣之比熱可視爲常數時，(2)空氣之比熱爲溫度之函數時。

解：(1)由方程式(3-38)，出口處空氣之溫度T_e爲

$$T_e = T_i (\frac{p_e}{p_i})^{(n-1)/n} = 300 \times (\frac{300}{100})^{(1.35-1)/1.35}$$

$$= 398.86K$$

由方程式(3-42)，功率$\dot{W}$爲

$$\dot{W} = \dot{m}[\frac{nR}{n-1}(T_i - T_e) - \frac{1}{2}V_e^2]$$

$$= 2.5 \times [\frac{1.35 \times 0.287}{1.35-1} \times (300 - 398.86) - \frac{(180)^2}{2 \times 10^3}]$$

$$= -314.10 \, kW$$

由方程式(3-41)，熱交換率$\dot{Q}$爲

$$\dot{Q} = \dot{m}[c_p(T_e - T_i) + \frac{1}{2}V_e^2] + \dot{W}$$

$$= 2.5 \times [1.0035 \times (398.86 - 300) + \frac{(180)^2}{2 \times 10^3}] + (-314.10)$$

$$= -25.58 \, kJ/sec$$

由理想氣體狀態方程式，出口處空氣之比容v_e爲

$$v_e = \frac{RT_e}{p_e} = \frac{0.287 \times 398.86}{300} = 0.3816 \text{ m}^3/\text{kg}$$

由質量連續方程式，出口處之截面面積A_e為

$$A_e = \frac{\dot{m}v_e}{V_e} = \frac{2.5 \times 0.3816}{180} = 0.0053 \text{ m}^2 = 53 \text{ cm}^2$$

(2)因功率$\dot{W}$及出口截面面積A_e，與比熱是否為常數無關，故與部分

(1)者相同，即

$$\dot{W} = -314.10 \text{ kW} \text{；} A_e = 53 \text{ cm}^2$$

但熱交換率則與比熱是否為常數有關。由附表 18 可得，$T_i = 300$

K 及$T_e = 398.86$ K 之焓值h_i及h_e分別為

$$h_i = 300.19 \text{ kJ/kg}$$

$$h_e = 390.88 + \frac{400.98 - 390.88}{400 - 390} \times (398.86 - 390)$$

$$= 399.83 \text{ kJ/kg}$$

由熱力學第一定律可得

$$\dot{Q} = \dot{m}[(h_e - h_i) + \frac{1}{2}V_e^2] + \dot{W}$$

$$= 2.5 \times [(399.83 - 300.19) + \frac{(180)^2}{2 \times 10^3}] + (-314.10)$$

$$= -24.4 \text{ kJ/kg}$$

【例題 3-18】

一離心式壓縮機，將壓力為 80 kPa 而溫度為 20℃之空氣穩定地吸入，並可逆絕熱地予以壓縮至 240 kPa 的排出壓力。若進口之速度極低，出口之速度為 180 m/sec，而出口處之截面面積為 0.05 m²，試求壓縮機所需之功率。

解：假設空氣爲理想氣體，且比熱爲常數，故此可逆絕熱過程爲$pv^k = C$，而空氣$k = 1.4$，由方程式(3-39)可得出口處空氣之溫度T_e爲

$$T_e = T_i(\frac{p_e}{p_i})^{(k-1)/k} = (20 + 273.15) \times (\frac{240}{80})^{(1.4-1)/1.4}$$

$$= 401.25\,\text{K} = 128.10°\text{C}$$

假設進出口間位能之改變可忽略不計，且$V_i \approx 0$，故由方程式(3-40)，每單位質量之功w爲

$$w = \frac{kR}{k-1}(T_i - T_e) - \frac{1}{2}V_e^2$$

$$= \frac{1.4 \times 0.287}{1.4 - 1} \times (20 - 128.10) - \frac{(180)^2}{2 \times 10^3}$$

$$= -124.79\,\text{kJ/kg}$$

由理想氣體狀態方程式，出口處空氣之比容v_e爲

$$v_e = \frac{RT_e}{p_e} = \frac{0.287 \times 401.25}{240} = 0.4798\,\text{m}^3/\text{kg}$$

由質量連續方程式，空氣之質量流率$\dot{m}$爲

$$\dot{m} = \frac{A_e V_e}{v_e} = \frac{0.05 \times 180}{0.4798} = 18.76\,\text{kg/sec}$$

故壓縮機所需之功率$\dot{W}$爲

$$\dot{W} = \dot{m}w = 18.76 \times (-124.79) = -2341.06\,\text{kW}$$

第二章第八節中曾討論之充填過程與排放過程，當工作物爲理想氣體時，現舉二個例題說明其應用與分析。

【例題 3-19】

一容積爲0.3 m³之絕熱剛性容器，最初裝有壓力爲 100 kPa，溫度爲 15℃之氧氣。該容器以管路及控制閥接至一極大的氧氣源，其壓力爲 700 kPa，而溫度爲 50℃。將控制閥打開，使氧氣自管路流入容器，當容器內部壓力達到 700 kPa 時，將控制閥關閉。試求最後容器內氧氣之溫度及質量。

解：假設氧氣可視爲理想氣體，且比熱爲常數；由附表 17 可得 $R = 0.25983$ kJ/kg-K，$c_p = 0.9216$ kJ/kg-K，而 $c_v = 0.6618$ kJ/kg-K。

令容器內氧氣最初爲狀態 1，最後爲狀態 2，而流入之氧氣爲狀態 i，可視爲固定，並假設動能與位能均可忽略不計。

由理想氣體狀態方程式，可得容器內氧氣最初與最後之質量，m_1 與 m_2 分別爲

$$m_1 = \frac{p_1 V}{RT_1} = \frac{100 \times 0.3}{0.25983 \times (15 + 273.15)} = 0.4 \text{ kg}$$

$$m_2 = \frac{p_2 V}{RT_2} = \frac{700 \times 0.3}{0.25983 \, T_2} = \frac{808.22}{T_2} \text{ kg}$$

由質量平衡知

$$m_2 = m_1 + m_i$$

由第一定律能量平衡知

$$m_1 u_1 + m_i h_i = m_2 u_2$$

$$m_1 c_v T_1 + (m_2 - m_1) c_p T_i = m_2 c_v T_2$$

$$0.4 \times 0.6618 \times (15 + 273.15) + (\frac{808.22}{T_2} - 0.4) \times 0.9216$$

$$\times (50 + 273.15) = \frac{808.22}{T_2} \times 0.6618 T_2$$

對上式解T_2，可得

$$T_2 = 416.63 \text{ K} = 143.48℃$$

容器內氧氣最後之質量m_2為

$$m_2 = \frac{808.22}{T_2} = \frac{808.22}{416.63} = 1.94 \text{ kg}$$

【例題 3-20】

　　一容積為 0.6 m^3 之剛性容器，最初裝有壓力為 800 kPa 而溫度為 25℃ 之空氣。對空氣加熱使其溫度升高，但容器頂部有一排放閥可排放空氣，使容器內部維持於 800 kPa 之壓力。若欲將空氣之溫度上升至 100℃，共需加入之熱量為若干？

解：假設空氣為理想氣體，比熱為常數，由附表 17 可得，$R = 0.287$ kJ/ kg-K，$c_p = 1.0035$ kJ/kg-K，而$c_v = 0.7165$ kJ/kg-K。

　　令容器內之空氣最初為狀態 1，最後為狀態 2，而排放空氣為狀態 e。因排放空氣之溫度即為當時內部空氣之溫度，故為一變數；最低為開始時的 25℃，最後一瞬間為 100℃，故假設排放空氣之溫度為此兩個極限溫度之平均值，並視為固定值應用於整個排放過程，即

$$T_e = \frac{1}{2}(T_1 + T_2) = \frac{1}{2}(25 + 100) = 62.5℃$$

由理想氣體狀態方程式可得，容器內空氣之最初與最後之質量，m_1 與 m_2分別為

$$m_1 = \frac{p_1 V}{R T_1} = \frac{800 \times 0.6}{0.287 \times (25 + 273.15)} = 5.61 \text{ kg}$$

$$m_2 = \frac{p_2 V}{R T_2} = \frac{800 \times 0.6}{0.287 \times (100 + 273.15)} = 4.48 \text{ kg}$$

由質量平衡知，排放空氣之質量m_e為

$$m_e = m_1 - m_2 = 5.61 - 4.48 = 1.13 \, \text{kg}$$

由第一定律能量平衡知

$$Q + m_1 u_1 = m_2 u_2 + m_e h_e$$

$$Q = m_2 u_2 + m_e h_e - m_1 u_1$$

$$= m_2 c_v T_2 + m_e c_p T_e - m_1 c_v T_1$$

$$= 4.48 \times 0.7165 \times (100 + 273.15) + 1.13 \times 1.0035$$

$$\times (62.5 + 273.15) - 5.61 \times 0.7165 \times (25 + 273.15)$$

$$= 379.96 \, \text{kJ}$$

練習題

1. 下列物質在所示之狀態下，是否可視為理想氣體？(1) O_2：$p = 1.0$ MPa，T = 30℃，(2) N_2：$p = 10$ MPa，T = −100℃。

2. 一容積為 0.1 m³ 之剛性容器，最初裝有壓力為 1.0 MPa，溫度為 30℃之氧氣。將部分的氧氣排放直到壓力降至 500 kPa，同時加入熱量使氧氣的溫度維持於 30℃，試求自容器排放出之氧氣的質量。

3. 一剛性容器最初裝有 0.6 kg 的壓力為 70 kPa，而溫度為 15℃之某理想氣體。若再加入更多的相同氣體至容器內，造成其壓力與溫度分別改變為 200 kPa 與 35℃。試求加入之氣體的質量。

4. 一容積為 3.5 m³ 之剛性容器，最初裝有 5 kmol 的摩爾質量為 19 之某理想氣體，壓力為 360 kPa。若將部分的氣體移走，使壓力降低至 100 kPa，而溫度維持不變，則必需移走之氣體的質量為若干？

5. A與B為兩個以閥相連接之容器，A之容積為 1.2 m³，最初裝有壓力為 500 kPa，溫度為 40℃之空氣；而 B 最初裝有 5 kg 的壓力為 200 kPa，溫度為 30℃之空氣。將閥打開且經過足夠長的時間，因此空氣與溫度為 35℃的外界達到熱平衡，試求最後容器內的平衡壓力。

6. 試求練習題 5 之熱交換量。

7. 一個容積為 1 m³之容器，裝有壓力為 500 kPa，溫度為 25℃的空氣。此容器以一閥連接至另一個容器，而該容器最初裝有 5 kg 的壓力為 200 kPa，溫度為 35℃之空氣。將閥打開，最後全部的空氣與溫度為 20℃之外界達到熱平衡。試求第二個容器之容積，及最後空氣的平衡壓力。

8. 試求練習題 7 之熱交換量。

9. 如圖 3-4 所示，為一垂直的活塞－汽缸裝置，活塞之截面面積為 0.2 m²，汽缸內並設有一組停止塊。當活塞於圖示之位置時，汽缸內裝有壓力為 200 kPa，溫度為 500℃(狀態 1)之空氣。若開始對空氣冷卻，試求：⑴當活塞剛好抵達停止塊時(狀態 2)，空氣之溫度為若干？⑵若繼續將空氣冷卻，使溫度降低至 20℃(狀態 3)，則空氣之壓力為若干？⑶若 L＝1 m，則空氣之質量為若干？

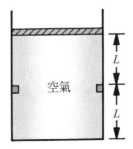

圖 3-4　練習題 7

10. 試分別求練習題 9 中，過程 1→2 及 2→3 之功與熱交換量。

11. 溫度為 30℃的氮氣 1 kg，被加熱至 300℃，試求焓之改變量：(1)假設比熱為常數，且使用 300 K 之比熱值，(2)假設比熱為常數，使用平均溫度之比熱值，(3)考慮比熱為溫度之函數。

12. 一活塞–汽缸裝置，裝有壓力為 100 kPa，溫度為 300 K 之空氣，容積為 0.1 m³。在定壓下對空氣加熱，直到容積成為原來容積的兩倍。(1)此空氣是否可視為理想氣體？為何？(2)裝置內空氣之質量為若干？(3)加熱後空氣之溫度為若干？

13. 摩爾質量為 27 kg/kmol 的某理想氣體，最初在一活塞–汽缸裝置內，壓力為 150 kPa，溫度為 50℃，而容積為 0.03 m³。首先在定壓下對氣體加熱，直到容積成為原來容積的兩倍；然後氣體在等溫下膨脹，直到容積再次成為兩倍。(1)將此兩個過程繪於一 p-v 圖上，(2)試求氣體最後的壓力及溫度，(3)試求氣體之質量。

14. 摩爾質量為 38 kg/kmol 之某理想氣體，由 0.1 MPa 之壓力及 27℃ 之溫度，以 $n = 1.4$ 之多變過程被壓縮至 1.0 MPa 的最後壓力。若氣體之質量為 2 kg，試求：(1)氣體最初佔有之容積，(2)最後之容積，(3)最後之溫度。

15. 一活塞–汽缸裝置，最初裝有壓力為 150 kPa，溫度為 27℃(狀態 1)的某理想氣體，而容積為 400 公升(V_1)，且此時活塞係靜置於一對停止塊上，如圖 3-5 所示。欲將活塞推動，氣體的壓力需達 350 kPa(p_2)。若對氣體加熱，直到容積成為最初容積的兩倍($V_3 = 2V_1$)。假設該理想氣體之摩爾質量為 30 kg/kmol，而等熵指數 k 為 1.3，試分別求過程 1→2 及過程 2→3 之功與熱交換量。

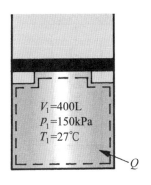

圖 3-5　練習題 15

16. 一活塞－汽缸裝置，最初裝有 0.5 kg 的某理想氣體，壓力為 500 kPa，而溫度為 300℃。該氣體以 $n = 1.4$ 之多變過程膨脹至 200 kPa 之最後壓力。假設該氣體之摩爾質量為 30 kg/kmol，試求：(1)氣體最後的溫度，(2)此過程之功。

17. 一活塞－汽缸往復式壓縮機，其內有壓力為 0.1 MPa，溫度為 300 K 的某理想氣體，容積為 0.1 m³。該壓縮機以 $n = 1.3$ 之多變過程，將氣體壓縮至 1.0 MPa 之最後壓力。若此氣體之摩爾質量為 50 kg/kmol，而定壓比熱與比容比熱之比值可視為常數 1.4，試求此壓縮過程之功與熱交換量。

18. 如圖 3-6 所示，一活塞－汽缸裝置，活塞之重量可忽略不計，其截面面積為 4 cm²；而彈簧之彈性係數為 100 N/cm。若汽缸內空氣最初之壓力與溫度分別為 1 atm 與 20℃，容積為 20 cm³，且此時彈簧無任何變形。對空氣加熱使壓力上升至 3 atm，試求此過程之(1)作用於周圍大氣之功，(2)作用於彈簧之功，(3)加熱量。

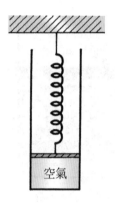

圖 3-6　練習題 18

19. 一活塞–汽缸裝置，裝有壓力為 100 kPa，溫度為 25℃的某理想氣體，容積為 10 公升。該氣體在定壓下膨脹至 20 公升的容積，試求此過程之功與熱交換量。假設此理想氣體之摩爾質量為 35 kg/kmol，而定壓比熱與定容比熱之比值為 1.4，且可視為常數。

20. 一活塞–汽缸裝置最初之內容積為 0.09 m³，裝有壓力為 2 MPa，溫度為 800℃之空氣。若空氣以 $n = 1.45$ 之多變過程膨脹至 250 kPa 之壓力，試求：(1)空氣最後之溫度，(2)此過程之功及熱交換量。

21. 20 m³ 的壓力為 130 kPa，溫度為 30℃之空氣，以 $n = 1.2$ 之多變過程被壓縮至容積為最初容積的十分之一。試求空氣最後之溫度，及此過程之功與熱交換量。

22. 一密閉系統內有 0.05 kg 之空氣，以 $n = 1.25$ 的多變過程膨脹至 25℃的最後溫度，而最後之容積為最初之容積的八倍。試求此過程之功及熱交換量。

23. 一密閉系統內有壓力為 1.0 MPa，溫度為 300℃之空氣，以 $n = 1.4$ 之多變過程膨脹至兩倍的容積。試求空氣之最後溫度及此過程之功。

24. 一活塞－汽缸裝置最初裝有 1 m³ 的某理想氣體,壓力與溫度分別為 100 kPa 與 300 K。在定壓下對氣體加熱,直到溫度達到 500 K。假設該理想氣體之摩爾質量為 30 kg/kmol,而定壓比熱與定容比熱之比值為 1.5,試求:(1)氣體之質量,(2)最後之容積,(3)此過程之功與熱交換量。

25. 壓力為 200 kPa,溫度為 300 K 之氧氣,被等溫地壓縮至 400 kPa 之壓力,試求此過程之功及熱交換量。

26. 空氣在一活塞－汽缸裝置內,以 $n = 1.3$ 之多變過程進行膨脹,若最初之壓力為 500 kPa,溫度為 1000℃,容積為 0.2 m³,而最後之壓力為 100 kPa,試求:(1)此過程之功,(2)此過程之熱交換量,及(3)動力衝程之長度,若活塞之直徑為 80 cm。

27. 燃料在內燃機汽缸內與空氣燃燒產生之氣體,可視為理想氣體,其氣體常數 R = 0.285 kJ/kg-K,而定壓比熱 c_p = 1.0032 kJ/kg-K。最初氣體之壓力為 1.5 MPa,溫度為 800℃,而容積為 0.02 m³,以 $n = 1.5$ 之多變過程膨脹至 100 kPa 的壓力,試求功與熱交換量。

28. 壓力為 1 bar,溫度為 15℃,而容積為 2 m³ 之空氣,被壓縮至 6 bars 之壓力,試求功與熱交換量,若壓縮過程為:(1)等溫過程,(2)$n = 1.3$ 之多變過程。

29. 3 kg 的空氣,在一密閉系統內自 200 kPa 之壓力及 500℃ 之溫度進行某一過程直到容積成為原來容積的兩倍。試分別決定下列三種過程之功與熱交換量,並將三個過程繪於一 p-v 圖上:(1)等壓過程,(2)等溫過程,(3)絕熱過程。

30. 壓力為 500 kPa,溫度為 800℃ 之空氣 2 kg,在一活塞－汽缸裝置內膨脹至 100 kPa 之壓力。試求最後的溫度、功及熱交換量,若該過程為(1)等容過程,(2)等溫過程,(3)絕熱過程。將此三個過程繪

於一 p-v 圖上。

31. 壓力為 100 kPa，溫度為 30℃，而容積為 1m³ 之空氣，在一密閉系統內被壓縮至 500 kPa 之壓力。試求最後的溫度、功及熱交換量，若壓縮過程為(1)等容過程，(2)等溫過程，(3)絕熱過程。將此三個過程繪於一 p-v 圖上。

32. 一密閉系統內有壓力為 100 kPa，溫度為 300 K 之空氣，容積為 1.5 m³，以 $n = 1.3$ 之多變過程被壓縮至 300 kPa 之壓力。試求此過程之功與熱交換量，(1)比熱可視為常數，使用 300 K 之比熱值，(2)考慮比熱為溫度之函數。

33. 一密閉系統內裝有壓力為 1.0 MPa，溫度為 400 K(狀態 1)之空氣，容積為 0.2 m³，在定壓下膨脹至容積成為最初容積的兩倍(狀態 2)。而後空氣絕熱地膨脹至狀態 3，再以一等溫過程回到狀態 1，而完成一個循環。試將此循環繪於一 p-v 圖，並求(1)空氣之質量，(2)狀態 2 之溫度，(3)狀態 3 之壓力與容積，(4)每一過程之功與熱交換量，(5)此循環之淨功與淨熱交換量。

34. 一密閉系統裝有 5 kg 的摩爾質量為 30 kg/kmol 之某理想氣體，壓力為 500 kPa，溫度為 500 K(狀態 1)。該氣體進行等溫膨脹直到容積成為最初容積的兩倍(狀態 2)，接著在定容下被加熱至狀態 3，最後在定壓下被冷卻回復至狀態 1，而完成一個循環。試將比循環繪於一 p-V 圖，並分析(1)狀態 2 之壓力與容積，(2)狀態 3 之溫度，(3)每一過程之功與熱交換量，(4)此循環之淨功與淨熱交換量。(假設該氣體之等熵指數 $k = 1.35$)

35. 一密閉系統最初裝有溫度為 20℃，比容為 0.24 m³/kg(狀態 1)的摩爾質量為 50 kg/kmol 之某理想氣體。該氣體進行一等溫過程至比容成為 0.12 m³/kg(狀態 2)，接著進行一等壓過程至狀態 3，最後進行一可逆絕熱過程回復至狀態 1，而完成一個循環。此理想氣體之比熱可視為常數，且其等熵指數k為 1.3。試將此循環繪於一 p-v 圖上，並分析每一過程之功與熱交換量。

36. 一絕熱剛性容器，以隔板(其容積可忽略不計)予以分隔為容積各為 1 m³ 的兩個部分，其中一個部分裝有壓力為 200 kPa，溫度為 300 K 之空氣，而另一個部分裝有壓力與溫度分別為 1.0 MPa 與 1400 K 之空氣。將隔板移走，使空氣混合並達到一熱力平衡之狀態，試求其溫度與壓力，若⑴空氣之比熱可視為 300 K 時之值，⑵空氣之比熱為溫度之函數。

37. 容積為 1m³ 容器 A 與容積為 2 m³ 的容器 B，其間以一控制閥相連接。最初，A 裝有壓力為 100 kPa 而溫度為 300 K 之空氣，B 裝有壓力為 200 kPa 而溫度為 500 K 之空氣。若將閥打開，兩容器內的空氣將達到一均衡的壓力及 400 K 的溫度。試求該均衡壓力及熱交換量，若⑴空氣之比熱可視為 300K 時之值，⑵空氣之比熱為溫度之常數。

38. 如圖 3-7 所示，有一除了兩端部外周邊均予絕熱之容器，其內有一以絕熱材料製成之隔板，可在容器內無摩擦地滑移。最初，隔板兩側空間之容積均為 0.03 m³，分別裝有水及空氣，壓力均為 4 MPa，而溫度均為 200℃。對水加熱，當壓力升高時將推動隔板而對空氣造成壓縮，故自空氣移走熱量使空氣之溫度維持固定。當空氣之壓力上升至 8 MPa 時，則加於水及自空氣移走之熱量分別為多少？

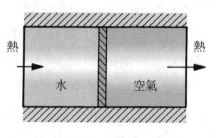

圖 3-7　練習題 38

39. 如圖 3-8 所示，有一除了一端部外周邊均予絕熱之容器，其內有一以絕熱材料製成之隔板，可在容器內無摩擦地滑移。最初，隔板兩側空間之容積均為 0.03 m³，分別裝有空氣及氮氣，壓力均為 100 kPa，溫度均為 25℃。對空氣加熱，直到壓力上升至 200 kPa。試求：⑴氮氣內能之改變量，⑵對空氣之加熱量。

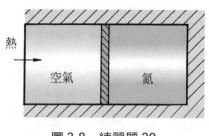

圖 3-8　練習題 39

40. 空氣在 400 kPa 的壓力及 370℃的溫度，以極低的速度穩定地流入一絕熱渦輪機，而在 100 kPa 的壓力，以 150 m/sec 之速度流出。若空氣之質量流率為 8 kg/sec，而渦輪機之功率輸出為 800 kW，試求出口處空氣之溫度。

41. 空氣在 6 bars 的壓力及 740 K 的溫度，以 120 m/sec 之速度穩定地流入一渦輪機，以 $n=1.3$ 之多變過程膨脹至 1 bar 之壓力，而以

220 m/sec 的速度流出。若進口處之截面面積爲 4.91 cm²，試求：
(1)渦輪機之功率輸出，(2)此過程之熱交換率，(3)進口與出口的直
徑比。

42. 練習題 41 中，若必需考慮空氣之比熱爲溫度之函數，試求相同之
各項。

43. 空氣在 500 kPa 之壓力及 400 K 之溫度，以極低之速度流入一渦輪
機，以 $n = 1.3$ 之多變過程膨脹至 100 kPa 的壓力，並自一截面面積
爲 0.01 m² 之開口流出。空氣之質量流率爲 2.0 kg/sec，試求出口處
之速度、功率及熱交換率，若考慮(1)空氣之比熱可視爲常數，並
使用 300 K 之比熱值，(2)空氣之比熱爲溫度之函數。

44. 空氣在 200 kPa 之壓力及 100℃之溫度，以極低的速度穩定地流入
一渦輪機，可逆絕熱地膨脹至 100 kPa 之壓力，以 200 m/sec 的速
度自一截面面積爲 0.05 m² 之開口流出。試求渦輪機之功率輸出。

45. 在一氣輪機動力廠中，空氣在 0.1 MPa 之壓力及 300 K 之溫度，以
20 m/sec 之速度穩定地流入一壓縮機，以 $n = 1.3$ 之多變過程被壓縮
至 1.2 MPa 之壓力，並以 200 m/sec 之速度流出。若空氣之質量流
率爲 2 kg/sec，試求進、出口之截面面積，功率及熱交換率。(1)當
空氣之比熱可視爲常數，並使用 300 K 之值，(2)當空氣之比熱爲
溫度之函數。

46. 空氣在 85 kPa 之壓力及 20℃之溫度，以極低之速度穩定地流入一
壓縮機，可逆絕熱地被壓縮至 170 kPa 之壓力，以 300 m/sec 之速
度自截面面積爲 0.05 m² 的出口流出。試求壓縮機所需之功率。

47. 空氣在 100 kPa 之壓力及 280 K 之溫度，以極低之速度穩定地流入
壓縮機，以 $n = 1.35$ 之多變過程被壓縮至 600 kPa 之壓力。若出口

之動能亦可忽略不計，空氣之質量流率為 0.02 kg/sec，試求功率及熱交換率。(1)當空氣之比熱可視為常數，且使用 300 K 之比熱值，(2)當空氣之比熱必需考慮為溫度之函數。

48. 比熱為常數的某理想氣體，在壓力p_i及溫度T_i，以極低之速度穩定地流入一噴嘴，可逆絕熱地膨脹至p_e之壓力。若進出口間之位能改變可忽略不計，試證明該氣體之質量流率$\dot{m}$為

$$\dot{m} = \{2A_e{}^2 \frac{k}{k-1} \cdot \frac{p_i{}^2}{RT_i}[(\frac{p_e}{p_i})^{2/k} - (\frac{p_e}{p_i})^{(k+1)/k}]\}^{1/2}$$

式中A_e為出口處之截面面積。

49. 空氣在壓力p_i及溫度T_i，以極低的速度穩定地流入一絕熱噴嘴，膨脹至壓力p_e及溫度T_e。若空氣之質量流率為$\dot{m}$，試求出口處之速度及截面面積。

50. 空氣在壓力p_i及T_i，以極低之速度穩定地流入一絕熱噴嘴，膨脹至壓力p_e，而以速度V_e流出。若空氣之質量流率為$\dot{m}$，試求出口處之速溫度及截面面積。

51. 空氣在 400 kPa 之壓力，400 K 之溫度，以極低之速度穩定地流入一絕熱噴嘴，可逆地膨脹至 200 kPa 之壓力。若噴嘴出口處之截面面積為 4,000 mm²，試求空氣之質量流率。

52. 空氣在 200 kPa 之壓力，350 K 之溫度，以極低之速度穩定地流入一噴嘴，可逆絕熱地膨脹至 100 kPa 之壓力。試求：(1)空氣在出口處之溫度，(2)空氣之質量流率，若出口處之截面面積為 0.4 m²。

53. 比熱可視為常數的某理想氣體，在 1.0 MPa 的壓力及 500 K 的溫度，以極低的速度流入一噴嘴，可逆絕熱地膨脹至 0.1 MPa 之壓力。若該氣體之比熱，$c_p = 1.005$ kJ/kg-K，$c_v = 0.718$ kJ/kg-K，而質量流率為 1.0 kg/sec，試求：(1)空氣在出口處之速度，(2)噴嘴在出

口處之截面面積。

54. 摩爾質量爲 30 kg/kmol，等熵指數爲 1.4 的某理想氣體，在 1.0 MPa 之壓力及 800 K 之溫度，以極低之速度穩定地流入一噴嘴，以 $n = 1.45$ 之多變過程膨脹至 200 kPa 之壓力。若氣體之質量流率爲 1.0 kg/sec，試求：(1)噴嘴出口處之截面面積，(2)此過程之熱交換率。

55. 某一燃燒生成氣可視爲比熱爲常數之理想氣體，其摩爾質量爲 28 kg/kmol，而等熵指數爲 1.4。該氣體在 1.0 MPa 之壓力及 500℃ 之溫度，以極低之速度流入一噴嘴，以 $n = 1.3$ 之多變過程膨脹至 200 kPa 之壓力。若噴嘴出口之直徑爲 10 cm，試求此過程之熱交換率。

56. 空氣在 500 kPa 之壓力、400 K 之溫度，經截面面積爲 0.02 m² 的開口穩定地流入一噴嘴，而在 300 K 之溫度經截面面積爲 0.001 m² 的開口流出，過程中有 50 kJ/kg 的熱自空氣傳出。若空氣之質量流率爲 1.0 kg/sec，試求出口處的速度及壓力。(1)當空氣之比熱爲常數，且使用 300 K 之比熱值，(2)當空氣之比熱必需考慮爲溫度之函數。

57. 空氣在 500 kPa 之壓力、600 K 之溫度，以極低之速度穩定地流入一噴嘴，以 $n = 1.3$ 之多變過程膨脹至 100 kPa，自截面面積爲 0.01 m² 之開口流出。試求空氣之質量流率，及每 kg 空氣與外界之熱交換量。(1)若空氣之比熱可視爲常數，且使用 300 K 之比熱值，(2)若必需考慮空氣之比熱隨溫度之改變。

58. 一容積爲 V 之容器，最初裝有壓力爲 p_1 之某理想氣體。此容器以控制閥接至一相同氣體之甚大的供給源，其壓力爲 p_i，而溫度與容器內之溫度相等。將閥打開，令氣體自供給源流入容器，同時將容器冷卻使其內氣體之溫度維持固定，待容器內壓力上升至p_i後將閥關閉。試求此過程之熱交換量，以題目中所給之性質表示。

59. 如圖 3-9 所示，一以絕熱材料製成之隔板將絕熱容器分隔為容積各為 0.5 m³ 的 A 與 B 兩部分。最初，A 裝有壓力為 0.1 MPa，溫度為 100℃的空氣，而 B 裝有壓力為 0.1 MPa，溫度為 25℃的空氣。此容器以閥連接至一壓縮空氣源，其壓力為 1.0 MPa，而溫度為 300℃。將閥打開，壓縮空氣將流入 A，並將隔板無摩擦地向右推動。直到容器內壓力上升至 1.0 MPa 後將閥關閉。試求流入容器內之空氣量，及 A 空氣的最後溫度。

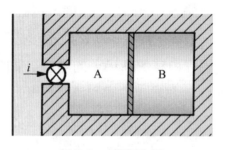

圖 3-9　練習題 59

60. 如圖 3-10 所示，一絕熱容器以一絕熱無摩擦之隔板予以分隔為容積各為 0.5 m³ 的 A 與 B 兩部分。最初，兩部分均裝有壓力為 0.1 MPa，溫度為 300 K 之空氣。將閥打開，管路內壓力為 0.5 MPa，溫度為 500 K 的壓縮空氣流入 A，並將隔板向右推，此時冷卻水移走熱量，使 A 部分內空氣的溫度維持固定。當容器內壓力達到 0.5 MPa 時，將閥關閉。試求冷卻水移走之熱量。

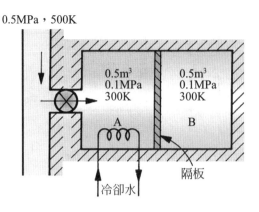

0.5MPa，500K

0.5m³
0.1MPa
300K

0.5m³
0.1MPa
300K

A

B

隔板

冷卻水

圖 3-10　練習題 60

61. 如圖 3-11 所示，一無摩擦之絕熱隔板將絕熱容器分隔為 A 與 B 兩
　　部分。最初，A 之容積為 0.1 m³，而 B 之容積為 0.2 m³，各裝有壓
　　力為 0.1 MPa，溫度為 30℃的空氣。該容器以閥連接至壓力為 1.0
　　MPa，溫度為 80℃的壓縮空氣源。將閥打開，令壓縮空氣流入 A，
　　試求容器內的壓力達到 1.0 MPa 時，流入容器內之空氣的質量。

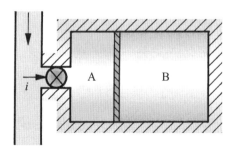

i

A

B

圖 3-11　練習題 61

62. 與練習題 61 相同，但 B 部分內裝有冷卻水系統，移走熱量使 B 部
　　分內之空氣維持固定的溫度，如圖 3-12 所示。

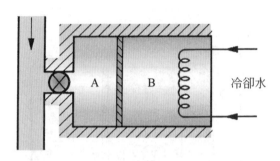

圖 3-12　練習題 62

63. 有一容器，除了一端部外周邊均予絕熱，以一無摩擦之絕熱隔板
分隔爲 A 與 B 兩部分，最初分別裝有空氣與水蒸汽，如圖 3-13 所
示。將閥打開，使壓縮空氣流入 A，並將隔板向右推動，同時自
水蒸汽移走熱量使水蒸汽之溫度維持固定。試求當容器內壓力達
到 1.0 MPa 時，流入 A 之空氣的質量。

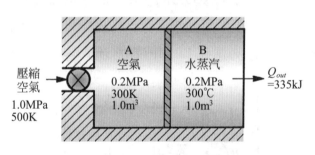

圖 3-13　練習題 63

64. 如圖 3-14，一容器除了一端部外周圍均予絕熱，以一無摩擦之絕
熱隔板予以分隔爲 A 與 B 兩部分，分別裝有水蒸汽與空氣，並以
一控制閥接至極大的水蒸汽供給源。將閥打開，使水蒸汽流入 A，
並將隔板向右推動，同時冷卻水自空氣移走熱量，將空氣維持於
固定的溫度。當容器內壓力上升至 1.0 MPa 後，將閥關閉，試求：
(1)冷卻水所移走之熱量，(2)流入容器內之水蒸汽的質量。

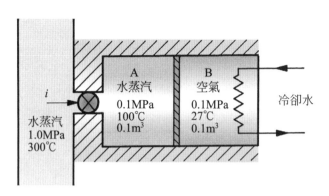

圖 3-14　練習題 64

65. 一頂部裝設有控制閥的容器，其容積為 V，最初裝有壓力為 p 的某理想氣體。打開控制閥將氣體排放，同時對氣體加熱使其溫度維持固定，直到壓力降至原來壓力的一半再將關閉。試求總加熱量。

66. 練習題 65 中，若容積 V 為 $2\,m^3$，壓力 p 為 $2\,MPa$，則總加熱量為若干？

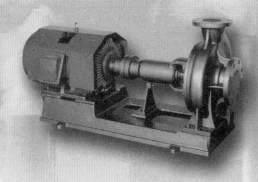

Chapter **4**

熱力學第二定律

　　熱力學第一定律係說明系統進行某一過程或某一循環時，能量平衡的觀念；且配合所定義出的熱力性質—儲能，可進行工作物性質的改變，與熱及功的轉換間之關係的分析。但第一定律並無法說明過程或循環的可行性，或能量轉換之程度的限制性。

　　某些過程，雖然可以滿足第一定律之能量平衡要件，但實際上卻是不可行的過程。例如，將一杯熱水置於大氣中，熱量將傳至大氣而造成水溫的降低，依第一定律知，傳出之熱量等於水之內能的減少量。若大氣將等量的 熱再傳給水，則水之內能將增加而回升至原來的溫度，此並未違反第一定律。但事實上，自溫度較低的空氣將熱量自行傳給溫度較高的水，為一不可行的過程。

　　能量間的轉換，如將熱轉換為功，只要滿足第一定律，則並無程度的限制，例如將熱全部轉換為功，但實際上卻有程度的限制。例如，將第一章中討論的蒸汽動力廠中的凝結器去除，則由第一定律可知，在鍋爐(蒸汽產生器)所加入之熱量，可全部轉換為淨功輸出。但實際的蒸汽動力廠中，鍋爐所加入的熱量中，必定有一部分傳至外界而損失掉，亦即可轉換為功的熱量有一最大的程度限制。

　　熱力學第二定律即用以討論說明過程的可行性，及能量轉換之程度的限制；任何過程或循環，除了滿足第一定律外，同時亦必需滿足第二定律。

4-1　熱力學第二定律

　　熱力學第二定律為對自然現象之研究分析所提出之結論，並無法以任何自然定律予以證明或推導。由於研究者所觀察之自然現象的不同，而有不同的解說；而不同的解說間似乎並無任何關係存在，但若接受其中的一個解說，則基於該解說，亦可證明其他解說的正確性。

　　熱力學第二定律的兩個最有名之解說爲克勞休斯(Clausius)解說與凱爾敏－普蘭克 (Kelvin-Planck)解說。

1.　克勞休斯解說

　　不可能有一個設備裝置，在完成一個循環時，除了將熱量自低溫處傳至高溫處外，與外界間沒有任何其它的效應產生。亦即，若無外來因素的作用，熱量無法自行由低溫處移至高溫處。

　　熱量並非無法自低溫處傳至高溫處，惟必需有外來因素的幫助。例如，習知的冷凍設備，可將冷凍空間內的熱量傳至較高溫的大氣；而冷氣裝置可自空氣吸收熱量後排放至較高溫的大氣或冷卻水；但此等設備裝置均需自外界供給功於壓縮機始能作用。

2.　凱爾敏－普蘭克解說

　　不可能有一個設備裝置，在完成一個循環時，除了與單一固定溫度的物體作熱交換，並產生功外，與外界間沒有任何其它的效應產生。亦即，一個設備完成一個循環時，僅自某單一溫度之熱源吸收熱量，而將該熱量全部轉換爲功，此爲不可能的。

　　自一熱源吸收熱量，經過設備的循環作用而產生功，並非不可能，但產生之功等於吸收之熱量爲不可能。吸收之熱量中的一部分必定在一較低的溫度下，傳至另一溫度較低的外界。

　　若一物體(或系統)的熱容量極大，則將熱量自該物體移走，或加熱量於該物體，對其溫度的影響極微而可予忽略不計，即物體之溫度不因熱量的出或進而改變，而可視爲固定，則稱該物體(或系統)爲熱源(heat source)或熱槽(heat sink)，例如大氣、海水、湖水等皆是。

　　由以上對兩個解說的說明，似乎是彼此不相關，但實際上彼此是對應的。以下利用反證法證明其對應性，亦即若違反某一解說，則必然也違反另一個解說。此種違反第二定律解說之設備，稱爲違反器(violator)。

　　第二章第十節曾討論之冷凍機及其性能系數 COP，與熱泵及其性能因數 PF，當不需任何淨功作用於系統時，則 COP 與 PF 均爲無限大，此即爲克勞休斯違反器；故克勞休斯解說亦謂「COP 或 PF 爲無限大之冷凍機或熱泵，是不可能存在的」。

　　又，於第二章第九節討論之熱機及其熱效率 η_t，若無任何熱量自系統傳出，則 η_t 爲 100%，此即爲凱爾敏－普蘭克違反器；故凱爾敏－普蘭克解說亦謂「η_t 爲 100% 之熱機，是不可能存在的」。

　　首先參考圖 4-1(a)，在高溫熱槽(T_H)與低溫熱源(T_L)之間有一克勞休斯違反器，可將熱量 Q_L 自低溫熱源 T_L 傳至高溫熱槽 T_H，而不需任何功的作用；另有一實際上可存在的熱機作用於 T_H 與 T_L 兩溫度之間，自高溫熱源 T_H 吸收 Q_H 之熱量，對外作出 W 之淨功，並有 Q_L 的熱量傳出至低溫熱槽 T_L。現將克勞休斯違反器與熱機之組合視爲一整體設備同時作用，則與 T_L 之淨熱交換爲零，而自 T_H 吸收之淨熱交換量爲($Q_H - Q_L$)；且由熱力學第一定律知，對外所作之淨功 W，等於淨熱交換量($Q_H - Q_L$)，如圖 4-1(b) 所示。故知，此組合之整體設備僅自單一溫度 T_H 之熱源吸收熱量，而對外作出等量的功，違反了凱爾敏－普蘭克解說，亦即此組合設備不可能存在。但，熱機爲一實際上可存在之設備，因此問題即出在克勞休斯違反器；亦即，只要違反克勞休斯解說，則必然亦違反凱爾敏－普蘭克解說。

　　其次參考圖 4-2(a)，自高溫熱源 T_H 供給 Q_H 之熱量至凱爾敏－普蘭克違反器，而對外作出等量的功 W，無任何熱量傳出至外界；另有一實際上可存在的冷凍機作用於低溫熱源 T_L 與高溫熱槽 T_H 之間，自低溫熱源吸收 Q_L 之熱量，利用加入之淨功 W 的作用，而將($Q_H + Q_L$)之熱量傳出至高溫熱槽 T_H。現將凱爾敏－普蘭克違反器與冷凍機之組合視爲一整體設備同時作用，並以違反器輸出之功帶動冷凍機，故組合設備與外界間無功的

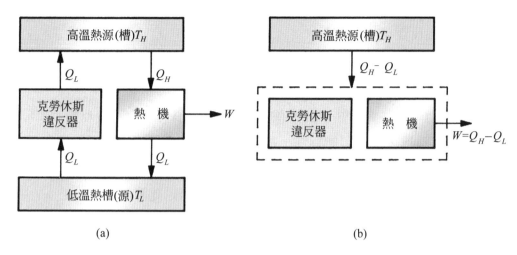

圖 4-1　自克勞休斯解說證明凱爾敏－普蘭克解說

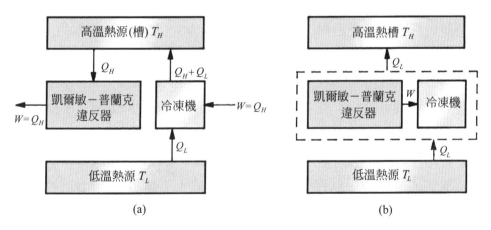

圖 4-2　自凱爾敏－普蘭克解說證明克勞休斯解說

作用，而與T_H及T_L之淨熱交換量均爲Q_L，如圖 4-2(b)所示。故知，此組合之整體設備可自低溫熱源T_L吸收Q_L之熱量，再將等量的熱Q_L傳出至高溫熱槽T_H，而不需任何外來因素的幫助，違反了克勞休斯解說，亦即此組合設備不可能存在。但，冷凍機爲一實際上可存在之設備，因此問題即出在凱爾敏－普蘭克違反器；亦即，只要違反凱爾敏－普蘭克解說，則必然亦違反克勞休斯解說。

4-2　可逆過程

由熱力學第二定律知，性能係數 COP 為無限大之冷凍機及熱效率η_t為 100%之熱機，均不可能存在，故 COP 與η_t均有最大之極限值。熱力問題的分析，即希望找出此等極限值存在的必要條件，而在設備裝置之設計，及過程或循環的選擇，均致力於儘可能滿足此等條件。

由第二定律又可知，有些過程是可能存在，而有些過程則是不可能存在的；因此，對某一過程而言，其反向過程(reversed process)或許可能存在，也或許不可能存在。若一過程之反向過程係可以存在，則稱該過程為可逆過程(reversible process)；反之，若其反向過程係不可能存在，則謂該過程為不可逆過程(irreversible process)。此為可逆過程與不可逆過程之概略定義，稍後再予以詳細說明。

對可產生輸出功之設備而言，如內燃機與渦輪機等，當工作流體所進行之過程為可逆時，其功大於過程為不可逆時之功，因不可逆時部分能量將耗損而無法轉換為功輸出。對消耗功之設備而言，如壓縮機與泵等，當過程為可逆時所需之功，小於過程為不可逆時所需之功，因不可逆時需加入額外的功以克服能量耗損。因此，不論功為輸出(正值)或加入(負值)，當過程為可逆時功均為最大值，故可逆過程亦可稱為最大功過程(maximum work process)，為最理想的過程，而可作為實際過程比較的基準，及設計上的理想標準。

4-2.1　外可逆過程

當某一過程完成後，令工作物進行其反向過程，若不僅工作物(或系統)返回其最初之狀態，且與過程進行時有關的外界亦均返回過程發生前之狀態，則稱該過程爲外可逆過程(external reversible process)，亦即一過程及其反向過程完成後，系統及外界均無任何改變，宛如不曾有任何過程發生。反之，若僅工作物(或系統)返回其最初之狀態，而外界並未返回過程發生前之狀態，則稱該過程爲外不可逆過程，亦即一過程及其反向過程完成後，外界已發生實質的改變。

外可逆過程不得含有任何造成過程爲不可逆之因素，此等不可逆之因素主要包括摩擦、非趨近於零之溫度差下的熱傳遞，及快速進行之過程等。以下將分別以例題說明爲何此等因素造成過程之不可逆，並說明如何利用熱力學第二定律予以證明。

證明某一過程爲可逆或不可逆，相當於證明該過程之反向過程爲可能或不可能；若可能即爲可逆過程，若不可能則爲不可逆過程。下述各例題之證明步驟可歸納如下：

1. 假設欲求證之過程的反向過程爲可能。

2. 將該反向過程，與一個或多個確知爲可能之過程配合而構成一個循環。

3. 分析判斷該循環是否違反熱力學第二定律；若不違反，表示假設爲正確，即該過程爲可逆過程；若違反，表示假設爲錯誤，則該過程爲不可逆過程。

　(1)　摩擦

當過程進行時有摩擦現象存在，即必定有部分能量消耗於摩擦；而在進行其反向過程時，原消耗於摩擦之能量不可能傳回系統(或工作物)，仍然有部分能量消耗於摩擦。故即使系統(或工作物)返回其最初之狀態，但外界不可能返回過程進行前之狀態，而爲不可逆過程。因此，若希望一過程爲可逆，則需將摩擦之因素去除,即需爲一無摩擦(frictonless)之過程。實際之過程雖不可能達到無摩擦,但設計上均設法降低流體與管壁間之摩擦,及作機件間之潤滑,即爲此因。

【例題 4-1】

　　如圖 4-3 所示,在一絕熱的密閉容器內裝有某氣體,其內並有一攪拌葉輪以軸連結至外部的掛有一重物之滑輪。當重物由位置 A 落至位置 B,經軸而帶動攪拌葉輪轉動某圈數,將能量(功)藉助摩擦而傳給氣體,造成氣體內能的增加,及壓力與溫度之升高。試問此過程爲可逆或不可逆。

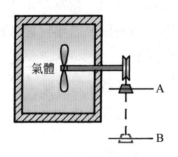

圖 4-3　例題 4-1

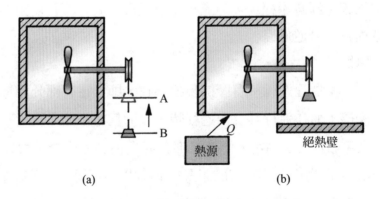

圖 4-4　用以證明例題 4-1 之循環

解：①假設此過程之反向過程為可能，即如圖 4-4(a)所示，氣體之內能減少，用以使重物自位置 B 上升至位置 A，且壓力與溫度降低。

②如圖 4-4(b)所示，將容器的一部分絕熱壁移走，並以一較高溫之熱源對氣體加熱，使其內能再增加至最初值，(即(a)中重物在位置 B 時之內能值)且壓力與溫度亦升高至最初值，即系統(氣體)已完成一循環。但，重物仍停留於位置 A。

若令重物與滑輪脫離，並由位置 A 降至位置 B，則外界(重物)亦完成一循環，但利用重物自A降至B之位能差，可作出等量的功。

③由熱力學第一定律知，自熱源加於氣體之熱量，等於過程 B→A 中氣體內能之減少量，亦等於重物自位置 B 上升至位置 A 的位能增加量。而重物對外所作之功，等於重物自位置 A 降至位置 B 的位能減少量。故對此循環而言，加入之熱量等於對外所作之功；亦即僅自一單一溫度之熱源吸熱，而作出等量的功，違反了第二定律之凱爾敏－普蘭克解說。而此循環係由反向過程及加熱過程所構成，其中加熱過程為確知可能之過程，故問題即在於反向過程，亦即反向過程為可能之假設顯屬錯誤，而此過程為不可逆過程。

【例題 4-2】

如圖 4-5(a)所示，一滑塊最初靜止於斜面上的位置 A，而後下滑靜止於一較低的位置 B，試問此過程是否為可逆過程？

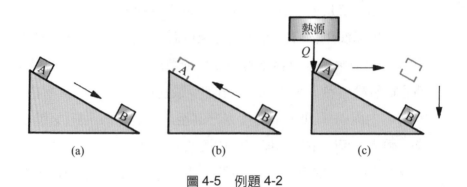

圖 4-5　例題 4-2

解：若取滑塊及斜面為系統，則進行下滑過程 A→B 後，滑塊及斜面之
　　內能增加，且內能的增加量等於滑塊位能之減少量。故滑塊及斜面
　　的溫度升高，但外界則未產生任何變化。

　　①假設此過程之反向過程為可能。如圖 4-5(b)所示，令滑塊自位置
　　　B上滑至位置A，即進行過程B→A。此時滑塊位能的增加量等於
　　　滑塊及斜面內能之減少量。且滑塊及斜面的溫度降低。

　　②如圖 4-5(c)所示，以一熱源對滑塊及斜面加熱，使滑塊及斜面之
　　　溫度與內能回復至上滑過程進行前之值，即加熱量Q等於滑塊於
　　　兩個位置間之位能差。

　　　再如圖 4-5(c)所示，令滑塊水平移至位置 B 之正上方，而後垂直
　　　落下並靜止於位 B，則系統完成了一個循環。而滑塊落下時可對
　　　外作功(例如配合滑輪的作用，可將另一端的重物提升某距離)，且
　　　功的大小等於滑塊位能之減少量。

　　③當系統(滑塊及斜面)完成此循環，僅自單一熱源吸收熱量，而對
　　　外作出等量的功，故知違反第二定律之凱爾敏－普蘭克解說。而
　　　此循環係由反向過程、加熱過程及下落過程等三個過程所構成，
　　　其中加熱過程與下落過程均為確知可能之過程，故問題即在於反

向過程，亦即反向過程為可能之假設顯屬錯誤，而此下滑過程為不可逆過程。

---

(2)　熱交換

　　　除了絕熱過程以外，所有的過程進行中系統與外界間均有熱量的交換。若系統與外界間係在某一溫度之下進行熱交換，則此過程即為不可逆過程，除非此溫度差趨近於零。為了說明此觀念，現考慮某一膨脹過程 1→2，隨著過程的進行工作物溫度逐漸降低，且過程進行中自外界加熱於系統中，故熱源之溫度 T_H 與系統溫度間之關係為 $T_H > T_1 > T_2$。

　　　若令系統進行反向過程 2→1，即為壓縮過程，系統的溫度將升高，且過程進行中有熱量傳出至外界。但此熱量無法排出至原來供給熱量之熱源 T_H，而必需排出至一溫度較低的熱槽 T_L，即 $T_1 > T_2 > T_L$。故在反向過程完成後，系統已回復至最初的狀態 1，但外界並未回復至最初狀態，部分外界(T_H)有熱量傳出，而另一部分外界(T_L)有接受熱量。因此，此過程為不可逆過程。

　　　假設上述過程 1→2 進行中，供給熱量之熱源的溫度可隨著過程中工作物溫度的降低而改變，使其永遠比工作物的溫度高趨近於零的溫差。若其溫度以 T 表示，則最初 $T=T_1$；當膨脹過程一進行，工作溫度稍有降低之趨勢，則 T 高於該瞬間工作物之溫度 $dT(dT→0)$，熱源即對系統加熱，而其溫度降至與該瞬間工作物相同之溫度。依此方式，在過程完成後，$T=T_2$。

　　　若令系統進行反向過程 2→1，即壓縮過程，當工作物之溫度稍有升高之趨勢，則該瞬間工作物之溫度高於 $T(dT→0)$，熱量即自系統放出至熱槽(即爲原來的熱源)，並使熱槽之溫度上升至與該瞬間工作物相同之溫度。依此方式，在過程完成後，$T = T_1$。

　　在完成兩個過程(即一循環)後，不僅系統回復至最初的狀態1，且過程 1→2 中外界所供給的熱量，在過程 2→1 中將等量的熱傳回給同一個外界，即外界亦回復至最初的狀態，故此過程爲一可逆過程。

　　惟在實際的應用上，熱源(或熱槽)之溫度不可能隨過程的進行而作精確的控制改變；且一般均假設熱源(或熱槽)之溫度爲固定的(見本章第一節)，故若欲一過程爲可逆過程，則必需是等溫過程，或無熱交換的絕熱過程。

　　以下再舉一例，說明如何利用第二定律證明在非趨近於零之溫度差下所進行之熱交換，爲一不可逆過程。

【例題 4-3】

　　溫度較高的物體，將熱量傳至溫度較低的另一物體，此爲一種自然的熱傳過程，試問此過程爲可逆或不可逆？

解：令 T_H 與 T_L 分別代表高溫與低溫，且假設自 T_H 傳至 T_L 之熱量爲 Q_L。

①假設此過程之反向過程爲可能，即令低溫物體 T_L 將熱量 Q_L 傳至高溫物體 T_H，如圖 4-6 所示。

②令一熱機作用於 T_H 與 T_L 兩溫度之間，即該熱機可自高溫 T_H 吸收熱量 Q_H，經循環作用而輸出淨功 W，且有熱量 Q_L 排出至低溫 T_L。由熱力學第一定律知，輸出之淨功 $W = Q_H - Q_L$（Q_L 取絕對值）。

③又如圖 4-6 所示，若將熱機與低溫物體 T_L 視爲一系統，則系統已完成一循環。在此循環中，自高溫物體 T_H 吸收 $(Q_H - Q_L)$ 之熱量，

而作出等量的功，故知違反第二定律之凱爾敏－普蘭克解說。又此循環係由反向過程及熱機之吸熱、排熱及作功等過程所構成，而熱機的諸過程均爲確知可能的過程，故問題即在於該反向過程，即熱交換過程之反向過程爲可能之假設顯屬錯誤，而該熱交換過程爲不可逆過程。

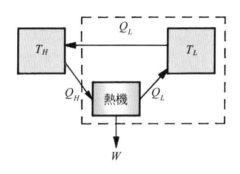

圖 4-6　例題 4-3

---

(3)　過程進行之速度

　　　　若某氣體在一活塞—汽缸裝置內，快速地膨脹，則在過程進行中的任一瞬間，即當活塞在任一位置時，汽缸內氣體之壓力並非均一；因作用於活塞表面的氣體，由於氣體的膨脹性，故壓力迅即降低，而遠離活塞表面(或接近汽缸頭)之氣體的壓力較高；亦即推動活塞向外作功的，永遠是汽缸內最低壓力的氣體。

　　　　在進行反向過程(即壓縮過程)時，活塞表面附近的氣體受壓縮壓力迅即升高，而遠離活塞表面(或接近汽缸頭)之氣體仍在較低的壓力；亦即作功於活塞所受到的阻力，永遠是汽缸內最高的壓力。

　　　　當活塞完成一膨脹與一壓縮過程後，系統(氣體)已完成一循環，但因輸入功較輸出功為大，故必需自氣體移走部分熱量，使氣體返回最初之狀態，但外界並未回復至最初之狀態，因部分外界加淨功於系統，而部分外界則自系統接受熱量。因此，此種快速進行之過程為不可逆過程。

　　　　若膨脹過程為極緩慢地進行，則在任一瞬間，汽缸內之氣體可視為具有均一的壓力；反之，若壓縮過程亦極緩慢地進行，則在任何一瞬間，汽缸內氣體之壓力亦可視為均一；亦即膨脹對外所作之功，與壓縮所加入之功，因作用力(或壓力)在活塞之同一位置時相等，故功亦相等。因此，活塞完成兩個過程後，系統(氣體)及外界均回復至最初之狀態，而為可逆過程。故考慮過程進行之速度此一因素，欲過程為可逆的，則其速度需為極緩慢。當然，極緩慢進行之過程可能無法滿足實際應用的需要，但仍為理想過程之一個參考指標。

　　綜合以上之討論，外可逆過程僅有下列四種過程：

(1)　極緩慢、無摩擦、等溫膨脹過程。

(2)　極緩慢、無摩擦、等溫壓縮過程。

(3)　極緩慢、無摩擦、絕熱膨脹過程。

(4)　極緩慢、無摩擦、絕熱壓縮過程。

　　在以後之討論中，均將「極緩慢」此一因素略去不提。

4-2.2　內可逆過程

　　由於熱力問題的分析，一般重點在於系統是否可進行所希望的過程，而外界所受到的影響通常不予考慮。若系統進行某一過程時需要加熱，則只要外界有適當的熱源可供給熱量，該過程即可順利地進行；反之，其反向過程的進行需放出熱量，只要有適當的熱槽可接受熱量，使熱量自系統順利地排出，即可進行該反向過程，而不需將熱量排放至原來供給熱量的熱源。此時，系統已完成循環返回最初之狀態，但外界並未返回最初之狀態，因隨著循環的進行，外界中的熱源恆扮演供給熱量的角色，而外界中的熱槽扮演接受熱量的角色。

　　若某一過程之反向過程爲可能，而在完成循環後外界是否返回最初狀態不予考慮，則該過程稱爲內可逆過程(internal reversible process)；外可逆過程必定爲內可逆過程，但內可逆過程則不一定是外可逆過程。

　　既然內可逆過程僅需考慮反向過程是否可能，即系統是否可返回最初之狀態，而不需考慮外界是否返回最初狀態，故討論外可逆過程時所必須考慮之諸因素中的「熱交換」即可不需考慮，即只要滿足「極緩慢」與「無摩擦」兩個因素，則該過程即爲內可逆過程。爾後之討論中，「可逆過程」係指內可逆過程，若爲外可逆過程，則另予指明。

【例題 4-4】

　　空氣(可視爲理想氣體，且比熱爲常數)在一密閉系統內，進行下列三個無摩擦過程而完成一循環：①等壓膨脹 1→2，自 80 kPa，5℃，至 60℃；②等容冷卻 2→3，至 5℃；③等溫壓縮 3→1。

　(1)試求每一過程的功與熱交換量。

　(2)試分析此循環之性能。

　(3)令空氣進行上述循環之反向循環，試作(1)與(2)之分析。

　(4)試對每一過程作內可逆、外可逆之討論。

解：將上述循環及其反向循環繪於 $p→v$ 圖上，分別如圖 4-7(a)與 4-7(b) 所示。

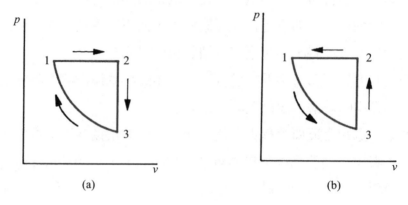

(a)　　　　　　　　　　　　　(b)

圖 4-7　例題 4-4

(1)過程 1→2，無摩擦等壓過程：

$$w_{1\to2}=p_1(v_2-v_1)=R(T_2-T_1)$$
$$=0.287\times(60-5)=15.785\,\text{kJ/kg}$$
$$q_{1\to2}=(u_2-u_1)+w_{1\to2}=c_v(T_2-T_1)+w_{1\to2}$$
$$=0.7165\times(60-5)+15.785$$
$$=55.1925\,\text{kJ /kg}$$
$$\text{或}\quad q_{1\to2}=h_2-h_1=c_p(T_2-T_1)$$
$$=1.0035\times(60-5)=55.1925\,\text{kJ/kg}$$

過程 2→3，無摩擦等容過程：

$$w_{2\to3}=0$$
$$q_{2\to3}=u_3-u_2=c_v(T_3-T_2)$$
$$=0.7165\times(5-60)$$
$$=-39.4075\,\text{kJ/kg}$$

過程 3→1，無摩擦等溫過程：

$$q_{3 \to 1} = w_{3 \to 1} = RT_1 \ell n \frac{v_1}{v_3} = RT_1 \ell n \frac{v_1}{v_2}$$

$$= RT_1 \ell n \frac{T_1}{T_2} = 0.287 \times (5 + 273.15) \ell n \frac{5 + 273.15}{60 + 273.15}$$

$$= -14.4037 \, \text{kJ/kg}$$

(2)將每一過程之功與熱交換，整理如下表：

表 4-1

過　程	功(w，kJ/kg)	熱(q，kJ/kg)
1→2	15.785	55.1925
2→3	0	−39.4075
3→1	−14.4037	−14.4037
循　環	1.3813	1.3813

此循環為熱機循環，其性能以熱效率η_t表示，為

$$\eta_t = \frac{\oint \delta w}{q_{\text{in}}} = \frac{1.3813}{55.1925} = 2.5027\%$$

(3)反向循環中每一過程的功與熱交換，其大小與原循環中對應之過程的功及熱交換相等，但符號(或方向)相反，整理如下表：

表 4-2

過　程	功(w，kJ/kg)	熱(q，kJ/kg)
1→3	14.4037	14.4037
3→2	0	39.4075
2→1	−15.785	−55.1925
循　環	−1.3813	−1.3813

此反向循環為一冷凍循環或熱泵循環，其性能以性能係數COP或

性能因數PF分別表示為

$$COP = \frac{q_{in}}{-\oint \delta w} = \frac{14.4037 + 39.4075}{1.3813} = 38.9569$$

$$PF = \frac{q_{out}}{-\oint \delta w} = \frac{55.1925}{1.3813} = 39.9569$$

(4)過程$1 \rightarrow 2$：$p_1 = p_2$，$T_1 = 5℃$，$T_2 = 60℃$

故熱源之溫度T_H，$T_H > T_2 > T_1$；但過程$2 \rightarrow 1$，用以接收放出之熱量的熱槽，其溫度T_L為，$T_L < T_1 < T_2$。故系統返回最初之狀態 1，而外界則否，因此過程 $1 \rightarrow 2$ 為內可逆過程，而為外不可逆過程。

過程 $2 \rightarrow 3$：$v_2 = v_3$，$T_2 = 60℃$，$T_3 = 5℃$

故用以接收放出之熱量的熱槽，其溫度T_L為，$T_L < T_3 < T_2$；但過程$3 \rightarrow 2$中，用以供給熱量之熱源的溫度T_H為，$T_H > T_2 > T_3$。故系統返回最初之狀態 2，但外界則否，因此過程 $2 \rightarrow 3$ 為內可逆過程，而為外不可逆過程。

過程 $1 \rightarrow 3$，$T_3 = T_1 = 5℃$

故用以接收放出之熱量的熱槽，其溫度T為，$T = T_2 = T_1$；而過程$1 \rightarrow 3$中，用以供給熱量之熱源，其溫度T亦為，$T = T_1 = T_3$，即兩個過程系與相同的外界分別作等量的放熱及吸熱之熱交換。故系統返回最初之狀態 3 後，外界亦返回最初之狀態，因此過程 $3 \rightarrow 1$ 為外可逆過程，當然亦為內可逆過程。

4-3 卡諾循環

若構成一個循環的諸過程均為外可逆過程，則該循環為外可逆循環；

但只要其中任何一個過程為外不可逆過程，則該循環為外不可逆循環。

由第二定律之凱爾敏－普蘭克解說知，熱效率η_t為 100% 之熱機是不可能存在的；又由克勞休斯解說知，性能係數COP為無限大之冷凍機，或性能因數PF為無限大之熱泵，均為不可能存在的。故熱機之熱效率η_t、冷凍機之性能係數COP，及熱泵之性能因數PF，均有最大的極限值，必須找出此等極限值，以作為設計的參考理想目標。

由第二節之討論知，可能存在的外可逆過程，僅有兩個外可逆等溫過程與兩個外可逆絕熱過程等四個過程。由此等四個過程所構成的循環，若該循環可得到淨功輸出，稱之為卡諾循環(Carnot cycle)，而進行該循環之設備裝置(熱機)稱為卡諾機(Carnot engine)；若該循環有淨熱放出，則稱之為反向卡諾循環(reversed Carnot cycle)，而進行該循環之設備裝置(冷凍機或熱泵)，則稱為卡諾冷凍機(Carnot refrigerator)或卡諾熱泵(Carnot heat pump)。

4-3.1　卡諾循環與卡諾機

卡諾機可為密閉式的，例如往復式汽缸－活塞裝置；亦可為開放式的，例如輪機動力裝置。而卡諾機所使用之工作物，可為氣體、液體，或液－汽混合物等。

密閉式的往復式活塞－汽缸卡諾機，及使用不同工作物時卡諾循環之壓－容圖，如圖 4-8 所示。構成此循環的四個外可逆過程為：

1.　過程 1→2

等溫加熱膨脹過程。將汽缸頭之絕熱壁移開，自高溫(T_H)熱源對工作物加熱，使在固定溫度下進行膨脹。$T_H = C$。

2.　過程 2→3

絕熱膨脹過程。將汽缸頭之絕熱壁裝回定位，配合絕熱的汽缸壁及活塞，使工作物自高溫(T_H)絕熱地膨脹至低溫(T_L)。$T_H \rightarrow T_L$。

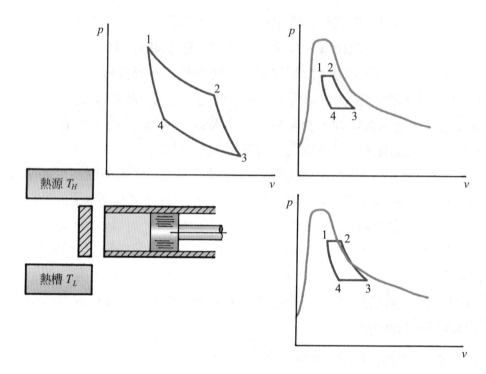

圖 4-8　活塞－汽缸式卡諾機與卡諾循環之壓－容圖

3.　過程 3→4

　　等溫放熱壓縮過程。再次將汽缸頭之絕熱壁移開,將工作物壓縮,且排放熱量至一低溫(T_L)之熱槽,而將工作物維持於固定的溫度。$T_L = C$。

4.　過程 4→1

　　絕熱壓縮過程。將汽缸頭之絕熱壁再次裝回定位,在絕熱情況下對工作物繼續壓縮,返回狀態 1 而完成循環。$T_L \rightarrow T_H$。

　　開放式的輪機動力卡諾機,如圖 4-9 所示,其中渦輪機及泵均為絕熱的裝置。此循環亦由等溫加熱膨脹、絕熱膨脹、等溫放熱壓縮,及絕熱壓縮等四個外可逆過程構成,作用於高溫熱源T_H與低溫熱槽T_L之間,而其壓－容圖與圖 4-8 中右側兩個圖所示者相同。

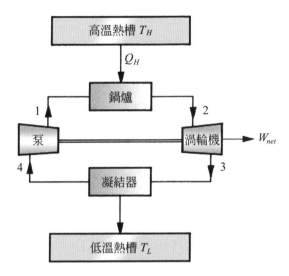

圖 4-9 開放式輪機動力卡諾機

　　為了分析卡諾機之熱效率，假設設備為往復式活塞－汽缸裝置，故使用密閉系統之第一定律進行分析；又假設工作物為理想氣體，且比熱可視為常數，以簡化問題的分析。但，由第四節中將提及的卡諾原理可知，以下分析所得到的結論，可應用於不同型式的卡諾機，及不同種類的工作物。基於以上之假設的卡諾機簡圖，及卡諾循環之壓－容圖，示於圖 4-10。

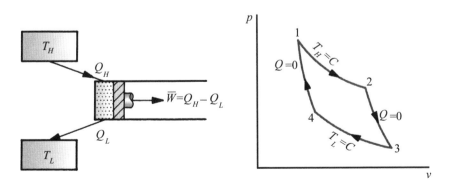

圖 4-10 使用理想氣體之卡諾基機與卡諾循環

由熱效率η_t之定義知

$$\eta_t = \frac{\oint \delta W}{Q_{in}} = \frac{W_{net}}{Q_{in}}$$

使用熱力學第一定律，可得卡諾機之熱效率$\eta_{t,c}$為

$$\eta_{t,c} = \frac{W_{net}}{Q_{in}} = \frac{Q_{net}}{Q_{in}} = \frac{Q_{in} - Q_{out}}{Q_{in}}$$

$$= 1 - \frac{Q_{out}}{Q_{in}} = 1 - \frac{Q_L}{Q_H}$$

方程式中Q_L取其絕對值。

過程 1→2 為等溫加熱膨脹過程，密閉系統之第一定律

$$Q_H = (U_2 - U_1) + W$$

因工作物為理想氣體，故$U_2 = U_1$，由上式可得

$$Q_H = W = mRT_H \ell n \frac{V_2}{V_1}$$

過程 3→4 為等溫放熱壓縮過程，同理可得放熱量Q_L(取絕對值)為

$$Q_L = mRT_L \ell n \frac{V_3}{V_4}$$

將Q_H與Q_L代入熱效率方程式

$$\eta_{t,c} = 1 - \frac{Q_L}{Q_H} = 1 - \frac{T_L}{T_H} \cdot \frac{\ell n(\frac{V_3}{V_4})}{\ell n(\frac{V_2}{V_1})}$$

過程 2→3 與過程 4→1 均為可逆絕熱過程，且工作物係比熱為常數(即k為常數)之理想氣體，故

$$\frac{T_3}{T_2} = \frac{T_L}{T_H} = (\frac{V_2}{V_3})^{k-1}$$

及 $$\frac{T_4}{T_1} = \frac{T_L}{T_H} = (\frac{V_1}{V_4})^{k-1}$$

因此　$\dfrac{V_2}{V_3}=\dfrac{V_1}{V_4}$

或　$\dfrac{V_3}{V_4}=\dfrac{V_2}{V_1}$

故卡諾循環之熱效率可簡化爲

$$\eta_{t,c}=1-\dfrac{T_L}{T_H} \tag{4-1}$$

由方程式(4-1)可知，卡諾循環之熱效率僅決定於熱源之溫度T_H與熱槽之溫度T_2。理論上，一卡諾機作用於愈高的溫度T_H，及愈低的溫度T_L之間，其熱效率可 提高至趨近於 100%。但實際應用上，T_H受限於實際可得之熱源的溫度，及熱機之材料可承受之溫度極限；而T_L則受限於可得之熱槽的溫度(通常爲大氣或水的溫度)。

【例題 4-5】

一卡諾機作用於某一熱源與大氣之間，若大氣之溫度爲 30℃，則熱源之溫度應爲若干，致該卡諾機的熱效率可達 50%？

解：令大氣之溫度爲T_L，熱源之溫度爲T_H，由方程式(4-1)可得

$$50\%=1-\dfrac{30+273.15}{T_H}$$

故熱源之溫度T_H爲

$$T_H=606.3\,\text{K}=333.15℃$$

【例題 4-6】

一使用空氣爲工作物之卡諾機，若等溫加熱膨脹開始時，空氣之壓力爲 560 kPa，占有0.06 m³之容積；而絕熱膨脹結束時，空氣之壓力爲140 kPa，占有0.18 m³之容積。試求此卡諾機之熱效率。

解：參考圖 4-10 之 p-v 圖，此卡諾機作用之兩溫度極限 T_H 與 T_L，可使用理想氣體狀態方程式分別求得為

$$T_H = T_1 = \frac{p_1 V_1}{mR}$$

$$T_L = T_3 = \frac{p_3 V_3}{mR}$$

由方程式(4-1)，此卡諾機之熱效率為

$$\eta_{t,c} = 1 - \frac{T_L}{T_H} = 1 - \frac{p_3 V_3}{p_1 V_1} = 1 - \frac{140 \times 0.18}{560 \times 0.06} = 25\%$$

4-3.2 反向卡諾循環與卡諾冷凍機、卡諾熱泵

卡諾冷凍機或卡諾熱泵，其設備裝置可為密閉式或開放式，而任何物質均可使用為工作物；其觀念與卡諾機者相同，故不再贅述。

為了分析卡諾冷凍機或卡諾熱泵之性能係數(COP)$_C$ 及性能因數(PF)$_C$，仍假設其裝置為密閉式，而工作物為理想氣體且比熱可視為常數。圖 4-11 所示為卡諾冷凍機(或卡諾熱泵)之裝置作用圖，及反向卡諾循環之壓－容圖。

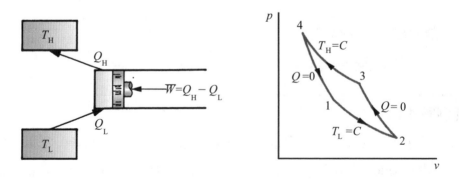

圖 4-11　密閉式卡諾冷凍機及反向卡諾循環之壓－容圖

1.　過程 1→2

等溫加熱膨脹過程。工作物自一低溫熱源(T_L)吸熱，在固定溫度下進行膨脹。$T_L=C$。

2.　過程 2→3

絕熱壓縮過程。在絕熱情況下，將工作物自低溫(T_L)壓縮至高溫(T_H)。$T_L \to T_H$。

3.　過程 3→4

等溫放熱壓縮過程。將工作物壓縮，並放熱至一高溫熱槽(T_H)，使工作物維持固定的溫度。$T_H=C$。

4.　過程 4→1

絕熱膨脹過程。工作物在絕熱情況下，自高溫(T_H)膨脹至低溫(T_L)。$T_H \to T_L$。

首先分析反向卡諾循環之性能係數，$(COP)_C$。由第二章第十節中性能係數之定義知，參考圖 4-11。

$$(COP)_C = \frac{Q_{in}}{Q_{out}-Q_{in}} = \frac{Q_L}{Q_H-Q_L}$$

過程 1→2 為等溫加熱膨脹，由第一定律可得

$$Q_L = W = mRT_L \ell n \frac{V_2}{V_1}$$

同理，對等溫放熱壓縮過程 3→4 可得

$$Q_H = mRT_H \ell n \frac{V_3}{V_4}$$

將 Q_L 與 Q_H 代入 $(COP)_C$ 方程式可得

$$(COP)_C = \frac{T_L \ell n(\frac{V_2}{V_1})}{T_H \ell n(\frac{V_3}{V_4}) - T_L \ell n(\frac{V_2}{V_1})}$$

由可逆絕熱過程 2→3 與 4→1，可分別得

$$\frac{T_3}{T_2} = \frac{T_H}{T_L} = (\frac{V_2}{V_3})^{k-1}$$

$$\frac{T_4}{T_1} = \frac{T_H}{T_L} = (\frac{V_1}{V_4})^{k-1}$$

因此，$\dfrac{V_2}{V_3} = \dfrac{V_1}{V_4}$ 或 $\dfrac{V_2}{V_1} = \dfrac{V_3}{V_4}$

故卡諾冷凍機之性能係數(COP)$_C$為

$$(\text{COP})_C = \frac{T_L}{T_H - T_L} \qquad\qquad (4\text{-}2)$$

又由第二章第十節知，卡諾熱泵之性能因數(PF)$_C$為

$$(\text{PF})_C = \frac{Q_{out}}{Q_{out} - Q_{in}} = \frac{Q_H}{Q_H - Q_L}$$

再將前述的 Q_L 與 Q_H，及容積間的關係式代入上式，可得

$$(\text{PF})_C = \frac{T_H \ell n(V_3/V_4)}{T_H \ell n(V_3/V_4) - T_L \ell n(V_2/V_1)}$$

$$= \frac{T_H}{T_H - T_L} = 1 + (\text{COP})_C \qquad\qquad (4\text{-}3)$$

由方程式(4-2)知，卡諾冷凍機之性能係數僅決定於低溫熱源之溫度 T_L 與高溫熱槽之溫度 T_H。理論上，T_L 愈高，或 T_H 與 T_L 之間的差愈小，則性能係數愈大，而當 $T_H = T_L$ 時為無限大。但實際應用上，T_L 受限制於設計上所要求(如冰箱或冷房)之溫度，而 T_H 受限於可得之熱槽的溫度(通常為大氣或水的溫度)。且 $T_H = T_L$ 並無意義，因已不具製冷效果。

又由方程式(4-3)知，性能因數亦僅決定於 T_L 與 T_H 兩溫度。理論上，T_H 愈高，或 T_H 與 T_L 之間的差愈小，則性能因數愈大，而當 $T_H = T_L$ 時為無限大。但實際應用上，T_H 受限於設計上所要求(如暖房)之溫度，而 T_L 受限於可得之熱槽(如大氣)的溫度。且 $T_H = T_L$ 亦不具意義，因已無加熱之效果。

【例題 4-7】

一卡諾冷凍機，作用於大氣與一冷凍庫之間。若大氣溫度為 30℃，而該冷凍機之性能係數為 6.5，則冷凍庫之溫度為若干？

解：令大氣之溫度為 T_H，而冷凍庫之溫度為 T_L，由方程式(4-2)可得

$$6.5 = \frac{T_L + 273.15}{30 - T_L}$$

故冷凍庫之溫度 T_L 為

$$T_L = -10.42℃$$

【例題 4-8】

一使用空氣為工作物的卡諾冷凍機，作用於 20℃ 與 200℃ 兩溫度之間。若等溫放熱壓縮過程，造成空氣之容積減半，試求此卡諾冷凍機之性能係數，及自低溫熱源所吸收之熱量。

解：參考圖 4-11 之 p-v 圖，則

$$T_L = T_1 = T_2 = 20℃ \, , \, T_H = T_3 = T_4 = 200℃$$

由方程式(4-2)可得

$$(\text{COP})_C = \frac{T_L}{T_H - T_L} = \frac{20 + 273.15}{200 - 20} = 1.6286$$

由題意及前述之解析知，

$$\frac{V_3}{V_4} = 2 = \frac{V_2}{V_1}$$

故自低溫熱源所吸收之熱量為，

$$\frac{Q_L}{m} = RT_L \ell_n \frac{V_2}{V_1} = 0.287 \times (20 + 273.15)\ell_n 2$$

$$= 58.3173 \text{ kJ/kg}$$

4-4　卡諾原理

　　由熱力學第二定律知,熱效率為 100% 之熱機是不可能存在的;又由第三節之分析知,卡諾熱機(外可逆循環熱機)之熱效率僅決定於循環所作用的兩個極限溫度。但,作用於相同的兩個極限溫度之間,不可逆循環熱機之熱效率,與卡諾熱機之熱效率比較,何者較佳?

　　又第三節中卡諾熱機之熱效率(方程式 4-1),係使用密閉式設備裝置(往復式活塞-汽缸裝置),且以比熱可視為常數之理想氣體為工作物。但,作用於相同的兩個極限溫度之間,若設備裝置為其它型式(如開放式),或使用其它物質為工作物,則其熱效率有何不同?

　　用以解說上述問題點之觀念,稱為卡諾原理(Carnot principle)。對熱機而言,卡諾原理包含兩點,茲分別詳述於下。

1.　作用於相同的兩個極限溫度之間,不可能有任何熱機,其熱效率大於卡諾機之熱效率。換言之,卡諾機之熱效率為最大。

　　　假設在高溫熱源 T_H 與低溫熱槽 T_L 之間,同時有一熱機 X 與一卡諾機 C 作用,如圖 4-12(a) 所示。若兩個熱機均自高溫熱源 T_H 吸收 Q_H 之熱量,則熱機 X 向外輸出功 W_X,放出 $Q_{L,X}$ 之熱量;而卡諾機 C 向外輸出功 W_C 放出 $Q_{L,C}$ 之熱量。

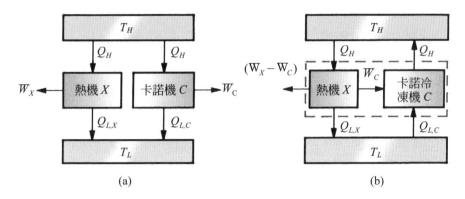

圖 4-12 卡諾原理第一點之證明

　　現假設熱機X之熱效率($\eta_{t,x}$)大於卡諾機之熱效率($\eta_{t,C}$)即($\eta_{t,x}$)>($\eta_{t,C}$)，則W_X>W_C，及$Q_{L,X}$<$Q_{L,C}$。令卡諾機進行反向循環，即該設備轉變為卡諾冷凍機，自低溫熱源T_L吸收$Q_{L,C}$之熱量，配合輸入功W_C的作用，將熱量Q_H放出至高溫熱槽T_H，如圖 4-12(b)所示。

　　將熱機X與卡諾冷凍機C組配同時作用，則熱機X輸出之功除可用以帶動卡諾冷凍機C外，尚有(W_X－W_C)的淨功輸出。此時，組合裝置與高溫熱源(熱槽)T_H間無淨熱交換，而自低溫熱源T_L吸收($Q_{L,C}$－$Q_{L,X}$)之熱量。又由第一定律知，W_X=Q_H－$Q_{L,X}$，及W_C=Q_H－$Q_{L,C}$，故輸出之淨功(W_X－W_C)=$Q_{L,C}$－$Q_{L,X}$。因此，該組合裝置僅自一熱源吸收熱量，而可輸出等量的功，此違反了第二定律之凱爾敏－普蘭克解說，故該組合裝置是不可能存在的。檢視該組合裝置，卡諾冷凍機並無問題，故問題出在熱機X，及$\eta_{t,x}$>$\eta_{t,C}$之假設顯屬錯誤，應為$\eta_{t,x}$≦$\eta_{t,c}$始為正確。故結論為，作用於相同的兩個極限溫度之間，任何熱機之熱效率不可能大於卡諾機之熱效率；亦即卡諾機之熱效率為最大。

　　　　對冷凍機或熱泵而言，卡諾原理之第一點亦可解說為：作用於相同的兩個極限溫度之間，任何冷凍機(或熱泵)之性能係數(或性能因數)不可能大於卡諾冷凍機(或熱泵)之性能係數(或性能因數)；亦即卡諾冷凍機(或熱泵)之性能係數(或性能因數)為最大。

2.　作用於相同的兩個極限溫度之間，所有的卡諾機均具有相同的熱效率。換言之，不論卡諾機為密閉式或開放式的設備裝置，也不論卡諾機使用何種物質為工作物，其熱效率均相同。

　　　　假設在高溫熱源T_H與低溫熱槽T_L之間，同時有卡諾機A與卡諾機B作用，如圖 4-13(a)所示。若兩個卡諾機均自高溫熱源T_H吸收Q_H之熱量，則卡諾機A向外輸出功W_A，放出$Q_{L,A}$之熱量；而卡諾機B向外輸出功W_B，放出$Q_{L,B}$之熱量。

　　　　現假設卡諾機A之熱效率($\eta_{t,A}$)，大於卡諾機B之熱效率($\eta_{t,B}$)，則$\eta_{t,A}>\eta_{t,B}$，及$W_A>W_B$，及$Q_{L,A}<Q_{L,B}$。令卡諾機B進行反向循環，即設備B轉變為冷凍機，自低溫熱源T_L吸收$Q_{L,B}$之熱量，配合輸入功W_B的作用，將熱量Q_H放出至高溫熱槽T_H，如圖 4-13(b)所示。

　　　　將卡諾機A與卡諾冷凍機B組配同時作用，則卡諾機A輸出之功除可用以帶動卡諾冷凍機B外，尚有(W_A-W_B)的淨功輸出。此時組合裝置與高溫熱源(熱槽)T_H間無淨熱交換，而自低溫熱源T_L吸收$(Q_{L,B}-Q_{L,A})$之熱量。又由第一定律知，$W_A=Q_H-Q_{L,A}$，及$W_B=Q_H-Q_{L,B}$，故輸出之淨功$(W_A-W_B)=Q_{L,B}-Q_{L,A}$。因此，該組合裝置僅自一熱源吸收熱量，而可輸出等量的功，此違反了第二定律之凱爾敏－普蘭克解說，故該組合裝置是不可能存在的。檢視該組合裝置，卡諾冷凍機並無問題，故問題出在卡諾機A，即$\eta_{t,A}>\eta_{t,B}$之假設顯屬錯誤，應為$\eta_{t,A}\leq\eta_{t,B}$始為正確。

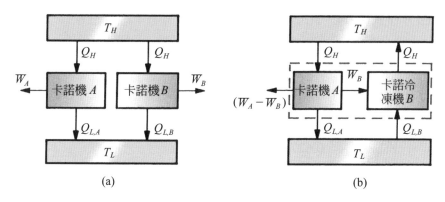

圖 4-13　卡諾原理第二點之證明

　　同理，可證明 $\eta_{t,B}$ 不可能大於 $\eta_{t,A}$，即應爲 $\eta_{t,B} \leqq \eta_{t,A}$ 始爲正確。因此，綜合兩個結果可知唯一可能存在的是 $\eta_{t,A} = \eta_{t,B}$。故結論爲，作用於相同的兩個極限溫度之間，所有的卡諾機，不論其設備裝置之型式，亦不論使用工作物之種類，均具有相同的熱效率。因此 $\eta_{t,C} = 1 - \dfrac{T_L}{T_H}$ (方程式 4-1)可應用於所有的卡諾機，且爲作用於 T_H 與 T_L 之間所有可能熱機的最大熱效率。

　　對冷凍機(或熱泵)而言，卡諾原理之第二點亦可解說爲：作用於相同的兩個極限溫度之間，所有的卡諾冷凍機(或熱泵)，不論其設備裝置之型式，亦不論使用工作物之種類，均具有相同的性能係數(或性能因數)。又方程式(4-2)與(4-3)可應用於所有的卡諾冷凍機(或熱泵)，且爲作用於 T_L 與 T_H 之間所有可能的冷凍機(或熱泵)之最大性能係數或性能因數。

【例題 4-9】

　　一卡諾機作用於 500℃ 與 15℃ 兩極限溫度之間，若輸出之功爲 100 kJ，試求加入之熱量。

解：由方程式(4-1)，此卡諾機之熱效率為

$$\eta_{t,C} = 1 - \frac{T_L}{T_H} = 1 - \frac{15+273.15}{500+273.15} = 62.73\%$$

又由熱效率之基本定義，$\eta_t = \dfrac{W_{net}}{Q_{in}}$，故

$$Q_{in} = \frac{W_{net}}{\eta_{t,C}} = \frac{100}{0.6273} = 159.41 \text{ kJ}$$

【例題 4-10】

一熱效率為 30% 之卡諾機，每分鐘排出 800 kJ 之熱量至溫度為 25℃ 的冷卻水池，試求此卡諾機之功率輸出及熱源之溫度。

解：由卡諾機之熱效率定義知

$$\eta_{t,C} = 1 - \frac{Q_{out}}{Q_{in}} = \frac{W_{net}}{Q_{in}}$$

$$30\% = 1 - \frac{800}{Q_{in}}$$

$$\dot{Q}_{in} = 1142.86 \text{ kJ/min}$$

$$\dot{W}_{net} = \eta_{t,C}\,\dot{Q}_{in} = 0.3 \times 1142.86 = 342.86 \text{ kJ/min} = 5.7143 \text{ kW}$$

又因 $\eta_{t,C} = 1 - \dfrac{T_L}{T_H}$ 或 $30\% = 1 - \dfrac{25+273.15}{T_H}$

$$T_H = 425.93 \text{ K} = 152.78℃$$

【例題 4-11】

一卡諾冷凍機，每分鐘自 0℃ 的低溫空間吸收 100 kJ 之熱量，再將熱量排出至 260℃ 的高溫熱槽，試求該冷凍機所需之功率。

解：由方程式(4-2)，此卡諾冷凍機之性能係數為

$$(COP)_C = \frac{T_L}{T_H - T_L} = \frac{0+273.15}{260-0} = 1.0506$$

又由性能係數之基本定義，$COP_C = \dot{Q}_{in}/\dot{W}_{in}$，故

$$\dot{W}_{in} = \frac{\dot{Q}_{in}}{(COP)_C} = \frac{100}{1.0506} = 95.18 \, kJ/min = 1.5864 \, kW$$

【例題 4-12】

欲以一熱泵對一房子加熱使維持於22℃，若室外大氣之溫度為-10℃，而該房子每分鐘有 900 kJ 的熱量損失至大氣，則該熱泵所需的最小功率為若干？

解：由卡諾原理知，使用卡諾熱泵所需之功率為最小。因該房子有 900 kJ/min之熱損失，故熱泵需供給等量的熱始能將房子維持於固定的溫度。由方程式(4-3)及性能因數之基本定義知

$$(PF)_C = \frac{T_H}{T_H - T_L} = \frac{\dot{Q}_{out}}{\dot{W}_{in}}$$

$$\frac{22+273.15}{22-(-10)} = \frac{900}{\dot{W}_{in}}$$

$$\dot{W}_{in} = 97.5775 \, kJ/min = 1.6263 \, kW$$

【例題 4-13】

一空氣調節裝置，夏天進行冷氣運轉，而冬天進行暖氣運轉，將房子內部維持於20℃。該房子內部與外界大氣間，每一度的溫度差，經由牆壁、屋頂等結構，每小時有2400 kJ的熱傳量。

(1)若冬天時外界大氣之溫度為 0℃，則該空調裝置所需之最小功率為若干？

⑵若輸入功率與⑴者相同，則夏天將內部維持於 20℃，外界大氣可能
　的最高溫度為若干？

解：由卡諾原理知，當空調裝置進行反向卡諾循環，即卡諾冷凍機(或熱
　　泵)時，其性能最佳，所需之功率最小。

　　⑴$T_L=0℃$，$T_H=20℃$，由方程式(4-3)知

$$(PF)_C=\frac{T_H}{T_H-T_L}=\frac{\dot{Q}_H}{\dot{W}_{in}}$$

$$\dot{Q}_H=2400\times(20-0)=48,000\,kJ/hr=13.33\,kJ/sec$$

$$\dot{W}_{in}=\dot{Q}_H\times\frac{T_H-T_L}{T_H}=13.33\times\frac{20-0}{20+273.15}$$

$$=0.9094\,kW$$

　　⑵$T_L=20℃$，大氣溫度為T_H，由方程式(4-2)知，

$$(COP)_C=\frac{T_L}{T_H-T_L}=\frac{\dot{Q}_L}{\dot{W}_{in}}$$

$$\dot{Q}_L=\frac{2400}{3600}\times(T_H-T_L)\,kJ/sec$$

$$\frac{20+273.15}{T_H-20}=\frac{(2400/3600)(T_H-20)}{0.9097}$$

$$T_H=40℃$$

【例題 4-14】

　　一卡諾機作用於 200℃的熱源與 30℃的大氣之間，其輸出之功用以
帶動一卡諾冷凍機，而將某空間維持於−10℃之溫度，試求高溫熱源所
供給之熱量與自冷凍空間所吸取之熱量的比值。

解：參考圖 4-14 所示，對卡諾機及卡諾冷凍機分別可得，

$$W=\eta_{t,C}\times Q_{H1}=\frac{T_{H1}-T_{L1}}{T_{H1}}\times Q_{H1}$$

$$W = \frac{Q_{L2}}{(\text{COP})_C} = \frac{T_{H2} - T_{L2}}{T_{L2}} \times Q_{L2}$$

$$\frac{Q_{H1}}{Q_{L2}} = \frac{T_{H1}}{T_{H1} - T_{L1}} \times \frac{T_{H2} - T_{L2}}{T_{L2}}$$

$$= \frac{200 + 273.15}{200 - 30} \times \frac{30 - (-10)}{-10 + 273.15} = 0.4231$$

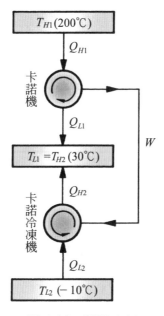

圖 4-14　例題 4-14

4-5　熱力溫標

由卡諾原理知，卡諾機之熱效率僅決定於循環所作用的兩個極限溫度 T_H 與 T_L，而與卡諾機之型式及所使用之工作物的種類無關，亦即

$$\eta_{t,C} = 1 - \frac{Q_L}{Q_H} = f(T_H, T_L)$$

據此所訂出的可應用於任何物質之溫標，稱爲熱力溫標(thermodynamic temperature scale)。

假設在T_1、T_2與T_3三個溫度之間，安排有三個卡諾機A、B與C，如圖 4-15 所示。由上式知

$$\frac{Q_L}{Q_H} = \psi(T_L, T_H)$$

故對三個卡諾機 A、B 與 C 分別可得

$$\frac{Q_2}{Q_1} = \psi(T_2, T_1) \text{，} \quad \frac{Q_3}{Q_2} = \psi(T_3, T_2) \text{，} \quad \frac{Q_3}{Q_1} = \psi(T_3, T_1)$$

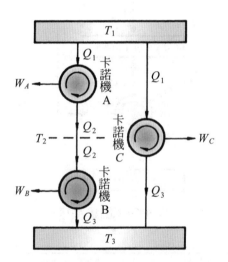

圖 4-15　用以說明熱力溫標的卡諾機安排

由於　$\dfrac{Q_3}{Q_1} = \dfrac{Q_2}{Q_1} \times \dfrac{Q_3}{Q_2}$

因此　$\psi(T_3, T_1) = \psi(T_2, T_1) \times \psi(T_3, T_2)$

由上式可知，左側僅爲T_3與T_1之函數，與T_2無關；故右側亦僅爲T_3與T_1之函數，即T_2並不影響兩個函數之乘積。因此，函數ψ可確定爲

$$\psi(T_2, T_1) = \frac{\psi(T_2)}{\psi(T_1)}$$

$$\psi(T_3, T_2) = \frac{\psi(T_3)}{\psi(T_2)}$$

$$\frac{Q_3}{Q_1} = \psi(T_3, T_1) = \frac{\psi(T_3)}{\psi(T_1)}$$

或可用通用式表示為

$$\frac{Q_L}{Q_H} = \frac{\psi(T_L)}{\psi(T_H)} \tag{4-4}$$

由方程式(4-4)知，只要選定任一函數$\psi(T)$，即可訂出一溫標，而可應用於任何物質。其中，凱爾敏公爵(Lord Kelvin)令$\psi(T)=T$，亦即

$$\frac{Q_L}{Q_H} = \frac{T_L}{T_H} \tag{4-5}$$

方程式(4-5)雖訂出溫度與熱交換量間的函數關係，但仍需選擇參考基準點，始可訂出溫度的「值」，構成一完整的「溫標」。凱爾敏選擇兩個可精確控制的溫度為參考基準點，分別為水的冰點(ice point)與蒸汽點(steam point)。

1. 冰點

在標準一大氣壓之壓力下，液態水、固態水(冰)，及飽和空氣平衡共存之溫度，稱為水的冰點，而訂為0℃。

2. 蒸汽點

在標準一大氣壓之壓力下，液態水與汽態水(水蒸汽)平衡共存之溫度，稱為水的蒸汽點，而訂為100℃。

凱爾敏並以一卡諾機進行實驗，使作用於蒸汽點(T_s)與冰點(T_i)之間，依實驗結果知其熱效率為26.80%，因此

$$\eta_{t,C} = 0.2680 = 1 - \frac{T_i}{T_s}$$

$$或 \quad \frac{T_i}{T_s} = 0.7320$$

又由攝氏溫度知，$T_s - T_i = 100$，故可知以熱力溫標，K，表示時，水的冰點與蒸汽點之溫度分別為

$$T_i = 273.15\,\mathrm{K}\ ;\ T_s = 373.15\,\mathrm{K}$$

依此訂出之熱力溫標，其溫度均為正值，故亦稱為絕對溫標。絕對溫度 K 與攝氏度℃間之關係為

$$T(\mathrm{K}) = T(℃) + 273.15$$

絕對零度(0 K)亦可另予說明如下：

令一卡諾機作用於固定溫度T_H的熱源，與可變溫度T_L的熱槽之間，故其熱效率為

$$\eta_{t,C} = 1 - \frac{Q_L}{Q_H} = 1 - \frac{T_L}{T_H}$$

隨著溫度T_L的降低，熱效率將提高，而排熱量Q_L將減少；當$Q_L \to 0$則$\eta_{t,C} \to 100\%$，而$T_L \to 0$；即此時熱槽之溫度為絕對零度。

4-6　克勞休斯不等式

克勞休斯不等式(inequality of Clausius)為由第二定律推導而得的一個特性關係式，可表示為

$$\oint \frac{\delta Q}{T} \le 0 \tag{4-6}$$

方程式(4-6)意指，對任何一個循環而言，其$\delta Q/T$之循環積分必定小於或等於零，絕不可能大於零。當循環為外可逆循環(如卡諾循環及反向卡諾循環)時，"="號成立；當循環為不可逆時，"<"號成立；若分析結果為">"號，則表示該循環根本不可能存在。

　　目前所用的設備裝置，其循環依功的作用方向可概分為二大類，其一為可產生輸出功的熱機循環，其二為須輸入功的冷凍(或熱泵)循環。

1.　熱機循環

　　假設在高溫熱源T_H與低溫熱槽T_L之間，同時有一可逆熱機(卡諾機)及一不可逆熱機作用，自熱源T_H供給等量的熱Q_H，而分別輸出功W_R與W_I，並分別放出熱量$Q_{L,R}$與$Q_{L,I}$，如圖4-16所示。

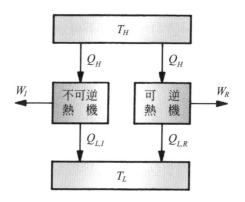

圖4-16　熱機之克勞休斯不等式解說

由方程式(4-5)可得

$$\frac{Q_H}{T_H} = \frac{Q_L}{T_L}$$

式中Q_L係取其絕對值，因係放熱，故若考慮其符號，則上式應寫為

$$\frac{Q_H}{T_H} + \frac{Q_L}{T_L} = 0$$

對可逆熱機(卡諾機)而言，僅兩個等溫過程有熱量的交換，而兩個絕熱過程則無熱量的交換，故

$$\oint_R \frac{\delta Q}{T} = \frac{Q_H}{T_H} + \frac{Q_{L,R}}{T_L} = 0$$

由卡諾原理知，不可逆熱機之熱效率低於可逆熱機之熱效率，即對相同的加熱量Q_H而言，$W_I<W_R$，及$|Q_{L,I}|>|Q_{L,R}|$，故對不可逆熱機而言

$$\oint_I \frac{\delta Q}{T} = \frac{Q_H}{T_H} + \frac{Q_{L,I}}{T_L} < 0$$

因此，對所有的熱機循環而言

$$\oint \frac{\delta Q}{T} \le 0$$

對可逆熱機循環，$\oint(\delta Q/T)=0$；對不可逆熱機循環，$\oint(\delta Q/T)<0$；若$\oint(\delta Q/T)>0$，則為不可能存在的熱機循環。

2. 冷凍機(熱泵)循環

假設在低溫熱源T_L與高溫熱槽T_H之間，同時有一可逆冷凍機(卡諾冷凍機)及一不可逆冷凍機作用，自熱源T_L吸取等量的熱Q_L，分別利用輸入功W_R與W_I的作用，分別將熱量$Q_{H,R}$與$Q_{H,I}$排放至熱槽T_H，如圖4-17所示。

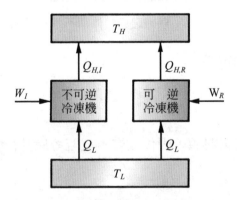

圖4-17 冷凍機之克勞休斯不等式解說

同理，對可逆冷凍機(卡諾冷凍機)而言

$$\oint_R \frac{\delta Q}{T} = \frac{Q_{H,R}}{T_H} + \frac{Q_L}{T_L} = 0$$

由卡諾原理知，不可逆冷凍之性能係數較可逆冷凍機之性能係數爲小，即對相同的吸熱量Q_L而言，$|W_I|>|W_R|$，及$|Q_{H,I}|>|Q_{H,R}|$，故對不可逆冷凍機而言

$$\oint_I \frac{\delta Q}{T} = \frac{Q_{H,I}}{T_H} + \frac{Q_L}{T_L} < 0$$

因此，對所有的冷凍機循環而言

$$\oint \frac{\delta Q}{T} \leq 0 \qquad\qquad\qquad (4\text{-}6)$$

對可逆冷凍機循環，$\oint(\frac{\delta Q}{T}) = 0$；對不可逆冷凍機循環，$\oint(\frac{\delta Q}{T}) < 0$；若$\oint(\frac{\delta Q}{T}) > 0$，則爲不可能存在的冷凍機循環。

4-7　熵、溫－熵圖及焓－熵圖

由熱力學第一定律定義出儲能E，並據以延伸定義了內能、動能、位能，及焓等性質，作爲能量平衡分析之工具。而由熱力學第二定律，亦可定義出另一個甚爲重要的性質－熵，更有助於能量轉換相關問題分析。

目前爲止，配合問題的分析時所使用之性質圖，絕大部分爲壓－容圖或溫－容圖；但有了性質熵之觀念後，若能配合溫－熵圖或焓－熵圖的應用，有時則更具物理意義。

4-7.1　熵

第一章中曾討論，若某一個量x之循環積分爲零，即

$$\oint dx = 0$$

則該量x爲一狀態函數(或點函數)，而爲一熱力性質。

由方程式(4-6)，對一可逆循環而言

$$\oint_R \frac{\delta Q}{T} = 0$$

故$(\frac{\delta Q}{T})$為某一熱力性質之微分,而將該性質定義為熵(entropy),以符號S(外延性質)或s(比性質)代表之,即

$$dS = (\frac{\delta Q}{T})_R \ ; \ ds = (\frac{\delta q}{T})_R \tag{4-7}$$

熱力性質熵亦可依下法予定義。假設在狀態 1 與狀態 2 之間,有a、b、及c三個可逆過程,因而構成$1\overset{a}{\to}2\overset{c}{\to}1$及$1\overset{b}{\to}2\overset{c}{\to}1$兩個可逆循環,如圖 4-18 所示。利用克勞休斯不等式,對此兩個循環可分別表示為

$$\oint \frac{\delta Q}{T} = \int_{1-a}^{2} \frac{\delta Q}{T} + \int_{2-c}^{1} \frac{\delta Q}{T} = 0$$

$$\oint \frac{\delta Q}{T} = \int_{1-b}^{2} \frac{\delta Q}{T} + \int_{2-c}^{1} \frac{\delta Q}{T} = 0$$

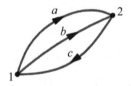

圖 4-18　用以定義熵的兩個可逆循環

比較上述兩式可得

$$\int_{1-a}^{2} \frac{\delta Q}{T} = \int_{1-b}^{2} \frac{\delta Q}{T}$$

由此可知,在相同的兩個狀態 1 與 2 之間,雖然a與b為不同的可逆過程,但其$(\delta Q/T)$的積分結果相等,即$\int(\frac{\delta Q}{T})$僅決定於過程作用的兩個狀態,而與可逆過程之種類無關。故$(\frac{\delta Q}{T})$為某一熱力性質之微分,並予

定義爲熵，即

$$dS = (\frac{\delta Q}{T})_R \; ; \; ds = (\frac{\delta q}{T})_R \tag{4-7}$$

在 SI 單位中，熵之習用單位可由定義中得知爲 kJ/K(S)、或 kJ/kg-K(s)，或 kJ/kmol-K($\bar{s}$)。

當密閉系統內的工作物進行任一可逆過程時，由方程式(4-7)知，熱交換量與當時工作物之絕對溫度的比值，即爲工作物該瞬間熵的改變量；若對該可逆過程進行積分，則可得到該過程造成工作物的熵改變量，即

$$S_2 - S_1 = \int_{1,R}^{2} (\frac{\delta Q}{T}) \; ; \; s_2 - s_1 = \int_{1,R}^{2} (\frac{\delta q}{T}) \tag{4-8}$$

由於絕對溫度T爲正值，故由方程式(4-7)或(4-8)知，對一可逆過程而言，熱量的加入將造成系統(或工作物)熵的增加，熱量的排放將造成熵的減少，若爲絕熱過程，則熵維持固定不變，故可逆絕熱過程又稱爲等熵過程(isentropic process)。對過程中與系統作熱交換之外界而言，其熵的改變(增加或減少)，恰與對系統而言者相反。

方程式(4-7)與(4-8)僅能應用於可逆過程，但對不可逆過程而言，$(\frac{\delta Q}{T})$並非瞬間熵的改變量，而其積分亦不表示過程的熵改變量。

方程式(4-7)可改寫爲

$$\delta Q_R = TdS \; ; \; \delta q_R = Tds \tag{4-9}$$

或將方程式(4-9)對可逆過程積分

$$Q = \int_R TdS \; ; \; q = \int_R Tds \tag{4-10}$$

故知，對可逆過程而言，TdS(或Tds)的積分，即爲該過程的熱交換量；若將該過程繪於溫－熵圖上，則過程下方之面積即代表熱交換量，

此將於稍後再予討論。

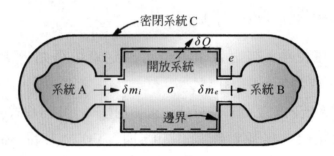

圖 4-19 開放系統熵改變量之分析

其次考慮圖 4-19 所示之開放系統 σ，工作物自外界中的系統 A 由進口 i 流入，進行可逆過程後由出口 e 流至外界中的系統 B，且過程中與其它的外界有熱交換。如圖所示，以邊界 C 定義出密閉系統 C，即系統 C 包括系統 σ、系統 A，及系統 B，則系統 C 與外界之熱交換，等於系統 σ 與外界之熱交換。故系統 C 之熵改變量，由方程式(4-7)知

$$dS_c = (\frac{\delta Q}{T})_{C,R} = (\frac{\delta Q}{T})_{\sigma,R}$$
$$= dS_\sigma + dS_A + dS_B$$

故開放系統 σ 之熵改變量為

$$dS_\sigma = (\frac{\delta Q}{T})_{\sigma,R} - dS_A - dS_B$$

令自系統 A 流入系統 σ 之質量為 δm_i；則 $dS_A = -s_i\delta m_i$；自系統 σ 流入系統 B 之質 δm_e，則 $dS_B = s_e\delta m_e$。故上式可寫為

$$dS_\sigma = (\frac{\delta Q}{T})_{\sigma,R} + s_i\delta m_i - s_e\delta m_e \tag{4-11}$$

方程式(4-11)為開放系統熵改變量之通式；由該式可知，開放系統進

行－可逆過程時，造成熵的改變有兩個因素，其一仍為系統與外界的熱
交換，加熱造成熵的增加，放熱則造成熵的減少；另一為系統與外界的
質量交換，而造成熵的增加或減少，則決定於進出口處工作物的狀態(熵
值)，及流進與流出之工作物的質量大小。

若開放系統具有多個進口與多個出口，則方程式(4-11)可改寫為

$$dS_\sigma = (\frac{\delta Q}{T})_{\sigma,R} + \Sigma s_i \delta m_i - \Sigma s_e \delta m_e \qquad\qquad (4\text{-}12)$$

對一穩態穩流系統而言，$dS_\sigma = 0$；若該系統僅有一個進口及一個出
口，則$\delta m_i = \delta m_e = \delta m$，故方程式(4-11)可寫為

$$(s_e - s_i)\delta m = (\frac{\delta Q}{T})_{\sigma,R}$$

考慮流經系統每單位質量之流量，則

$$s_e - s_i = \int_{i,R}^{e}(\frac{\delta q}{T}) \qquad\qquad (4\text{-}13)$$

方程式(4-13)與方程式(4-8)類似，惟方程式(4-13)表示流體在進口與
出口間熵的改變量，而方程式(4-8)則表示系統在最初狀態與最後狀態間
熵的改變量。

在熱力問題的分析中，通常係考慮某一過程所造成的熵改變量，故
熵值為零的基準狀態可任意選定，而不影響分析的結果。但，若欲將熵
值以列表或圖式的方式表示，則必需訂定熵的絕對值。通常係訂定在絕
對零度下，純質之熵值為零；但本書附表中的蒸汽表，係以 0.01℃下之
飽和液體的熵為零，而大部分的冷媒(如冷媒-12、氨等)，則以 −40℃之
飽和液體的熵為零。

在此等熱力性質表中熵的應用，與比容、內能及焓等之應用完全相
同，故不再贅述。

4-7.2　溫－熵圖

對一可逆過程而言，其熱交換量為

$$Q = \int_R T dS \ ; \ q = \int_R T ds \tag{4-10}$$

故若將該過程繪於溫－熵(T-s)圖上，則過程下面所包含之面積，即為過程的熱交換量。可逆絕熱過程在T-s圖上為一垂直線，故又稱為等熵($s = c$)過程。

卡諾循環係由兩個可逆等溫過程，及兩個可逆絕熱過程所構成，故不論使用何種物質為工作物，將卡諾循環繪於溫－熵圖上，必定為一矩形，如圖 4-20(a)所示。加熱量Q_H為過程 1→2 下面包含之面積，即

$$Q_H = T_H(S_b - S_a)$$

同理，放熱量Q_L為過程 3→4 下面所包含之面積，即

$$Q_L = T_L(S_b - S_a)$$

故卡諾循環之熱效率為$\eta_{t,C}$為

$$\eta_{t,C} = 1 - \frac{Q_L}{Q_H} = 1 - \frac{T_L(S_b - S_a)}{T_H(S_b - S_a)}$$

$$= 1 - \frac{T_L}{T_H}$$

當然，反向卡諾(卡諾冷凍或卡諾熱泵)循環，在溫－熵圖上亦為一矩形，如圖 4-20(b)所示。吸熱量Q_L為過程 1→2 下面所包含之面積，即

$$Q_L = T_L(S_b - S_a)$$

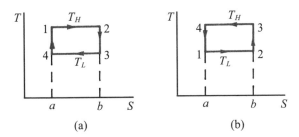

圖 4-20　卡諾循環與反向卡諾循環之溫－熵圖

而放熱量 Q_H 為過程 3→4 下面所包含之面積，即

$$Q_H = T_H(S_b - S_a)$$

故反向卡諾循環之性能係數 $(COP)_C$ 為

$$(COP)_C = \frac{Q_L}{Q_H - Q_L} = \frac{T_L(S_b - S_a)}{T_H(S_b - S_a) - T_L(S_b - S_a)}$$

$$= \frac{T_L}{T_H - T_L}$$

而其性能因數 $(PF)_C$ 為

$$(PF)_C = \frac{Q_H}{Q_H - Q_L} = \frac{T_H(S_b - S_a)}{T_H(S_b - S_a) - T_L(S_b - S_a)}$$

$$= \frac{T_H}{T_H - T_L}$$

　　純質液－汽兩相之溫－熵 $(T\text{-}s)$ 圖，簡示如圖 4-21，而水之溫－熵圖則示於附圖 1。圖 4-21 中 C 為臨界點，其左側之實曲線為飽和液體線，而右側之實曲線為飽和汽體線；飽和曲線左側為壓縮(過冷)液，右側為過熱汽體；飽和曲線內部為濕區域，其內濕汽體之熵值可用飽和液體熵 s_f、飽和汽體熵 s_g，配合乾度 x 表示如下

$$s = (1-x)s_f + xs_g$$

$$= s_f + xs_{fg}$$

$$= s_g - (1-x)s_{fg} \tag{4-14}$$

除了飽和曲線外，溫－熵圖上同時繪出等壓線、等容線、等焓線，及等乾度線等。

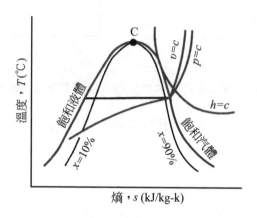

圖 4-21　純質之溫－熵圖

4-7.3　焓－熵圖

焓－熵(h-s)圖又稱爲莫里爾圖(Mollier diagram)，簡示於圖 4-22，而水之焓－熵圖示於附圖 2。圖中除了飽和曲線外，同時繪出等壓線、等溫線，及等乾度線等，但通常並無等容線，爲此圖之缺點。

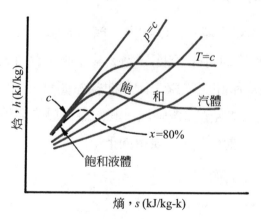

圖 4-22　純質之焓－熵圖

　　將過程繪於h-s圖上，不像繪於T-s圖上具有實質的物理意義，但在若干理想過程的分析中，仍具有其潛在之意義，故h-s圖仍經常被使用。以下舉二個例子說明之。

(1)　若有一穩態穩流系統，流體進行可逆絕熱膨脹(如流經渦輪機)或可逆絕熱壓縮(如流經壓縮機或泵)，並假設進出口間之動能與位能變化均可忽略不計。由第一定律能量方程式知

$$w = h_i - h_e$$

　　　故將該過程繪於h-s圖上為一垂直線，而進出口狀態間之線段的長度，即為兩狀態間焓值之差，亦即為膨脹所輸出之功，或壓縮所需之功。

(2)　若流體穩態穩流地流經一噴嘴，進行可逆絕熱膨脹，且進出口間位能之變化可忽略不計。由第一定律能量方程式知

$$\frac{1}{2}(V_e{}^2 - V_i{}^2) = h_i - h_e$$

　　　故將該過程繪於h-s圖上亦為一垂直線，而進出口狀態間線段之長度，即代表該噴嘴所造成的進出口間動能之增加量。

4-8　熵變化之計算

　　除了可逆絕熱過程外，工作物自某一狀態進行任一過程至另一狀態，均將造成熵的改變。由於在分析能量的使用之有效性時(此將於稍後討論)，需考量工作物因過程所造成的熵變化，故本節將說明如何計算熵之改變量。依工作物進行過程時之狀態範圍予以分為二類，其一為過程中工作物可能有相變化之現象(主要為液相與汽相)，且汽相不得視為理想氣體；其二為在整個過程中，工作物之狀態均可視為理想氣體。

　　第一章曾討論熱力性質表之應用，並將數種純質之熱力性質示於附表 1 至附表 16。此等表中均列有熵值，其應用方法與比容、內能及焓均相同，即首先需以兩個獨立性質定出物質之狀態，再由相關的表中求取熵值，即可計算兩個狀態間的熵改變量。或可在前一節中提及的 T-s 或 h-s 圖上定出狀態點並讀取熵值，再計算熵改變量，惟其結果之精確度通常較使用熱力性質表者為差。

　　以下舉數個例題，說明熵改變量之分析。

【例題 4-15】

　　壓力為 10 MPa 的飽和液體水，在定壓下被加熱變為飽和水蒸汽，試求加熱量及熵的改變量。

解：此過程(1→2)為定壓下的液－汽相變化過程，故溫度亦維持固定，如圖 4-23 所示。

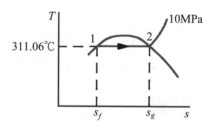

圖 4-23　例題 4-15

　　由第一定律知，等壓過程之熱交換量等於焓的改變量，而對液－汽相變化而言，即為汽化潛熱 h_{fg}，且熵的改變量為 s_{fg}。

　　由附表 2，當 $p = 10$ MPa 時，$h_{fg} = 1317.1$ kJ/kg，而其飽和溫度 $T = 311.06℃$；故

$$q = h_{fg} = 1317.1 \text{ kJ/kg}$$

$$s_2 - s_1 = s_{fg} = \int_1^2 \frac{\delta q}{T} = \frac{q}{T} = \frac{h_{fg}}{T}$$

$$= \frac{1317.1}{311.06 + 273.15} = 2.2544 \text{ kJ/kg-K}$$

此即為附表 2 中，10MPa 壓力下之 s_{fg} 值。

【例題 4-16】

一水桶中裝有溫度為 90℃的熱水 5kg，置於大氣中而致溫度降低到 20℃試求水的熵改變量。

解：在大氣壓力下，水在 20℃至 90℃之溫度範圍內均屬壓縮(過冷)液，但附表 4 中並無此等狀態點，故以相同溫度之飽和液體取代之。

由附表 1，水在 90℃與 20℃之飽和液體熵(s_f)分別為 1.1925 kg/kg-K 及 0.2966 kJ/kg-K ，故

$$S_2 - S_1 = m(S_2 - S_1) = 5 \times (0.2966 - 1.1925)$$
$$= -4.4795 \text{ kJ/K}$$

【例題 4-17】

一往復式活塞－汽缸裝置之壓縮機，將－10℃的冷媒－12 飽和汽體，可逆絕熱地壓縮至 1.6 MPa 之壓力，試求此過程的熵改變量及功。

解：此過程為可逆絕熱或等熵過程，故熵改變量為零。狀態 1 為－10℃之飽和汽體，由附表 7 可得

$$p_1 = 0.2191 \text{ MPa} \; ; \; v_1 = 0.076646 \text{ m}^3/\text{kg}$$

$$h_1 = 183.058 \text{ kJ/kg} \; ; \; s_1 = 0.7014 \text{ kJ/kg-K}$$

$$u_1 = h_1 - p_1 v_1 = 183.058 - (0.2191 \times 10^3) \times 0.076646$$

$$= 166.2649 \text{ kJ/kg}$$

狀態 2 之壓力 $p_2 = 1.6$ MPa，而 $S_2 = S_1 = 0.7014$ kJ/kg-K，大於 1.6 MPa 壓力下的 s_g，故為過熱汽體。由附表 8 可得

$$v_2 = 0.011382 \text{ m}^3\text{/kg}；h_2 = 218.564 \text{ kJ/kg}$$

$$u_2 = h_2 - p_2 v_2 = 218.564 - (1.6 \times 10^3) \times 0.011382$$

$$= 200.3528 \text{ kJ/kg}$$

由第一定律能量方程式，因 $q=0$ 故

$$w = u_1 - u_2 = 166.2649 - 200.3528$$

$$= -34.0879 \text{ kJ/kg}$$

【例題 4-18】

　　一密閉系統內最初裝有壓力為 1.0 MPa 之乾飽和水蒸汽，進行可逆等溫過程膨脹至 500 kPa 之壓力，試求此過程之熱交換量與功。

解：將此過程繪於 T-s 圖上，可知膨脹後之狀態(狀態 2)為過熱蒸汽，如圖 4-24 所示，且斜線部分面積表示熱交換量。

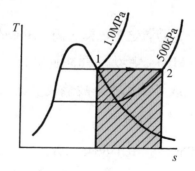

圖 4-24　例題 4-18

狀態 1 為 1.0 MPa 之乾飽和水蒸汽，由附表 2 可得

$T_1 = 179.91℃$

$u_1 = 2583.6 \, kJ/kg$

$s_1 = 6.5865 \, kJ/kg\text{-}K$

狀態 2 之壓力 $p_2 = 500 \, kPa$，溫度 $T_2 = T_1 = 179.91℃$，由附表 3 可得

$u_2 = 2608.8 \, kJ/kg$ ，$s_2 = 6.9599 \, kJ/kg\text{-}K$

熱交換 q 為

$q = T_1(s_2 - s_1) = (179.91 + 273.15) \times (6.9599 - 6.5865)$

$= 169.17 \, kJ/kg$

由第一定律能量方程式可得

$w = q + (u_1 - u_2) = 169.17 + (2583.6 - 2608.8)$

$= 143.97 \, kJ/kg$

【例題 4-19】

在一冷凍系統中，氨汽在 −10℃ 之溫度及 90% 之乾度，以 2 kg/min 之質量流率穩態穩流地進入壓縮機。假設進出口間之動能與位能改變均可忽略不計，試求將氨汽可逆絕熱地壓縮所需之功率，若出口壓力為(1) 1.0 MPa ，(2) 1.4 MPa。

解：此過程為可逆絕熱(等熵)壓縮過程，繪於 $T\text{-}s$ 圖上為一垂直線，而出口狀態可能仍為濕汽體，或為乾飽和汽體，或過熱汽體，視出口之壓力而定，如圖 4-25(a) 所示。

又由穩態穩流系統之第一定律能量方程式知，當

$q=0$，$\Delta KE=\Delta PE=0$時

$w=h_i-h_e$

進口狀態i之溫度$T_i=-10℃$，乾度$x_i=90\%$，由附表5可得

$p_i=290.85\,kPa$

$h_f=135.2\,kJ/kg$，$h_{fg}=1296.8\,kJ/kg$

$s_f=0.5440\,kJ/kg\text{-}K$，$s_{fg}=4.9290\,kJ/kg\text{-}K$

故進口之焓與熵分別為

$h_i=h_f+x_ih_{fg}=135.2+0.9\times1296.8=1302.32\,kJ/kg$

$s_i=s_f+x_is_{fg}=0.5440+0.9\times4.9290=4.9801\,kJ/kg\text{-}K$

(1)$p_e=1.0\,MPa$，$s_e=s_i=4.9801\,kJ/kg\text{-}K$，

由附表5，可得1.0 MPa之壓力下

$h_f=298.32\,kJ/kg$，$h_g=1464.89\,kJ/kg$

$s_f=1.1219\,kJ/kg\text{-}K$，$s_g=5.0367\,kJ/kg\text{-}K$

因$s_e<s_g$，故狀態e為濕蒸汽，如圖4-25(b)所示，其乾度x_e為

$x_e=\dfrac{s_e-s_f}{s_{fg}}=\dfrac{4.9801-1.1219}{5.0367-1.1219}=0.9855$

$h_e=h_f+x_eh_{fg}=298.32+0.9855\times(1464.89-298.32)$

$\quad=1447.97\,kJ/kg$

$\dot{W}=\dot{m}w=\dot{m}(h_i-h_e)=(\dfrac{2}{60})\times(1302.32-1447.97)$

$\quad=-4.855\,kW$

(2) $p_e=1.4\,MPa$，$s_e=s_i=4.9801\,kJ/kg\text{-}K$

由附表5，可得1.4 MPa之壓力下，$s_g=4.9132\,kJ/kg\text{-}K$，因$s_e>s_g$，故狀態$e$為過熱汽體，由附表6可得

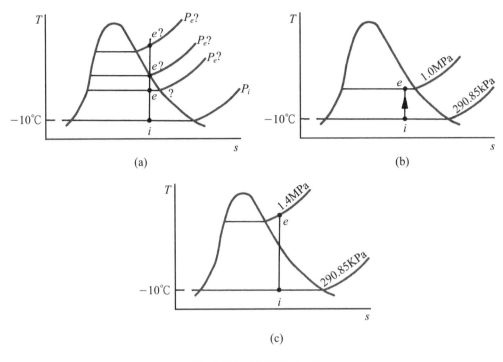

圖 4-25　練習題 4-19

$h_e = 1491.90 \, \text{kJ/kg}$

$\dot{W} = \dot{m}w = \dot{m}(h_i - h_e) = (\dfrac{2}{60}) \times (1302.32 - 1491.90)$

$\quad\quad = -6.319 \, \text{kW}$

　　當工作物可視為理想汽體時，進行過程所造成的熵改變量之分析，
又因其比熱是否可視為常數而不同。首先考慮比熱可視為常數時之分析。
　　因熵為一熱力性質(狀態函數)，故任意兩個狀態間熵的改變量不因
過程的種類或是否為可逆過程而不同；因此可在該兩個狀態之間，以一
個或多個可逆過程進行熵改變量之分析。圖 4-26 所示為，欲求取任意兩

個狀態 1 與 2 間的熵改變量(s_2-s_1)，可將過程 1→2 分別以等壓、等容、及等溫等三個可逆過程中的兩個過程之組合取代之而進行分析，現分述如下：

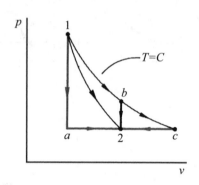

圖 4-26 理想氣壓熵改變量之分析

(1)等容－等壓之組合(過程 1→a→2)

$$s_2-s_1=(s_2-s_a)+(s_a-s_1) \tag{a}$$

過程1→a為等容過程，其熱交換量等於內能之改變量，即

$$\delta q = du = c_v \, dT$$

故過程1→a熵之改變量(s_a-s_1)為，

$$s_a-s_1 = \int_1^a \frac{\delta q}{T} = \int_1^a c_v \frac{dT}{T} = c_v \ell n \frac{T_a}{T_1}$$

$$= c_v \ell n \frac{p_a}{p_1} = c_v \ell n \frac{p_2}{p_1} \tag{b}$$

過程a→2為等壓過程，其熱交換量等於焓之改變量，即

$$\delta q = dh = c_p \, dT$$

故過程a→2 熵之改變量(s_2-s_a)為

$$s_2 - s_a = \int_a^2 \frac{\delta q}{T} = \int_a^2 c_p \frac{dT}{T} = c_p \ell n \frac{T_2}{T_a}$$

$$= c_p \ell n \frac{v_2}{v_a} = c_p \ell n \frac{v_2}{v_1} \tag{c}$$

將式(b)與(c)代入式(a)可得

$$s_2 - s_1 = c_v \ell n \frac{p_2}{p_1} + c_p \ell n \frac{v_2}{v_1} \tag{4-15}$$

⑵等溫－等容之組合(過程 1→b→2)

$$s_2 - s_1 = (s_2 - s_b) + (s_b - s_1) \tag{d}$$

過程1→b為等溫過程，其熱交換量等於功，即

$$\delta q = p dv$$

故過程1→b熵之改變量$(s_b - s_1)$為

$$s_b - s_1 = \int_1^b \frac{\delta q}{T} = \int_1^b \frac{p}{T} dv = \int_1^b R \frac{dv}{v}$$

$$= R \ell n \frac{v_b}{v_1} = R \ell n \frac{v_2}{v_1} \tag{e}$$

過程b→2為等容過程，其熱交換量等於內能之改變量，即

$$\delta q = du = c_v dT$$

故過程b→2熵之改變量$(s_2 - s_b)$為

$$s_2 - s_b = \int_b^2 \frac{\delta q}{T} = \int_b^2 c_v \frac{dT}{T} = c_v \ell n \frac{T_2}{T_b}$$

$$= c_v \ell n \frac{T_2}{T_1} \tag{f}$$

將式(e)與(f)代入式(d)可得

$$s_2 - s_1 = c_v \ell n \frac{T_2}{T_1} + R \ell n \frac{v_2}{v_1} \tag{4-16}$$

(3)等溫－等壓之組合(過程1→c→2)

$$s_2-s_1=(s_2-s_c)+(s_c-s_1) \tag{g}$$

過程 1→c為等溫過程，其熱交換量等於功，即

$$\delta q = p\,dv$$

故過程 1→c 熵之改變量(s_c-s_1)為

$$s_c-s_1=\int_1^c \frac{\delta q}{T}=\int_1^c \frac{p}{T}dv=\int_1^c R\frac{dv}{v}$$

$$=R\ell n\frac{v_c}{v_1}=R\ell n\frac{p_1}{p_c}=-R\ell n\frac{p_2}{p_1} \tag{h}$$

過程c→2為等壓過程，熱交換量等於焓之改變量，即

$$\delta q = dh = c_p\,dT$$

故過程c→2熵之改變量(s_2-s_c)為

$$s_2-s_c=\int_c^2 \frac{\delta q}{T}=\int_c^2 c_p\frac{dT}{T}=c_p\ell n\frac{T_2}{T_c}$$

$$=c_p\ell n\frac{T_2}{T_1} \tag{i}$$

將式(h)與(i)代入式(g)可得

$$s_2-s_1=c_p\ell n\frac{T_2}{T_1}-R\ell n\frac{p_2}{p_1} \tag{4-17}$$

【例題 4-20】

二氧化碳自 100 kPa 被可逆等溫地壓縮至 500 kPa，試求熵之改變量。假設二氧化碳可視為理想氣體，且其比熱為常數(300 K 之值)。

解：由附表 17，二氧化碳之氣體常數$R=0.18892\,kJ/kg\text{-}K$，由方程式 (4-17)，因$T_2=T_1$，故

$$s_2 - s_1 = -R\ell n\frac{p_2}{p_1} = -0.18892\ell n\frac{500}{100}$$
$$= -0.3041 \text{ kJ/kg-K}$$

等溫壓縮過程，必需自工作物移走熱量，故造成熵的減少。

【例題 4-21】

一密閉系統內裝有壓力為 750 kPa，溫度為 30℃的氮氣，以n=1.3的多變過程膨脹至 120 kPa 之壓力。若氮氣可視為理想汽體，且比熱為常數(300 K 之值)，試求熵之改變量。

解：由附表 17，氮氣之氣體常數$R = 0.2968 \text{ kJ/kg-K}$，而定壓比熱$c_p = 1.0416 \text{ kJ/kg-K}$

膨脹後之溫度T_2為

$$T_2 = T_1(\frac{p_2}{p_1})^{(n-1)/n} = (30+273.15)(\frac{120}{750})^{(1.3-1)/1.3}$$
$$= 198.61 \text{ K} = -74.54℃$$

由方程式(4-17)

$$s_2 - s_1 = c_p\ell n\frac{T_2}{T_1} - R\ell n\frac{p_2}{p_1}$$
$$= 1.0416\ell n\frac{198.61}{30+273.15} - 0.2986\ell n\frac{120}{750}$$
$$= 0.1034 \text{ kJ/kg-K}$$

工作物的熵增加，故知過程中有熱量加至系統，此點可由第一定律分析予以證明。

$$w = \frac{R}{n-1}(T_1-T_2) = \frac{0.2968}{1.3-1}\times(30+74.54) = 103.425 \text{ kJ/kg}$$
$$q = (u_2-u_1)+w = c_v(T_2-T_1)+w$$

$$= 0.7448 \times (-74.54 - 30) + 103.425$$

$$= 25.56 \, \text{kJ/kg}$$

【例題 4-22】

0.5kg 的空氣自 120 kPa 之壓力，25℃之溫度，在等壓下被加熱至 90℃，試求熵之改變量，當系統為⑴密閉系統，及⑵穩態穩流系統。

解：假設空氣為理想氣體，且比熱為常數(使用 300 K 之值)。由附表 17 可得，$R = 0.287 \, \text{kJ/kg-K}$ ，$c_p = 1.0035 \, \text{kJ/kg-K}$。

⑴密閉系統：由方程式(4-17)，$p_2 = p_1$，故

$$s_2 - s_1 = m c_p \ell n \frac{T_2}{T_1} = 0.5 \times 1.0035 \ell n \frac{90 + 273.15}{25 + 273.15}$$

$$= 0.09895 \, \text{kJ/K}$$

⑵穩態穩流系統：由第一定律能量方程式

$$\delta q = dh + dKE + dPE + \delta w$$

又由穩態穩流功之方程式

$$\delta w = -v dp - dKE - dPE$$

因此

$$\delta q = dh - v dp = c_p \, dT - v dp$$

故在進口 i 與出口 e 之間，熵之改變量($s_e - s_i$)為

$$s_e - s_i = \int_i^e \frac{\delta q}{T} = \int_i^e c_p \frac{dT}{T} - \int_i^e \frac{v}{T} dP$$

$$= \int_i^e c_p \frac{dT}{T} - \int_i^e R \frac{dp}{p}$$

$$= c_p \ell n \frac{T_e}{T_i} - R \ell n \frac{p_e}{p_i}$$

此方程式與方程式(4-17)形式相同，同理可知，方程式(4-15)至
(4-17)均可用以分析穩態穩流系統進出口狀態間熵之改變量的分
析。在本例題中，因$P_e = P_i$，故

$$s_e - s_i = mc_p \ell n \frac{T_e}{T_i} = 0.5 \times 1.0035 \ell n \frac{90 + 273.15}{25 + 273.15}$$

$$= 0.09895 \text{ kJ/K}$$

其次考慮當工作物為理想氣體，但比熱並非常數，即必需考慮比熱
為溫度之函數時，熵之改變量的分析。第三章第三節曾討論比熱非常數
時，理想氣體之內能u及焓h的分析方法，並以空氣為例，將空氣在絕對
零度時之u值及h值定為零，而表列出多種不同溫度的u值與h值，如附表
18。

任意兩狀態 1 與 2 間之熵差，可表示為

$$s_2 - s_1 = \int_{T_1}^{T_2} c_p \frac{dT}{T} - R \ell n \frac{p_2}{p_1}$$

$$= \int_{T_0}^{T_2} c_p \frac{dT}{T} - \int_{T_0}^{T_1} c_p \frac{dT}{T} - R \ell n \frac{p_2}{p_1}$$

定義標準狀態熵(standard state entropy)，s_T°為

$$s_T^\circ = \int_{T_0}^{T} c_p \frac{dT}{T} \tag{4-18}$$

其中T_0為任意的參考溫度。由方程(4-18)知，s_T°僅為溫度T之函數，
故亦可予以列表。將方程(4-18)代入前式

$$s_2 - s_1 = (s_{T_2}^\circ - s_{T_1}^\circ) - R \ell n \frac{p_2}{p_1} \tag{4-19}$$

故由兩個狀態之壓力與溫度，配合熱力性質表(如附表 18 之空氣性
質)，由方程式(4-19)可計算兩個狀態間之熵差。

【例題 4-23】

一剛性容器內裝有壓力為 100 kPa，溫度為 300 K 之空氣。對空氣加熱，使壓力上升至 500 kPa，試求加熱量及熵之改變量。

(1)假設比熱為常數，使用 300 K 之值。

(2)考慮比熱為溫度之函數，使用空氣性質表。

解：此為一等容過程，故加熱後之溫度 T_2 為

$$T_2 = T_1 \times \frac{p_2}{p_1} = 300 \times \frac{500}{100} = 1500\,\text{K}$$

(1)由第一定律能量方程式，因 $w=0$

$$q = (u_2 - u_1) + w = c_v(T_2 - T_1) + w$$
$$= 0.7165 \times (1500 - 300) + 0 = 859.8\,\text{kJ/kg}$$
$$s_2 - s_1 = c_v \ell n \frac{T_2}{T_1} + R \ell n \frac{v_2}{v_1} = 0.7165 \ell n \frac{1500}{300} + 0$$
$$= 1.1532\,\text{kJ/kg-K}$$

或

$$s_2 - s_1 = c_p \ell n \frac{T_2}{T_1} - R \ell n \frac{p_2}{p_1} = 1.0035 \ell n \frac{1500}{300} - 0.287 \ell n \frac{500}{100}$$
$$= 1.1532\,\text{kJ/kg-K}$$

(2)由附表 18，

$T_1 = 300\,\text{K}$：$u_1 = 214.09\,\text{kJ/kg}$，$s_{T_1}^\circ = 2.5153\,\text{kJ/kg-K}$

$T_2 = 1500\,\text{K}$：$u_2 = 1205.47\,\text{kJ/kg}$，$s_{T_2}^\circ = 4.2585\,\text{kJ/kg-K}$

由第一定律能量方程式：

$$q = (u_2 - u_1) + w = (1205.47 - 214.09) + 0$$

$$= 991.38\,\text{kJ/kg}$$

由方程式 (4-19)

$$\begin{aligned}
s_2 - s_1 &= (s_{T_2}^{\circ} - s_{T_1}^{\circ}) - R\ell n\frac{p_2}{p_1}\\
&= (4.2585 - 2.5153) - 0.287\ell n\frac{500}{100}\\
&= 1.2813\,\text{kJ/kg-K}
\end{aligned}$$

比較⑴與⑵之結果可知，由於本例題之過程其溫度範圍甚廣 (300K～1,500K)，故使用 300 K 之比熱值並視為常數，將造成較大的誤差。

第三章第四節曾討論，比熱可視為常數之理想氣體，進行可逆絕熱過程(等熵過程)，其過程之特性為

$$pv^k = C \tag{3-27}$$

而任意兩個狀態(1 與 2 或i與e)之間，溫度、壓力及比容間之關係為

$$\frac{T_2}{T_1} = (\frac{p_2}{p_1})^{(k-1)/k} = (\frac{v_1}{v_2})^{k-1} \tag{3-30}$$

$$\frac{T_e}{T_i} = (\frac{p_e}{p_i})^{(k-1)/k} = (\frac{v_i}{v_e})^{k-1} \tag{3-39}$$

但若必需考慮比熱為溫度之函數時，則該過程之特性為等熵，而不可視為$pv^k = C$，因k亦為溫度之函數。此外，方程式(3-30)與(3-39)亦不再適用。以下將討論用以取代前述兩個方程式的溫度、壓力、及比容間之關係。

由方程式(4-19)，因$s_2 - s_1 = 0$(即$s = c$)，故

$$\frac{p_2}{p_1} = exp(\frac{s_{T_2}^{\circ} - s_{T_1}^{\circ}}{R}) = \frac{exp(\dfrac{s_{T_2}^{\circ}}{R})}{exp(\dfrac{s_{T_1}^{\circ}}{R})} = \frac{p_{r_2}}{p_{r_1}} \tag{4-20}$$

式中P_r稱為相對壓力(relative pressure)，係定義為

$$p_r = exp(\frac{s_T^\circ}{R})$$

故P_r僅為溫度之函數，而可予以表列(如附表18)；而方程式(4-20)即為兩個狀態間壓力與溫度之間係式。

由理想氣體狀態方程式($pv = RT$)，兩個狀態間比容之比值為

$$\frac{v_2}{v_1} = \frac{p_1}{p_2} \cdot \frac{T_2}{T_1}$$

將方程式(4-20)代入上式可得

$$\frac{v_2}{v_1} = \frac{p_{r_1}}{p_{r_2}} \cdot \frac{T_2}{T_1} = \frac{\dfrac{T_2}{p_{r_2}}}{\dfrac{T_1}{p_{r_1}}} = \frac{v_{r_2}}{v_{r_1}} \tag{4-21}$$

式中v_r稱為相對比容(relative specific volume)，係定義為

$$v_r = \frac{T}{p_r}$$

故v_r亦僅為溫度之函數，而亦可予以表列(如附表18)；而方程式(4-21)即為兩個狀態間比容與溫度之關係式。

【例題 4-24】

壓力為 100 kPa，溫度為 300 K 之空氣，被可逆絕熱地壓縮至 400 K 的溫度，試求最後之壓力與比容。

(1)假設比熱可視為常數。

(2)考慮比熱為溫度之函數。

解：由理想氣體狀態方程式，最初之比容v_1為

$$v_1 = \frac{RT_1}{p_1} = \frac{0.287 \times 300}{100} = 0.861 \text{ m}^3\text{/kg}$$

(1)由方程式(3-30)，最後之壓力p_2及比容v_2分別為

$$p_2 = p_1(\frac{T_2}{T_1})^{k/(k-1)} = 100(\frac{400}{300})^{1.4/(1.4-1)} = 273.71 \text{ kPa}$$

$$v_2 = v_1(\frac{T_1}{T_2})^{1/(k-1)} = 0.861(\frac{300}{400})^{1.4/(1.4-1)} = 0.4194 \text{ m}^3/\text{kg}$$

(2)由附表 18

$$T_1 = 300 \text{ K}：p_{r_1} = 1.3860，v_{r_1} = 144.32$$

$$T_2 = 400 \text{ K}：p_{r_2} = 3.806，v_{r_2} = 70.07$$

由方程式(4-20)

$$p_2 = p_1(\frac{p_{r_2}}{p_{r_1}}) = 100 \times \frac{3.806}{1.3860} = 274.60 \text{ kPa}$$

由方程式(4-21)

$$v_2 = v_1(\frac{v_{r_2}}{v_{r_1}}) = 0.861 \times \frac{70.07}{144.32} = 0.4180 \text{ m}^3/\text{kg}$$

[例題 4-25]

　　一活塞－汽缸裝置內，裝有壓力為 300 kPa，溫度為 600 K 之空氣 1kg，可逆絕熱地膨脹至 100 kPa的壓力，試求最後之溫度及此過程之功。

　(1)假設比熱為常數，使用 300 K 之值。

　(2)考慮比熱為溫度之函數，使用空氣性質表。

解：(1)由方程式(3-30)，最後溫度T_2為

$$T_2 = T_1(\frac{p_2}{p_1})^{(k-1)/k} = 600(\frac{100}{300})^{(1.4-1)/1.4} = 438.36 \text{ K}$$

由第一定律能量方程式，因$Q=0$，故

$$W = m(u_1 - u_2) = mc_v(T_1 - T_2) = 1 \times 0.7165 \times (600 - 438.36)$$

$$= 115.64 \, \text{kJ}$$

(2)由附表 18，$T_1 = 600 \, \text{K}$

$$u_1 = 434.80 \, \text{kJ/kg} \,，\, p_{r_1} = 16.278$$

由方程式(4-20)

$$p_{r_2} = p_{r_1} \cdot \frac{p_2}{p_1} = 16.278 \times \frac{100}{300} = 5.426$$

由附表 18

$$T_2 = 440 + \frac{450 - 440}{5.775 - 5.332} \times (5.426 - 5.332) = 442.12 \, \text{K}$$

$$u_2 = 315.34 + \frac{322.66 - 315.34}{5.775 - 5.332} \times (5.426 - 5.332) = 316.89 \, \text{kJ/kg}$$

由第一定律能量方程式，因 $Q = 0$，故

$$W = m(u_1 - u_2) = 1 \times (434.80 - 316.89)$$

$$= 117.91 \, \text{kJ}$$

【例題 4-26】

空氣在 500 kPa 之壓力，800 K 之溫度，以 10 kg/sec 之質量流率穩定地流入一氣輪機，可逆絕熱地膨脹至 100 kPa 之壓力。假設進出口間動能與位能之變化可忽略不計，試求氣輪機之功率輸出。

(1)假設比熱爲常數，使用 300 K 之值。

(2)考慮比熱爲溫度之函數，使用空氣性質表。

解：(1)由方程式(3-39)，出口之溫度 T_e 爲

$$T_e = T_i \left(\frac{p_e}{p_i}\right)^{(k-1)/k} = 800 \times \left(\frac{100}{500}\right)^{(1.4-1)/1.4} = 505.11 \, \text{K}$$

由穩態穩流系統之第一定律能量方程式，因$q=0$，及$\Delta KE = \Delta PE = 0$，故

$$w = h_i - h_e = c_p(T_i - T_e) = 1.0035 \times (800 - 505.11)$$
$$= 295.92 \text{ kJ/kg}$$

故功率輸出$\dot{W}$為

$$\dot{W} = \dot{m}w = 10 \times 295.92 = 2959.2 \text{ kW}$$

(2)$T_i = 800 \text{ K}$，由附表 18 可得

$$h_i = 821.94 \text{ kJ/kg} \text{，} p_{r_i} = 47.75$$

由方程式(4-20)

$$p_{r_e} = p_{r_i}(\frac{p_e}{p_i}) = 47.75 \times \frac{100}{500} = 9.55$$

由附表 18 可得，$h_e = 521.51 \text{ kJ/kg}$

由第一定律，因$q = 0$，及$\Delta KE = \Delta PE = 0$，故

$$w = h_i - h_e = 821.94 - 521.51 = 300.43 \text{ kJ/kg}$$

故功率輸出$\dot{W}$為

$$\dot{W} = \dot{m}w = 10 \times 300.43 = 3004.3 \text{ kW}$$

【例題 4-27】

空氣在 300 kPa 之壓力，500 K 之溫度以極低之速度穩定地流入一絕熱噴嘴，可逆地膨脹至 100 kPa。若進出口間位能之改變可忽略不計，試求出口之速度。

(1)假設比熱可視為常數，使用 300 K 之值。

⑵考慮比熱為溫度之函數，使用空氣性質表。

解：⑴由方程式(3-39)，出口之溫度T_e為

$$T_e = T_i(\frac{p_e}{p_i})^{(k-1)/k} = 500(\frac{100}{300})^{(1.4-1)/1.4} = 365.30 \text{ K}$$

由穩態穩流系統之第一定律能量方程式，因$q=0$，$V_i=0$，$\Delta PE=0$，及$w=0$，故

$$V_e = [2(h_i-h_e)]^{1/2} = [2c_p(T_i-T_e)]^{1/2}$$

$$= [2 \times 10^3 \times 1.0035 \times (500-365.30)]^{1/2}$$

$$= 519.95 \text{ m/sec}$$

⑵$T_i=500$ K由附表 18 可得

$$h_i = 503.02 \text{ kJ/kg}，p_{r_i} = 8.4111$$

由方程式(4-20)

$$p_{r_e} = p_{r_i}(\frac{p_e}{p_i}) = 8.4111 \times \frac{100}{300} = 2.8037$$

由附表 18 可得，$h_e = 367.86$ kJ/kg

由第一定律，因$q=0$，$V_i \approx 0$，$\Delta PE=0$，$w=0$，故

$$V_e = [2(h_i-h_e)]^{1/2} = [2 \times 10^3 \times (503.02-367.86)]^{1/2}$$

$$= 519.92 \text{ m/sec}$$

4-9　熵增加原理

由方程式(4-7)知，當系統進行一可逆過程時，其熵之改變量$dS=(\frac{\delta Q}{T})_R$，決定於熱交換量與溫度之比值；但若系統所進行者為不可逆

過程，則dS與$\dfrac{\delta Q}{T}$之關係爲何？本節將先說明不可逆過程之熵改變，而後討論密閉系統與開放系統之熵增加原理。

4-9.1　不可逆過程之熵改變

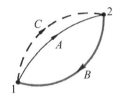

圖 4-27　不可逆過程之熵

如圖 4-27 所示，在狀態 1 與 2 之間，有A與B兩個可逆過程，及不可逆過程C，而形成$1\overrightarrow{A}2\overrightarrow{B}1$及$1\overrightarrow{C}2\overrightarrow{B}1$兩個循環。由克勞休斯不等式知，對可逆循環$1\overrightarrow{A}2\overrightarrow{B}1$

$$\int_{1-A}^{2}\left(\frac{\delta Q}{T}\right)+\int_{2-B}^{1}\left(\frac{\delta Q}{T}\right)=0$$

而對不可逆循環$1\overrightarrow{C}2\overrightarrow{B}1$

$$\int_{1-C}^{2}\left(\frac{\delta Q}{T}\right)+\int_{2-B}^{1}\left(\frac{\delta Q}{T}\right)<0$$

將兩式相減可得

$$\int_{1-A}^{2}\left(\frac{\delta Q}{T}\right)>\int_{1-C}^{2}\left(\frac{\delta Q}{T}\right)$$

因 A 爲可逆過程，而熵爲熱力性質，故

$$\int_{1-A}^{2}\left(\frac{\delta Q}{T}\right)=\int_{1-A}^{2}dS=\int_{1-C}^{2}dS$$

因此

$$\int_{1-C}^{2} dS > \int_{1-C}^{2} (\frac{\delta Q}{T})$$

故對所有的過程，其通式為

$$dS \geq \frac{\delta Q}{T} \text{ 或 } S_2 - S_1 \geq \int_{1}^{2} (\frac{\delta Q}{T}) \tag{4-22}$$

當過程為可逆時，"="號成立，即熵改變完全決定於 $\frac{\delta Q}{T}$；而當過程為不可逆時，">"成立，即熵改變除了決定於 $\frac{\delta Q}{T}$ 外，因不可逆而必定造成熵的「增加」，視不可逆之程度而有不同的增加量。

4-9.2 密閉系統之熵增加原理

如圖 4-28 所示，一密閉系統進行某一過程時，在溫度 T 與溫度為 T_0 之外界有 δQ 之熱交換，並有 δW 之功作用。由方程式(4-22)知，系統之熵改變量 dS_{sys} 為

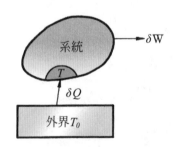

圖 4-28 密閉系統之熵增加原理

$$dS_{sys} \geq \frac{\delta Q}{T}$$

而外界的熵改變量 dS_{surr} 為

$$dS_{surr} = \frac{-\delta Q}{T_0}$$

故熵之淨改變dS_{net}為

$$dS_{net} = dS_{sys} + dS_{surr} \geq \delta Q(\frac{1}{T} - \frac{1}{T_0}) \tag{4-23}$$

由方程式(4-23)知，當$T_0 > T$時，$(\frac{1}{T} - \frac{1}{T_0})$為正值，且$\delta Q$亦為正值；而當$T_0 < T$時，$(1/T - 1/T_0)$為負值，且$\delta Q$亦為負值，故

$$dS_{net} = dS_{sys} + dS_{surr} > 0$$

因此，如第二節中所討論的，若熱交換係在某一溫度差之下進行，則該過程為外不可逆過程。

當$T_0 = T$時，$(1/T - 1/T_0)$為零，或當過程為絕熱時，δQ為零，故由方程式(4-23)知

$$dS_{net} = dS_{sys} + dS_{surr} = 0$$

因此，僅有等溫過程及絕熱過程為可能之外可逆過程，與第二節中所討論者相同。

綜上所述，密閉系統進行任一可能之過程，不論其為可逆或不可逆，系統與作熱交換之外界的熵之淨改變量為

$$dS_{net} = dS_{sys} + dS_{surr} \geq 0 \tag{4-24}$$

或將該密閉系統及與該系統作熱交換之外界，全部設定為一個新的系統，則該系統為一隔絕系統(isolated system)。對該隔絕系統而言，其熵之改變量dS_{isol}為

$$dS_{isol} \geq 0 \tag{4-25}$$

方程式(4-24)或(4-25)即為密閉系統之熵增加原理(principle of the increase of entreopy)。當$dS_{isol} > 0$，為外不可逆過程；當$dS_{isol} = 0$，為外可逆過程；而當$dS_{isol} < 0$，則為不可能存在之過程。

【例題 4-28】

空氣自 200 kPa 的壓力及 100℃ 的溫度，絕熱地膨脹至 100 kPa 的最後壓力，試問該過程為可逆、不可逆、或不可能，若最後之溫度為(1) 50℃，(2) 20℃。假設空氣為理想氣體，且比熱可視為常數(300 K 之值)。

解：此過程為絕熱過程，$dS_{surr}=0$，故 $dS_{net}=dS_{sys}$。

(1)由方程式(4-17)

$$s_2-s_1=c_p\ell n\frac{T_2}{T_1}-R\ell n\frac{p_2}{p_1}$$

$$=1.0035\ell n\frac{50+273.15}{100+273.15}-0.287\ell n\frac{100}{200}$$

$$=0.05457\,\text{kJ/kg-K}>0$$

故此過程為不可逆。

(2)　$s_2-s_1=1.0035\ell n\frac{20+273.15}{100+273.15}-0.287\ell n\frac{100}{200}$

$$=-0.04321\,\text{kJ/kg-K}<0$$

故此過程為不可能。

另解：假設此過程為可逆時(即等熵過程)，則最後之溫度 T_{2s} 為

$$T_{2s}=T_1(\frac{p_2}{p_1})^{(k-1)/k}=(100+273.15)\times(\frac{100}{200})^{(1.4-1)/1.4}$$

$$=306.11\,\text{K}=32.96℃$$

(1)$T_2=50℃>T_{2S}$，故為不可逆過程。

(2)$T_2=20℃<T_{2S}$，故為不可能之過程。

【例題 4-29】

壓力為 100 kPa 為乾飽和水蒸汽，受溫度為 25℃ 的大氣冷卻，在定壓下凝結為飽和液體，試求熵的淨改變量。此過程為可逆或不可逆？

解：由第一定律知，等壓過程之熱交換量等於焓之改變量。由附表 2，水在 100 kPa 之壓力時

$$h_{fg} = 2258.0 \text{ kJ/kg} , \quad s_{fg} = 6.0568 \text{ kJ/kg-K}$$

故系統之熵改變量Δs_{sys}爲

$$\Delta s_{sys} = -s_{fg} = -6.0568 \text{ kJ/kg-K}$$

而外界(大氣)之熵改變量Δs_{surr}爲

$$\Delta s_{surr} = \frac{q_{surr}}{T_0} = \frac{h_{fg}}{T_0} = \frac{2258.0}{25 + 273.15}$$

$$= 7.5734 \text{ kJ/kg-K}$$

因此，熵之淨改變量Δs_{net}爲

$$\Delta s_{net} = \Delta s_{sys} + \Delta s_{surr} = -6.0568 + 7.5734$$

$$= 1.5166 \text{ kJ/kg-K}$$

故此過程爲不可逆可過程。

【例題 4-30】

溫度爲$-20°C$，乾度爲 95%的氨，被絕熱地壓縮至 800 kPa 的最後壓力，試求壓縮後可能之最低溫度。

解：由熵增加原理知，對一絕熱過程而言，不可逆時熵將增加，可逆時熵將維持不變，而熵減少爲不可能。若將可能的過程(可逆及不可逆)繪於T-s圖上，如圖 4-29 所示，可知當過程爲可逆時，即$s_2 = s_1$時，最後的溫度爲最低。

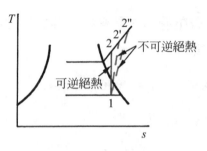

圖 4-29　例題 4-30

由附表 5，氨在 −20℃時

$s_f = 0.3684\,\text{kJ/kg-K}$，$s_{fg} = 5.2520\,\text{kJ/kg-K}$

故乾度為 95%時之值為

$$s_1 = s_f + x_1 s_{fg} = 0.3684 + 0.95 \times 5.2520$$
$$= 5.3578\,\text{kJ/kg-K} = s_2$$

由附表 5 知，S_2 大於 800 kPa 之 s_g，故狀態 2 為過熱汽體。因此，由附表 6 可得

$$T_2 = 40 + \frac{50-40}{5.4053-5.3232} \times (5.3578 - 5.3232)$$
$$= 44.21℃$$

4-9.3　開放系統之熵增加原理

假設一開放系統 σ，具有一個進口 i 及一個出口 e，分別與外界 A、外界 B 進行質量交換，並與另外的外界進行熱交換，如圖 4-30 所示。由方程式(4-11)，開放系統 σ 之熵改變量 dS_σ 為

$$dS_\sigma = (\frac{\delta Q}{T})_{\sigma, R} + s_i \delta m_i - s_e \delta m_e$$

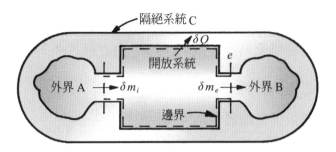

圖 4-30　開放系統之熵增加原理

同理，若將與該過程有關的所有外界視爲系統，即開放系統 σ 爲其外界，則其熵之改變量 dS_{surr} 爲

$$dS_{surr} = (\frac{\delta Q}{T})_{surr,R} + s_e \delta m_e - s_i \delta m_i$$

式中，$(\frac{\delta Q}{T})_{surr,R}$ 爲與開放系統 σ 進行熱交換之外界的熵改變，若以 $(dS)_Q$ 表示之，則上式可寫爲

$$dS_{surr} = (dS)_Q + s_e \delta m_e - s_i \delta m_i \qquad (4\text{-}26)$$

將開放系統 σ、外界 A、外界 B，及與 σ 作熱交換之外界，全部設定爲一個新的系統，如圖 4-30，則此系統爲一隔絕系統，其熵之改變量 dS_{isol} 爲

$$dS_{isol} = dS_\sigma + dS_{surr}$$
$$= (\frac{\delta Q}{T})_{\sigma,R} + (dS)_Q \geq 0 \qquad (4\text{-}27)$$

方程式(4-27)即爲開放系統之熵增加原理；某開放系統進行任一過程時，因熱交換所造成的系統之熵改變量及外界之熵改變量的總和，必定大於零或等於零，不可能小於零。當 $dS_{isol} > 0$，爲外不可逆過程；當

$dS_{isol}=0$，爲外可逆(等溫或絕熱)過程；當$dS_{isol}<0$，爲不可能存在的過程。其結果與密閉系統者完全一致。

若系統爲穩態穩流系統，剛$dS_\sigma = 0$，由方程式(4-24)(4-26)可得

$$dS_{surr} = (dS)_Q + (s_e - s_i)\delta m \geq 0 \tag{4-28}$$

或考慮每單位質量流體

$$(\Delta S)_{surr} = (\Delta S)_q + (s_e - s_i) \geq 0 \tag{4-29}$$

【例題 4-31】

水蒸汽在 500 kPa 之壓力，300℃ 之溫度，穩定地流入一蒸汽輪機，以$pv^{1.45}=C$之過程膨脹至 100 kPa 的出口壓力。假設進出口間動能及位能之改變均可忽略不計，且蒸汽輪機周圍大氣之溫度爲 30℃，試問此過程爲可逆、不可逆，或不可能？

解：由附表 3，水蒸汽在 500 kPa、300℃ 時(進口i)，

$$v_i = 0.5226 \text{ m}^3/\text{kg}，h_i = 3064.2 \text{ kJ/kg}，s_i = 7.4599 \text{ kJ/kg-K}$$

因過程爲$pv^{1.45} = C$，故出口e之比容v_e爲

$$v_e = v_i(\frac{p_i}{p_e})^{1/1.45} = 0.5226(\frac{500}{100})^{1/1.45} = 1.5857 \text{ m}^3/\text{kg}$$

由附表 2，$p = 100$ kPa時

$$v_f = 0.001043 \text{ m}^3/\text{kg}，v_g = 1.6940 \text{ m}^3/\text{kg}$$

$$h_f = 417.46 \text{ kJ/kg}，h_{fg} = 2258.0 \text{ kJ/kg}$$

$$s_f = 1.3026 \text{ kJ/kg-K}，s_{fg} = 6.0568 \text{ kJ/kg-K}$$

故出口e之狀態爲濕蒸汽，其乾度x_e爲

$$x_e = \frac{v_e - v_f}{v_{fg}} = \frac{1.5857 - 0.001043}{1.6940 - 0.001043} = 0.9360$$

$$h_e = h_f + x_e h_{fg} = 417.46 + 0.9360 \times 2258.0 = 2530.95 \text{ kJ/kg}$$

$$s_e = s_f + x_e s_{fg} = 1.3026 + 0.9360 \times 6.0568 = 6.9718 \text{ kJ/kg-K}$$

過程之功爲

$$w = \frac{n}{n-1}(p_i v_i - p_e v_e) = \frac{1.45}{1.45-1}(500 \times 0.5226 - 100 \times 1.5857)$$

$$= 331.02 \text{ kJ/kg}$$

由第一定律能理方程式，熱交換量爲

$$q = (h_e - h_i) + w = (2530.95 - 3064.2) + 331.02$$

$$= -202.23 \text{ kJ/kg}$$

與系統作熱交換之外界的熵改變量$(\Delta s)_q$爲

$$(\Delta S)_q = \frac{-q}{T_0} = \frac{202.23}{(30 + 273.15)} = 0.6671 \text{ kJ/kg-K}$$

由方程式(4-29)

$$(\Delta S)_{surr} = (\Delta S)_q + (s_e - s_i) = 0.6671 + (6.9718 - 7.4599)$$

$$= 0.1790 \text{ kJ/kg-K} > 0$$

故此過程爲外不可逆過程。

【例題 4-32】

一離心式壓縮機吸入壓力爲 100 kPa，溫度爲 300 K 之大氣，以$pv^{1.3} = C$之過程予以壓縮至 500 kPa 之壓力。假設進出口間動能與位能之改變均可忽略不計，試問此過程爲可逆、不可逆，或不可能？

(1)若比熱可視爲常數，使用 300 K 之值。

(2)若考慮比熱為溫度之函數，使用空氣性質表。

解：

$$T_e = T_i(\frac{p_e}{p_i})^{(1.3-1)/1.3} = 300 \times (\frac{500}{100})^{(1.3-1)/1.3}$$

$$= 434.93 \text{ K}$$

$$w = \frac{nR}{n-1}(T_i - T_e) = \frac{1.3 \times 0.287}{1.3-1} \times (300 - 434.93)$$

$$= -167.81 \text{ kJ/kg}$$

(1)由第一定律能量方程式

$$q = (h_e - h_i) + w = c_p(T_e - T_i) + w$$

$$= 1.0035 \times (434.93 - 300) + (-167.81) = -32.41 \text{ kJ/kg}$$

$$(\varDelta S)_q = \frac{-q}{T_0} = \frac{32.41}{300} = 0.1080 \text{ kJ/kg-K}$$

$$s_e - s_i = c_p \ell n \frac{T_e}{T_i} - R \ell n \frac{p_e}{p_i} = 1.0035 \ell n \frac{434.93}{300} - 0.287 \ell n \frac{500}{100}$$

$$= -0.0892 \text{ kJ/kg-K}$$

由方程式(4-29)

$$(\varDelta S)_{surr} = (\varDelta S)_q + (s_e - s_i) = 0.1080 + (-0.0892)$$

$$= 0.0188 \text{ kJ/kg-K} > 0$$

故此過程為外不可逆過程。

(2)由附表 18，$T_i = 300 \text{ K}$ 及 $T_e = 434.93 \text{ K}$ 時

$$h_i = 300.19 \text{ kJ/kg}，s_{T_i}^{\circ} = 2.5153 \text{ kJ/kg-K}$$

$$h_e = 436.45 \text{ kJ/kg}，s_{T_e}^{\circ} = 2.8901 \text{ kJ/kg-K}$$

由第一定律能量方程式

$$q = (h_e - h_i) + w = (436.45 - 300.19) + (-167.81)$$

$$= -31.55 \text{ kJ/kg}$$

$$(\Delta s)_q = \frac{-q}{T_0} = \frac{31.55}{300} = 0.1052 \text{ kJ/kg-K}$$

由方程式(4-19)

$$s_e - s_i = (s_{T_e}^\circ - s_{T_i}^\circ) - R\ell n\frac{p_e}{p_i} = (2.8901 - 2.5153) - 0.287\ell n\frac{500}{100}$$

$$= -0.0871 \text{ kJ/kg-K}$$

由方程式(4-29)

$$(\Delta s)_{surr} = (\Delta s)_q + (s_e - s_i) = 0.1052 + (-0.0871)$$

$$= 0.0181 \text{ kJ/kg-K} > 0$$

故此過程為外不可逆過程。

【例題 4-33】

令溫度為 10℃的水 20kg，與溫度為 80℃的水 10kg，在絕熱的情況下混合，試求熵之總改變量。

解：假設水可視為其溫度下之飽和液體，由附表 1

$$u_1 = 42.00 \text{ kJ/kg}，s_1 = 0.1510 \text{ kJ/kg-K}$$

$$u_2 = 334.86 \text{ kJ/kg}，s_2 = 1.0753 \text{ kJ/kg-K}$$

由第一定律能量平衡知

$$m_1 u_1 + m_2 u_2 = (m_1 + m_2) u_f$$

故混合後之內能 u_f 為

$$u_f = \frac{m_1 u_1 + m_2 u_2}{m_1 + m_2} = \frac{20 \times 42.00 + 10 \times 334.86}{20 + 10}$$

$$= 139.62 \text{ kJ/kg}$$

由附表 1，可得混合後之熵s_f爲

　　$s_f = 0.4822$ kJ/kg-K

故混合過程熵之總改變量ΔS爲

$$\Delta s = (m_1 + m_2)s_f - (m_1 s_1 + m_2 s_2)$$
$$= (20+10) \times 0.4822 - (20 \times 0.1510 + 10 \times 1.0753)$$
$$= 0.693 \text{ kJ/K}$$

因$\Delta s > 0$，故知混合過程爲一不可逆過程。

4-9.4　等熵效率

當密閉系統進行一絕熱過程時，由方程式(4-24)，
因$dS_{surr} = 0$，故

　　$dS_{sys} \geq 0$，故$s_2 - s_1 \geq 0$，或$s_2 - s_1 \geq 0$

當過程爲可逆時，$s_2 = s_1$，即等熵過程；而當過程爲不可逆時，$s_2 > s_1$。

當穩態穩流系統進行一絕熱過程時，由方程式(4-28)，
因$(dS)_Q = 0$，故

　　$s_e - s_i \geq 0$

當過程爲可逆時，$s_e = s_i$，即等熵過程；而當過程爲不可逆時，$s_e > s_i$。

對絕熱過程而言，可逆過程爲性能最佳之過程，故若以可逆絕熱(等熵)過程爲比較之基準，而定出絕熱過程之效率，稱爲等熵效率(isentropic efficiency)，以η_s表示。以下將討論常用的渦輪機、噴嘴，及壓縮機等設備，等熵效率之觀念，惟此等觀念亦可應用於內燃機、泵

及擴散器(diffuser)等。

1.　渦輪機

流體在狀態i流入渦輪機，絕熱地膨脹至一較低的壓力，如圖 4-31 所示，當過程爲可逆時，出口狀態爲$e_s(s_{es}=s_i)$；當過程爲不可逆時，出口狀態爲$e_a(s_{ea}>s_i)$。假設穩態穩流過程，且進出口間動能及位能之改變均可忽略不計，則由第一定律能量方程式，可得可逆絕熱(等熵)之功w_s與不可逆絕熱之功w_a分別爲

$$w_s = h_i - h_{es} \; ; \; w_a = h_i - h_{ea}$$

渦輪機之等熵效率$\eta_{s,t}$係定義爲

$$\eta_{s,t} = \frac{w_a}{w_s} = \frac{h_i - h_{ea}}{h_i - h_{es}} \tag{4-30}$$

若工作流體爲理想氣體，且比熱可視爲常數，則

$$\eta_{s,t} = \frac{T_i - T_{ea}}{T_i - T_{es}} \tag{4-31}$$

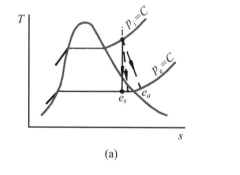
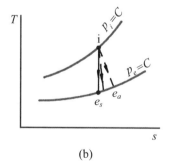

(a)　　　　　　　　　　(b)

圖 4-31　可逆與不可逆絕熱膨脹

【例題 4-34】

水蒸汽在 500 kPa 之壓力，250℃ 之溫度，穩定地流入一蒸汽輪機，絕熱地膨脹至 100 kPa 之壓力與 100℃ 之溫度。假設進出口間之動能及位能改變可忽略不計，試求蒸汽輪機之等熵效率。

解：參考圖 4-31(a)；由附表 3 可得 p_i=500 kPa，T_i=250℃ 時

$h_i = 2960.7\,\text{kJ/kg}$，$s_i = 7.2709\,\text{kJ/kg-K}$。

當過程為可逆時，$s_{es} = s_i = 7.2709\,\text{kJ/kg-K}$。由附表 2 知，狀態 e_s 為濕蒸汽，當 $p_e = 100\,\text{kPa}$ 時

$s_f = 1.3026\,\text{kJ/kg-K}$，$s_{fg} = 6.0568\,\text{kJ/kg-K}$

$h_f = 417.46\,\text{kJ/kg}$，$h_{fg} = 2258.0\,\text{kJ/kg}$

故狀態 e_s 之乾度 x_{es} 為

$$x_{es} = \frac{s_{es} - s_f}{s_{fg}} = \frac{7.2709 - 1.3026}{6.0568} = 0.9854$$

$$h_{es} = h_f + x_{es}h_{fg} = 417.46 + 0.9854 \times 2258.0$$
$$= 2642.49\,\text{kJ/kg}$$

由附表 3，當 $p_e = 100\,\text{kPa}$，$T_{ea} = 100℃$ 時

$h_{ea} = 2676.2\,\text{kJ/kg}$

由方程式(4-30)

$$\eta_{s,t} = \frac{h_i - h_{ea}}{h_i - h_{es}} = \frac{2960.7 - 2676.2}{2960.7 - 2642.49} = 89.41\%$$

【例題 4-35】

空氣在 300 kPa 之壓力及 500 K 之溫度穩定地流入一氣輪機，絕熱地膨脹至 100 kPa 之壓力及 380 K 之溫度。假設進出口間動能及位能之改變均可忽略不計，試求氣輪機之等熵效率。

(1)假設比熱可視為常數，使用 300 K 之值。

(2)考慮比熱為溫度之函數，使用空氣性質表。

解：(1)參考圖 4-31(b)，可逆時出口之溫度 T_{es} 為

$$T_{es} = T_i (\frac{p_e}{p_i})^{(k-1)/k} = 500 \times (\frac{100}{300})^{(1.4-1)/1.4}$$
$$= 365.30 \, K$$

由方程式(4-31)

$$\eta_{s,t} = \frac{T_i - T_{ea}}{T_i - T_{es}} = \frac{500 - 380}{500 - 365.30}$$
$$= 89.09\%$$

(2)由附表 18, $T_i = 500$ K時

$$h_i = 503.02 \, kJ/kg \, , \, p_{ri} = 8.411$$

由方程式(4-20)

$$p_{re} = p_{ri}(\frac{p_e}{p_i}) = 8.411 \times \frac{100}{300} = 2.8037$$

由附表 18 可得

$$h_{es} = 367.32 \, kJ/kg$$

又由附表 18，可得 $T_{ea} = 380$ K時

$$h_{ea} = 380.77 \, kJ/kg$$

由方程式(4-30)

$$\eta_{s,t}=\frac{h_i-h_{ea}}{h_i-h_{es}}=\frac{503.02-380.77}{503.02-367.32}$$
$$=90.09\%$$

---

2. 噴嘴

流體在狀態i流入一噴嘴(nozzle)，絕熱地膨脹至一較低的壓力，參考圖 4-31，當過程爲可逆時，出口狀態爲$e_s(s_{es}=s_i)$；當過程爲不可逆時，出口狀態爲$e_a(s_{ea}>s_i)$。假設穩態穩流過程，進出口間位能之改變可忽略不計，且因噴嘴與外界無功的作用，故由第一定律可得可逆與不可逆時，進出口間動能之改變量分別爲

$$\frac{1}{2}(V_{es}{}^2-V_i{}^2)=h_i-h_{es}$$
$$\frac{1}{2}(V_{ea}{}^2-V_i{}^2)=h_i-h_{ea}$$

噴嘴之等熵效率$\eta_{s,n}$係定義爲

$$\eta_{s,n}=\frac{\frac{1}{2}(V_{ea}{}^2-V_i{}^2)}{\frac{1}{2}(V_{es}{}^2-V_i{}^2)}=\frac{h_i-h_{ea}}{h_i-h_{es}} \tag{4-32}$$

若工作流體爲理想氣體，且比熱可視爲常數，則

$$\eta_{s,n}=\frac{T_i-T_{ea}}{T_i-T_{es}} \tag{4-33}$$

3. 壓縮機

流體在狀態i流入一壓縮機，絕熱地被壓縮至一較高的壓力，如圖 4-32 所示，當過程爲可逆時，出口狀態爲$e_s(s_{es}=s_i)$；當過程爲不可逆時，

出口狀態為$e_a(s_{ea} > s_i)$。假設穩定穩流過程，且進出口間動能與位能之改變均可忽略不計，則由第一定律能量方程式，可得可逆與不可逆所需之功，$w_{in,s}$及$w_{in,a}$分別為

$$w_{in,s} = h_{es} - h_i \; ; \; w_{in,a} = h_{ea} - h_i$$

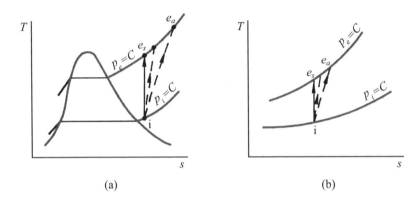

(a)　　　　　　　　(b)

圖 4-32　可逆與不可逆絕熱壓縮

壓縮機之等熵效率$\eta_{s,C}$係定義為

$$\eta_{s,C} = \frac{w_{in,s}}{w_{in,a}} = \frac{h_{es} - h_i}{h_{ea} - h_i} \tag{4-34}$$

若工作流體為理想氣體，且比熱可視為常數，則

$$\eta_{s,C} = \frac{T_{es} - T_i}{T_{ea} - T_i} \tag{4-35}$$

【例題 4-36】

　　冷媒-12 以 −20℃之飽和汽體穩定地流入一壓縮機，絕熱地被壓縮至 800 kPa 之壓力與 60℃之溫度。假設進出口間動能與位能之改變均可忽略不計，試求壓縮機之等熵效率。

解：參考圖 4-32(a)，由附表 7，$T_i = -20°C$ 之飽和汽體

$\quad h_i = 178.61 \text{ kJ/kg}$，$s_i = 0.7082 \text{ kJ/kg-K}$

當過程為可逆時，$s_{es} = s_i = 0.7082 \text{ kJ/kg-K}$，且 $p_e = 800 \text{ kPa}$

故由附表 8 可得

$\quad h_{es} = 208.02 \text{ kJ/kg}$

又由附表 8，當 $p_e = 800 \text{ kPa}$，$T_{ea} = 60°C$ 時

$\quad h_{ea} = 220.558 \text{ kJ/kg}$

由方程式(4-34)

$$\eta_{s,C} = \frac{h_{es} - h_i}{h_{ea} - h_i} = \frac{208.02 - 178.61}{220.558 - 178.61}$$
$$= 70.11\%$$

【例題 4-37】

空氣在 100 kPa 之壓力，300 K 之溫度，穩定地流入一壓縮機，絕熱地被壓縮至 300 kPa 之壓力，420 K 之溫度。假設進出口間動能及位能之改變均可忽略不計，試求壓縮機之等熵效率。

(1)假設比熱可視為常數，使用 300 K 之值。

(2)考慮比熱為溫度之函數，使用空氣性質表。

解：參考圖 4-32(b)。

(1)可逆時出口之溫度 T_{es} 為

$$T_{es} = T_i \left(\frac{p_e}{p_i}\right)^{(k-1)/k} = 300\left(\frac{300}{100}\right)^{(1.4-1)/1.4}$$
$$= 410.62 \text{ K}$$

由方程式(4-35)

$$\eta_{s,C} = \frac{T_{es} - T_i}{T_{ea} - T_i} = \frac{410.62 - 300}{420 - 300}$$

$$= 92.18\%$$

(2)由附表 18，$T_i = 300\,K$ 時

　　$h_i = 300.19\,kJ/kg$，$p_{ri} = 1.3860$

由方程式(4-20)

$$p_{re} = p_{ri}(\frac{p_e}{p_i}) = 1.3860 \times \frac{300}{100} = 4.158$$

由附表 18 可得

　　$h_{es} = 411.26\,kJ/kg$

又由附表 18 可得，$T_{ea} = 420\,K$ 時

　　$h_{ea} = 421.26\,kJ/kg$

由方程式(4-34)

$$\eta_{s,C} = \frac{h_{es} - h_i}{h_{ea} - h_i} = \frac{411.26 - 300.19}{421.26 - 300.19}$$

$$= 91.74\%$$

4-10　有用能及非有用能

　　系統進行任一過程時，不論可逆或不可逆，加於系統或自系統放出之熱量Q，若使用於一外可逆熱機，則可轉換爲功的部分稱爲有用能(available energy)，以Q_{av}表示；則可轉換爲功的部分稱爲非有用能(unavailable energy)，以Q_{unav}表示。因此

$$Q = Q_{av} + Q_{unav}$$

　　故有用能爲外可逆熱機輸出之功，爲熱量Q中可轉換爲功的最大量；而非有用能爲外可逆熱機所排放之熱量，爲熱量Q中所必需排放之熱的最小量。

　　考慮某系統進行一過程1→2時，有熱量Q加於系統，如圖4-33所示，其中(a)爲可逆過程，而(b)爲不可逆過程。令一外可逆熱機(如卡諾熱機)作用於系統之溫度T(自T_1至T_2爲可變溫度)與外界熱槽之溫度T_0之間，則其放熱量即爲非有用能，亦即

$$Q_{unav} = T_0(S_2 - S_1)$$

　　若考慮之過程，熱量係自系統排出(爲負值)，熵改變量爲負值，故有用能及非有用能亦均爲負值，而非有用能仍爲熱槽之(T_0)溫度與熵改變量之乘積。因此，不論過程爲吸熱或放熱，亦不論過程爲可逆或不可逆，非有用能均可表示爲

$$Q_{unav} = T_0 \Delta S \tag{4-36}$$

而有用能Q_{av}爲

$$Q_{av} = Q - Q_{unav}$$

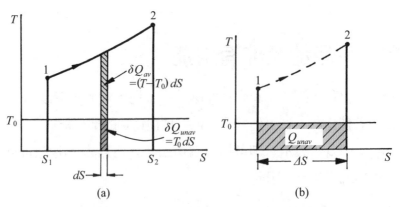

圖 4-33　加入之熱量中的有用與非有用部分

【例題 4-38】

一剛性容器內裝有2 kg的空氣，壓力與溫度分別為 200 kPa 與 1,000 K。若自一溫度為 2,000 K 之熱源，將100 kJ的熱量加於空氣，而外界熱槽之溫度為 500 K，試求(1)自熱源移走之熱量中的有用能與非有用能；(2)空氣所吸收之熱量中的有用能與非有用能。假設空氣為理想氣體，且比熱可視為常數(300 K 之值)。

解：假設熱源(s)之放熱過程及空氣(a)之吸熱過程，均為內可逆過程，則將兩過程繪於一T-S圖上，如圖 4-34 所示，過程下面之面積(熱量)相等。

(1)熱源之熵改變量為ΔS_s為

$$\Delta S_s = \frac{Q}{T_s} = \frac{-100}{2000} = -0.05 \text{ kJ/K}$$

故其非有用能與有用能分別為

$$Q_{unav,s} = T_0 \Delta S_s = 500 \times (-0.05) = -25 \text{ kJ}$$

$$Q_{av,s} = Q - Q_{unav,s} = -100 - (-25) = -75 \text{ kJ}$$

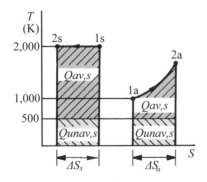

圖 4-34　例題 4-38

(2)由第一定律知

$$Q = m(u_2 - u_1) = mc_v(T_2 - T_1)$$

故加熱後空氣之溫度T_2為

$$T_2 = T_1 + \frac{Q}{mc_v} = 1000 + \frac{100}{2 \times 0.7165} = 1069.78 \text{ K}$$

空氣熵之改變量ΔS_a為

$$\Delta S_a = mc_v \ell n \frac{T_2}{T_1} = 2 \times 0.7165 \ell n \frac{1069.78}{1000} = 0.0967 \text{ kJ/K}$$

故其非有用能與有用能分別為

$$Q_{unav,a} = T_0 \Delta S_a = 500 \times 0.0967 = 48.35 \text{ kJ}$$

$$Q_{av,a} = Q - Q_{unav,a} = 100 - 48.35 = 51.65 \text{ kJ}$$

由以上結果可知，若自熱源將100 kJ之熱量直接應用，其有用能為75 kJ；但若先將該熱量傳至空氣，而後再予以應用，因該不可逆熱傳，造成有用能僅為51.65 kJ，或造成23.35 kJ之非有用能的增加。

【例題 4-39】

一絕熱之密閉剛性容器，其內設有電熱線，使內部的壓力為100 kPa，溫度為 27℃的空氣，溫度上升至 90℃。若外界熱槽之溫度為 27℃，而空氣之比熱可視為常數，試問加入之能量中之有用能及非有用能各為若干？

解：圖 4-35 所示為此加熱過程1→2之T-s圖。欲使加入之能量再轉換為功，需令空氣進行過程2→1，將等量之能量以熱能之形式放出，並應用於外可逆熱機，則其輸出功即為有用能，而放出之熱量則為非有用能。

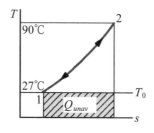

圖 4-35　例題 4-39

由第一定律，過程2→1之放熱量q為

$$q = u_1 - u_2 = c_v(T_1 - T_2) = 0.7165 \times (27 - 90)$$
$$= -45.1395\,kJ/kg$$

熵之改變量為

$$s_1 - s_2 = c_v \ell n \frac{T_1}{T_2} = 0.7165 \ell n \frac{27 + 273.15}{90 + 273.15}$$
$$= -0.1365\,kJ/kg\text{-}K$$

故非有用能q_{unav}為

$$q_{unav} = T_0(s_1 - s_2) = (27 + 273.15) \times (-0.1365)$$
$$= -40.9705\,kJ/kg$$

而有用能q_{av}為

$$q_{av} = q - q_{unav} = -45.1395 - (-40.9705)$$
$$= -4.169\,kJ/kg$$

故知，若將供給電熱線之45.1395 kJ/kg的電能，直接用以驅動全效率之馬達，可獲得等量的功；但若將該能量以電熱傳給空氣，因該不可逆熱傳，將使得有用能(即可再轉換為功的最大值)僅為4.169 kJ/kg，而40.9705 kJ/kg則無法轉換為功。

4-11　可用性及不可逆性

若欲以存在於某狀態的某種物質為工作物，使進行過程，則能量使用效益的評估，通常以可用性(availability)及不可逆性(irreversibility)表示，惟在討論可用性及不可逆性之前，首先需瞭解可逆功(reversible work)或最大功(maximum work)之分析。

4-11.1　可逆功

當工作物所進行之過程為外可逆過程時，其功為作用於相同的兩個狀態之間，所有可能的過程之功中的最大者，故可逆功又稱為最大功。

如圖 4-36(a)所示，流體自進口i流入一系統(CV)，進行一內可逆(無摩擦)過程後，由出口e流出，而過程進行中與溫度為T_0之外界有δQ_{cv}之熱交換，並有δW_{cv}的功作用。但因熱交換係發生於系統之溫度T與外界之溫度T_0的溫度差，故此過程並非外可逆過程，而δW_{cv}並非最大功。因此，若令一外可逆熱機(ERE)作用於溫度T(為一變數)與T_0之間，則該熱機產生δW_E的功，配合δW_{cv}，而有δW_{max}的最大功。

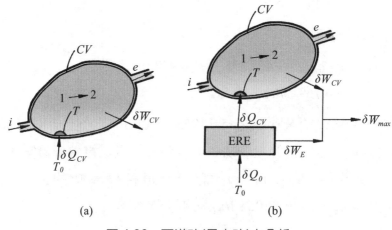

(a)　　　　　　　　　　(b)

圖 4-36　可逆功(最大功)之分析

對可逆熱機而言

$$\frac{\delta Q_o}{T_0} + \frac{\delta Q_{cv}}{T} = 0 \text{ 或 } \delta Q_o = \frac{-T_0}{T}\delta Q_{cv}$$

因此，熱機與外界間作用之功δW_E為

$$\delta W_E = \delta Q_o + \delta Q_{cv} = (1 - \frac{T_0}{T})\delta Q_{cv}$$

當$T_0 > T$，$\delta Q_{cv} < 0$，故$\delta W_E > 0$；當$T_0 < T$，$\delta Q_{cv} > 0$，而$\delta W_E > 0$，亦即，不論熱量係自外界加於系統，或由系統放出至外界中，δW_E永遠為正，或對外作出功。

以下僅討論$T_0 > T$之情況，對系統(CV)而言

$$\delta W_{max} = \delta W_{cv} + \delta W_E = \delta W_{cv} + (\frac{T_0}{T} - 1)\delta Q_{cv}$$

$$= (\delta W - \delta Q)_{cv} + T_0 \frac{\delta Q_{cv}}{T} \tag{a}$$

由開放系統之第一定律能量方程式知

$$(\delta W - \delta Q)_{cv} = -dE_{cv} + (e_i + p_i v_i)\delta m_i - (e_e + p_e v_e)\delta m_e \tag{b}$$

又由開放系統之熵改變量方程式(方程式4-11)知

$$(\frac{\delta Q_{cv}}{T})_R = dS_{cv} + s_e \delta m_e - s_i \delta m_i \tag{c}$$

將式(b)與式(c)代入式(a)可得

$$\delta W_{max} = -dE_{cv} + (e_i + p_i v_i)\delta m_i - (e_e + p_e v_e)\delta m_e + T_0(dS_{cv} + s_e \delta m_e - s_i \delta m_i)$$

$$= -d(E - T_0 S)_{cv} + (e_i + p_i v_i - T_0 s_i)\delta m_i - (e_e + p_e v_e - T_0 s_e)\delta m_e \tag{4-37}$$

或，開放系統(控容cv)之最大功的通式為

$$W_{max} = m_i(h_i + \frac{1}{2}V_i^2 + gZ_i - T_0 s_i) - m_e(h_e + \frac{1}{2}V_e^2 + gZ_e - T_0 s_e)$$

$$- [m_2(u_2 + \frac{1}{2}V_2^2 + gZ_2 - T_0 s_2) - m_1(u_1 + \frac{1}{2}V_1^2 + gZ_1 - T_0 s_1)]_{cv} \tag{4-38}$$

(1)密閉系統

假設系統之動能與位能的改變量均可忽略不計，且因$m_i = m_e = 0$，$m_1 = m_2 = m$，故方程式(4-38)可簡化為

$$W_{max} = m[(u_1 - u_2) - T_0(s_1 - s_2)] \tag{4-39}$$

(2)穩態穩流系統

因 $[m_2(u_2 + \frac{1}{2}V_2{}^2 + gZ_2 - T_0s_2) - m_1(u_1 + \frac{1}{2}V_1{}^2 + gZ_1 - T_0s_1)]_{cv} = 0$，且 $m_i = m_e = m$，故方程式（4-38）可簡化為

$$W_{max} = m[(h_i - h_e) + \frac{1}{2}(V_i{}^2 - V_e{}^2) + g(Z_i - Z_e) - T_0(s_i - s_e)]$$

若考慮流經系統每單位質量工作物，則

$$w_{max} = (h_i - h_e) + \frac{1}{2}(V_i{}^2 - V_e{}^2) + g(Z_i - Z_e) - T_0(s_i - s_e) \tag{4-40}$$

假設流體在進出口間的動能與位能之改變量均可忽略不計，則

$$w_{max} = (h_i - h_e) - T_0(s_i - s_e) \tag{4-41}$$

【例題 4-40】

一密閉系統裝有壓力為300 kPa，溫度為300℃的水蒸汽，以$n = 1.5$之多變過程膨脹至100 kPa之最後壓力。若周圍大氣之溫度為300 K，試求此過程實際的功及最大功。

解：由附表 3，$p_1 = 300$ kPa，$T_1 = 300$℃時

$$v_1 = 0.8753 \text{ m}^3/\text{kg}, \ u_1 = 2806.7 \text{ kJ/kg}, \ s_1 = 7.7022 \text{ kJ/kg-K}$$

$$v_2 = v_1(\frac{p_1}{p_2})^{1/n} = 0.8753 \times (\frac{300}{100})^{1/1.5} = 1.8207 \text{ m}^3/\text{kg}$$

由附表 3，$p_2 = 100\,\text{kPa}$，$v_2 = 1.8207\,\text{m}^2/\text{kg}$時

$\quad u_2 = 2546.20\,\text{kJ/kg}$，$s_2 = 7.4922\,\text{kJ/kg-K}$

此過程實際的功w_a為

$$w_a = \frac{1}{n-1}(p_1 v_1 - p_2 v_2) = \frac{1}{1.5-1}(300 \times 0.8753 - 100 \times 1.8207)$$
$$= 161.04\,\text{kJ/kg}$$

最大功w_{max}，由方程式(4-39)

$$w_{max} = (u_1 - u_2) - T_0(s_1 - s_2)$$
$$= (2806.7 - 2546.20) - 300 \times (7.7022 - 7.4922)$$
$$= 197.5\,\text{kJ/kg}$$

【例題 4-41】

一壓縮機吸入周圍壓力為$100\,\text{kPa}$，溫度為27℃之空氣，以$n=1.3$之多變過程予以壓縮至$300\,\text{kPa}$之壓力。試求壓縮機實際所需之功及最大功。假設空氣之比熱可視為常數，且進出口間動能及位能之改變量均可忽略不計。

解：

$$T_e = T_i\left(\frac{p_e}{p_i}\right)^{(n-1)/n} = (27 + 273.15)\left(\frac{300}{100}\right)^{(1.3-1)/1.3}$$
$$= 386.76\,\text{K} = 113.61℃$$

壓縮機實際所需之功w_a為

$$w_a = \frac{nR}{n-1}(T_i - T_e) = \frac{1.3 \times 0.287}{1.3-1} \times (27 - 113.61)$$
$$= -107.71\,\text{kJ/kg}$$

由方程式(4-41)，最大功w_{max}為

$$w_{max} = (h_i - h_e) - T_0(s_i - s_e)$$

$$= c_p(T_i - T_e) - T_0(c_p \ell n \frac{T_i}{T_e} - R \ell n \frac{p_i}{p_e})$$

$$= 1.0035(27 - 113.61) - (27 + 273.15)$$

$$(1.0035 \ell n \frac{27 + 273.15}{386.76} - 0.287 \ell n \frac{100}{300})$$

$$= -105.19 \, kJ/kg$$

4-11.2　可用性

　　當工作物自某一狀態進行外可逆過程至另一狀態，利用前述之討論可分析該過程的可逆功；最後狀態若不同，則可逆功也不相同。因此，究竟哪一個最後狀態，其可逆功為所有可逆功中的最大？

　　當系統與其外界達到平衡，則除非有外來因素的作用，否則系統不可能發生狀態的改變，或進行過程，亦即不可能再有任何功的作用。因此，若系統自某一狀態進行外可逆過程，達到與外界平衡之狀態，則將有最大可逆功的作用。這個與外界達到平衡的狀態，稱為止息狀態(dead state)，其壓力與溫度通常以p_0與T_0表示。

　　密閉系統可用性係定義為，系統自某一狀態達到止息狀態的最大有用功(maximum useful work)。若考慮單位質量的工作物，由方程式(4-39)知，最大功為

$$w_{max} = (u - T_0 s) - (u_o - T_0 s_o)$$

因部份的功係與外界之間的作用，故最大有用功，即可用性，以ϕ表示，為

$$\phi = w_{max} - w_{外界}$$

$$= [(u - T_0 s) - (u_o - T_0 s_o)] - p_o(v_o - v)$$

$$= (u + p_o v - T_0 s) - (u_o + p_o v_o - T_0 s_o) \tag{4-42}$$

因此，若密閉系統自狀態 1 至狀態 2，則其最大有用功為

$$w_{max\ useful} = \phi_1 - \phi_2$$

穩態穩流系統之可用性係定義為，工作物自某一進口狀態，達到為止息狀態的出口狀態之最大功。考慮流經系統每單位質量工作物，由方程式(4-40)知

$$w_{max} = (h - h_o) + \frac{1}{2}(V^2 - V_o{}^2) + g(Z - Z_o) - T_0(s - s_o)$$

就能量的有效使用而言，最好 $V_o \approx 0$，故上式重新整理後，可得可用性，以 ψ 表示，為

$$\psi = (h + \frac{1}{2}V^2 + gZ - T_0 s) - (h_o + gZ_o - T_0 s_o) \tag{4-43}$$

因此，若工作物以狀態 i 流入系統，再以狀態 e 由系統流出，則其最大功為

$$w_{max} = \psi_i - \psi_e$$

【例題 4-42】

空氣在一密閉系統內，自 300 kPa 之壓力及 200°C 之溫度，以 $n=1.5$ 之多變過程膨脹至 150 kPa 之壓力，若外界之壓力 $p_o=100$ kPa，溫度 $T_0=25$°C，並假設空氣理想氣體，其比熱可視為常數。試求：

⑴空氣在最初狀態之可用性。

⑵空氣在最後狀態之可用性。

⑶此過程之功。

(4)相同的兩個狀態間之最大有用功。

(5)相同的兩個狀態間之最大功。

解：

$$v_0 = \frac{RT_0}{p_0} = \frac{0.287 \times (25 + 273.15)}{100} = 0.8557 \, \text{m}^3/\text{kg}$$

$$v_1 = \frac{RT_1}{p_1} = \frac{0.287 \times (200 + 273.15)}{300} = 0.4526 \, \text{m}^3/\text{kg}$$

$$T_2 = T_1 (\frac{p_2}{p_1})^{(n-1)/n} = (200 + 273.15) \times (\frac{150}{300})^{(1.5-1)/1.5}$$

$$= 375.54 \, \text{K} = 102.39^\circ\text{C}$$

$$v_2 = \frac{RT_2}{p_2} = \frac{0.287 \times 375.54}{150} = 0.7185 \, \text{m}^3/\text{kg}$$

$(1)\phi_1 = (u_1 - u_0) + p_0(v_1 - v_0) - T_0(s_1 - s_0)$

$$= c_v(T_1 - T_0) + p_0(v_1 - v_0) - T_0(c_p \ell n \frac{T_1}{T_0} - R \ell n \frac{p_1}{p_0})$$

$$= 0.7165(200 - 25) + 100(0.4526 - 0.8557)$$

$$- (25 + 273.15)(1.0035 \ell n \frac{200 + 273.15}{25 + 273.15} - 0.287 \ell n \frac{300}{100})$$

$$= 40.91 \, \text{kJ/kg}$$

$(2)\phi_2 = (u_2 - u_0) + p_0(v_2 - v_0) - T_0(s_2 - s_0)$

$$= c_v(T_2 - T_0) + p_0(v_2 - v_0) - T_0(c_p \ell n \frac{T_2}{T_0} - R \ell n \frac{p_2}{p_0})$$

$$= 0.7165(102.39 - 25) + 100(0.7185 - 0.8557)$$

$$- (25 + 273.15)(1.0035 \ell n \frac{375.54}{25 + 273.15} - 0.287 \ell n \frac{150}{100})$$

$$= 7.38 \, \text{kJ/kg}$$

$(3)w = \frac{R}{n-1}(T_1 - T_2) = \frac{0.287}{1.5 - 1} \times (200 - 102.39)$

$$= 56.03 \, \text{kJ/kg}$$

$(4)w_{max \, useful} = \phi_1 - \phi_2 = 40.91 - 7.38$

$$= 33.53 \, \text{kJ/kg}$$

$(5) w_{max} = (u_1 - u_2) - T_0(s_1 - s_2) = c_v(T_1 - T_2)$

$$- T_0(c_p \ell n \frac{T_1}{T_2} - R \ell n \frac{p_1}{p_2})$$

$$= 0.7165(200 - 102.39) - (25 + 273.15)$$

$$(1.0035 \ell n \frac{200 + 273.15}{375.54} - 0.287 \ell n \frac{300}{150})$$

$$= 60.12 \, kJ/kg$$

或　$w_{max} = (\phi_1 - \phi_2) + p_0(v_2 - v_1)$

$$= 33.53 + 100(0.7185 - 0.4526)$$

$$= 60.12 \, kJ/kg$$

【例題 4-43】

水蒸汽在300 kPa之壓力及300℃之溫度，以極低之速度進入蒸汽輪機，以$n = 1.4$之多變過程膨脹100 kPa之出口壓力。若周圍大氣之壓力$p_0 = 100 \, kPa$，溫度T_0=25℃，試求：

(1)水蒸氣在進口處之可用性。

(2)水蒸氣在出口處之可用性。

(3)此過程之功。

(4)在相同的進出口狀態間之最大功。

解：由附表3，在$p_i = 300 \, kPa$ 及 $T_i = 300℃$

$v_i = 0.8753 \, m^3/kg$，$h_i = 3069.3 \, kJ/kg$，$s_i = 7.7022 \, kJ/kg\text{-}K$

當$p_0 = 100 \, kPa$，$T_0 = 25℃$時為壓縮液，故以 25℃ 之飽和液體取代之，由附表 1 得知

$v_0 = 0.001003 \, m^3/kg$，$h_0 = 104.89 \, kJ/kg$，$s_0 = 0.3674 \, kJ/kg\text{-}K$

$$v_e = v_i(\frac{p_i}{p_e})^{1/n} = (0.8753) \times (\frac{300}{100})^{1/1.4} = 1.9185 \, \text{m}^3/\text{kg}$$

當 $p_e = 100 \, \text{kPa}$，$v_e = 1.9185 \, \text{m}^3/\text{kg}$ 時爲過熱蒸汽，由附表 3 可得

$$h_e = 2768.95 \, \text{kJ/kg}，s_e = 7.5947 \, \text{kJ/kg-K}$$

(1) $\psi_i = (h_i - h_0) - T_0(s_i - s_0)$

$\quad = (3069.3 - 104.89) - (25 + 273.15)(7.7022 - 0.3674)$

$\quad = 777.54 \, \text{kJ/kg}$

(2) $\psi_e = (h_e - h_0) - T_0(s_e - s_0)$

$\quad = (2768.95 - 104.89) - (25 + 273.15) \times (7.5947 - 0.3674)$

$\quad = 509.24 \, \text{kJ/kg}$

(3) $w = \dfrac{n}{n-1}(p_i v_i - p_e v_e)$

$\quad = \dfrac{1.4}{1.4-1}(300 \times 0.8753 - 100 \times 1.9185)$

(4) $w_{max} = \psi_i - \psi_e = 777.54 - 509.24$

$\quad = 268.30 \, \text{kJ/kg}$

4-11.3　不可逆性

在任意兩個狀態之間，當過程爲外可逆過程時，其功爲最大；若過程爲不可逆過程，則功必定較可逆功爲小。最大功與實際功之間的差，稱爲不可逆性，以 I 表示，可用以判斷該過程不可逆的程度。

由方程式(4-37)知，最大功爲

$$\delta W_{max} = -d(E - T_0 s)_{cv} + (e_i + p_i v_i - T_0 s_i)\delta m_i$$
$$- (e_e + p_e v_e - T_0 s_e)\delta m_e$$

又由方程式(2-44)知，實際功為

$$\delta W = -dE_{cv} + (e_i + p_i v_i)\delta m_i - (e_e + p_e v_e)\delta m_e + \delta Q$$

因此，不可逆性δI為

$$\delta I = \delta W_{max} - \delta W$$

$$= T_0 dS_{cv} + T_0 s_e \delta m_e - T_0 s_i \delta m_i - \delta Q \tag{4-44}$$

式中δQ為系統與外界之熱交換，故對外界而言，其熱交換$\delta Q_0 = -\delta Q$，故方程式(4-44)可改寫為

$$\delta I = T_0 [dS_{cv} + (s_e \delta m_e - s_i \delta m_i) + \frac{\delta Q_0}{T_0}] \tag{4-45}$$

方程式(4-45)中，dS_{cv}為系統之熵改變量；$(s_e \delta m_e - s_i \delta m_i)$為與系統進行質量交換之外界的熵改變量；而$(\frac{\delta Q_0}{T_0})$為與系統進行熱交換之外界的熵改變量。故若將原來的系統(CV)及與該過程有關的所有外界全體設定為一個新的系統，則該系統為一隔絕系統，由熵增加原理可知，方程式(4-45)可寫為

$$\delta I = T_0 dS_{isol} \geq 0$$

故知，不可逆性I永遠為正值，僅有外可逆過程為零。

將方程式(4-44)積分可得

$$I = T_0 [(m_2 s_2 - m_1 s_1) + (m_e s_e - m_i s_i)] - Q \tag{4-46}$$

⑴密閉系統

因$m_i = m_e = 0$，且$m_1 = m_2 = m$，故方程式(4-46)可簡化為

$$I = m T_0 (s_2 - s_1) - Q \tag{4-47}$$

或對單位質量之工作物而言

$$i = T_0 (s_2 - s_1) - q \tag{4-48}$$

(2)穩態穩流系統

因，$m_1 s_1 = m_2 s_2$，且 $m_i = m_e = m$故方程式(4-46)可簡化爲

$$I = m T_0 (s_e - s_i) - Q \tag{4-49}$$

或對流經系統每單位質量之工作物而言

$$i = T_0 (s_e - s_i) - q \tag{4-50}$$

【例題 4-44】

試求例題 4-42 之過程的不可逆性。

解：由例題 4-42 知，$w = 56.03 \, \text{kJ/kg}$，$w_{max} = 60.12 \, \text{kJ/kg}$，故此過程之不可逆性$i$爲

$$i = w_{max} - w = 60.12 - 56.03$$
$$= 4.09 \, \text{kJ/kg}$$

或由例題 4-42 知，$p_1 = 300 \, \text{kPa}$，$T_1 = 200℃$，$p_2 = 150 \, \text{kPa}$ $T_2 = 102.39℃$，故熵之改變量爲

$$s_2 - s_1 = c_p \ell n \frac{T_2}{T_1} - R \ell n \frac{p_2}{p_1}$$
$$= 1.0035 \ell n \frac{102.39 + 273.15}{200 + 273.15} - 0.287 \ell n \frac{150}{300}$$
$$= -0.0329 \, \text{kJ/kg-K}$$

而此過程之熱交換量q爲

$$q = (u_2 - u_1) + W = c_v(T_2 - T_1) + w$$
$$= 0.7165 \times (102.39 - 200) + 56.03$$
$$= -13.91 \, \text{kJ/kg}$$

由方程式(4-48)，其不可逆性i為

$$i = T_0(s_2 - s_1) - q = (25 + 273.15) \times (-0.0329) - (-13.91)$$

$$= 4.10 \, \text{kJ/kg}$$

【例題 4-45】

試求例題 4-43 之過程的不可逆性。

解：由例題 4-43 知，$w = 176.85 \, \text{kJ/kg}$，$w_{max} = 268.30 \, \text{kJ/kg}$，故此過程之不可逆性$i$為

$$i = w_{max} - w = 268.30 - 176.85$$

$$= 91.45 \, \text{kJ/kg}$$

或由例題 4-43 知，$h_i = 3069.3 \, \text{kJ/kg}$，$s_i = 7.7022 \, \text{kJ/kg-K}$，$h_e = 2768.95$ kJ/kg，$s_e = 7.5947 \, \text{kJ/kg-K}$，故此過程之熱交換量$q$為

$$q = (h_e - h_i) + w = (2768.95 - 3069.3) + 176.85$$

$$= -123.50 \, \text{kJ/kg}$$

因此，由方程式(4-50)，其不可逆性i為

$$i = T_0(s_e - s_i) - q = (25 + 273.15) \times (7.5947 - 7.7022)$$

$$- (-123.50)$$

$$= 91.45 \, \text{kJ/kg}$$

4-12　第二定律效率

在任意兩個狀態之間，理論上可有無限多的過程作用，包括可逆與不可逆可過程；若為可逆過程，其功為最大，若為不可逆過程，其功較

可逆功爲小，而其間之差異以不可逆性表示。若以可逆過程之可用性爲比較之基準，所定義出之效率稱爲第二定律效率(second-law effi-ciency)，以η_{II}表示。

依所分析之過程(或使用之設備)爲產生輸出功或消耗輸入功等兩種不同的情況，而第二定律效率之定義亦不同，期最高效率爲100%，而最低效率爲零。

(1)產生輸出功之設備(如內燃機、蒸汽輪機等)

第二定律效率係定義爲過程之實際功，與作用於相同狀態之間最大功的比值，即

$$\eta_{\mathrm{II}} = \frac{w}{w_{max}} = 1 - \frac{i}{w_{max}} \tag{4-51}$$

(2)消耗輸入功之設備(如壓縮機、泵等)

第二定律效率係定義爲，作用於相同狀態之間的最大功，與過程之實際功的比值，即

$$\eta_{\mathrm{II}} = \frac{w_{max}}{w} \tag{4-52}$$

【例題 4-46】

試求例題 4-42 之過程的第二定律效率。

解：由例題 4-42 知，$w = 56.03\,\mathrm{kJ/kg}$，$w_{max} = 60.12\,\mathrm{kJ/kg}$，故此過程之第二定律效率爲

$$\eta_{\mathrm{II}} = \frac{w}{w_{max}} = \frac{56.03}{60.12} = 93.20\%$$

或由例題 4-44 知，$i = 4.09\,\mathrm{kJ/kg}$，故第二定律效率爲

$$\eta_{\text{II}} = 1 - \frac{i}{w_{max}} = 1 - \frac{4.09}{60.12} = 93.20\%$$

【例題 4-47】

試求例題 4-43 之過程的第二定律效率。

解：由例題 4-43 知，$w = 176.85\,\text{kJ/kg}$，$w_{max} = 268.30\,\text{kJ/kg}$，故此過程之第二定律效率為

$$\eta_{\text{II}} = \frac{w}{w_{max}} = \frac{176.85}{268.30} = 65.92\%$$

或由例題 4-45 知，$i = 91.45\,\text{kJ/kg}$，故第二定律效率為

$$\eta_{\text{II}} = 1 - \frac{i}{w_{max}} = 1 - \frac{91.45}{268.30} = 65.92\%$$

練習題

1.　某理想氣體在一密閉系統內進行一等溫過程，試證明加入之熱量全部轉換為功輸出。

此過程是否違反第二定律之凱爾敏－普蘭克解說？為什麼？

2.　一卡諾機自溫度為 550 K 之熱源吸熱，產生 750 kJ的功，並將部分的熱量排出至溫度為 300 K 的外界空氣。試求卡諾機之熱效率、自熱源供給之熱量，及自卡諾機排出之熱量。

3.　一發明家宣稱已研究出一種熱機，自溫度為 400 K 的熱源供給 800 kJ之熱量，可產生 250 kJ的輸出功，而其餘熱量排出至溫度為 300 K 熱槽。您認為他的宣稱是否合理？為什麼？

4. 一熱機自溫度為 1,000 K 之熱源吸收 325 kJ的熱量，而熱量排出至溫度為 400 K的熱槽，並產生 200 kJ的輸出功。(1)此循環為可逆、不可逆，或不可能？為什麼？(2)若希望該熱機循環為可逆，則熱槽之溫度為若干？

5. 某人向標準局提出冷凍裝置的專利申請案，其說明書謂，該裝置作用於溫度為 25℃的室內，可將冷凍空間維持於−10℃的溫度，而該裝置之COP為 9.0。若您是審查委員，您的審查意見如何？

6. 與練習 5 相同，僅申請者謂其冷凍裝置之COP為 8.5。(1)您對該申請案的審查意見如何？(2)依您之見，該冷凍裝置可將冷凍空間維持之最低溫度為若干？

7. 有一COP為 1.8 之冷凍機，每分鐘自某冷凍空間移走 90 kJ的熱量，而排放熱量至溫度為 27℃之外界空氣。(1)冷凍機消耗之功率為若干kW？(2)冷凍機每分鐘排放之熱量為若干？(3)此冷凍機可將冷凍空間維持之最低溫度為若干？

8. 當外面溫度為−4℃時，一卡諾熱泵可將室內維持於 21℃。若該房室每小時有75,000 kJ之熱量損失至外界，試求該熱泵之性能因數、所需之功率、及每小時自外界吸收之熱量。

9. 當外面氣溫為−10℃時，欲以一卡諾熱泵將室內維持於 25℃，而每秒有50 kJ的熱量損失至大氣，則該熱泵之性能因數為若干？又熱泵所需之功率最少為若干？

10. 一卡諾熱機作用於溫度為 200℃的熱源與大氣之間，而輸出之功用以驅動一作用於溫度為−30℃的冷凍空間與大氣之間的卡諾冷凍機。若大氣溫度為 30℃，試求自熱源供給的熱量與自冷凍空間吸收的熱量之比值。

11. 一卡諾熱機作用於溫度為300℃的熱源與溫度為25℃的大氣之間，其輸出之功用以帶動一卡諾冷凍機，而將某空間予以冷凍降溫。若高溫熱源供給之熱量與自該空間移走之熱量的比值為 0.70，則該空間可達到之最低溫度為若干？

12. 一卡諾熱機作用於溫度為 500 K 的熱源與溫度為 300 K 的大氣之間，其輸出之功恰足以帶動一作用於大氣與冷凍空間之間的卡諾冷凍機。若自熱源供給之熱量與自冷凍空間移走之熱量的比值為 1.1，則該冷凍空間可維持之溫度為若干？

13. 以一卡諾冷凍機自某空間移走 1,000 kJ/hr 之熱量，而可予以維持於 0℃，再將熱量排出至溫度為 25 ℃的大氣。冷凍機所需之功率係由一卡諾熱機所供給，而該熱機係作用於溫度為 300 ℃的熱源與大氣之間。試求熱源必需供給熱機之熱量。

14. 一卡諾熱機自溫度為 750 K 之熱源吸熱，而排熱至溫度為 300 K 之大氣。熱機之輸出功用以帶動一卡諾冷凍機，而可自溫度為260 K 之冷凍空間移走400 kJ/min的熱量，再排熱至大氣。試求⑴供給至熱機之熱量，⑵排放至大氣之總熱量。

15. 一冷暖兩用之空調機，在夏季與冬季可分別提供冷房與暖房，而將室內常年維持於25℃。對室內外每一度的溫度差，透過房屋之結構有2,500 kJ/hr之熱傳率。⑴當冬季室外溫度為 5℃時，該空調機所需之最小功率為若干？⑵若輸入功率與⑴者相同，則該空調機在仍可滿足需求條件下，室外可能之最高溫度為若干？

16. 冷媒-12 在 95℃之溫度，10%之乾度，以2 kg/sec之質量流率穩定地流入一熱交換器，而後在相同壓力下以飽和汽體流出。冷媒-12 汽化所需之熱量，係由一作用於冷媒之溫度與 10℃ 之間的熱泵所供給。試求熱泵所需之最小功率。

17. 有一質量爲 1.5 kg 的銅塊，最初溫度爲 700 K，置於大氣中最後被冷卻至與大氣相同的溫度 300 K。試求銅塊之熵改變量，及銅塊與大氣之熵總改變量。假設銅塊之比熱爲0.39 kJ/kg-K。

18. 已知水在 150 kPa 之壓力下的若干飽和性質如下：$T_{sat} = 111.37°C$，$u_f = 466.94$ kJ/kg，$u_g = 2,519.7$ kJ/kg，$h_f = 467.11$ kJ/kg，$h_g = 2,693.6$ kJ/kg。若水在該壓力下，自飽和液體被加熱至飽和汽體，則加熱量及熵之改變量各爲若干？

19. 一活塞—汽缸裝置內裝有 2.0 kg 的溫度爲 50°C 之飽和液體水，進行可逆等溫過程達到 10 kPa 之壓。試求此過程之熱交換量及功。

20. 一活塞—汽缸裝置最初裝有壓力爲 4 MPa，溫度爲 300°C 的空氣，容積爲 0.5 m³，以可逆等溫過程膨脹至 100 kPa 之壓力。假設空氣之比熱可視爲常數，試求：(1)空氣之熵改變量，(2)此過程之功。

21. 一活塞—汽缸裝置內，最初裝有壓力與比容分別爲p_1與v_1的某理想氣體(假設比熱爲常數)，進行過程達到T_2的最後溫度。若該過程爲可逆絕熱時，其功以w_s表示；若該過程爲等壓時，則其功以w_p表示。(1)將該兩個過程同時繪於p-v圖及T-s圖上，(2)試求 w_s 與 w_p 之比值，且僅以等熵指數k表示。

22. 一活塞—汽缸裝有 1.5 kg 的摩爾質量爲 30 之某理想氣體(假設比熱爲常數)，其等熵指數k爲 1.4。若最初之溫度爲 300 K，而以$n = 1.3$之多變過程被壓縮，直到最後的容積爲最初的容積之 1/2。試求：(1)此過程之功與熱交換量，(2)該氣體之熵改變量。

23. 空氣在一活塞—汽缸裝置內，自 100 kPa 之壓力與 25°C 之溫度，被壓縮至1.0MPa的最後壓力。試將下列諸過程同時繪於p-v及T-S圖上，並分別求過程之功、熱交換量，及空氣之熵改變量。假設空氣之比熱可視爲常數。(1)多變過程，$n = 1.35$，(2)可逆等溫過程，

(3)可逆絕熱過程。

24. 一活塞—汽缸裝置內最初裝有壓力為 1.0 MPa，溫度為 400 K(狀態 1)之空氣，在定壓下膨脹至容積成為二倍(狀態 2)。自狀態 2 在定容下被冷卻至狀態 3，而後以一等溫過程返回狀態 1 而完成一個循環。假設空氣之比熱可視為常數(300 K 之值)。(1)將此循環繪於 p-v 及 T-s 圖，(2)試求每一過程空氣之熵改變量，並檢視是否滿足 $\oint ds=0$，(3)試求此循環之熱效率。

25. 一活塞—汽缸裝置內最初裝有壓力為 200 kPa，溫度為 27℃(狀態 1)之某理想氣體，進行一等溫過程直至壓力達到 100 kPa(狀態 2)，而後在定壓下膨脹至容積成為狀態 2 之容積的兩倍(狀態 3)，最後以 p-v 圖上為一直線的過程返回狀態 1 而完成一個循環。假設該理想氣體之比熱可視為常數，且 c_p=1.003 kJ/kg-K，c_v=0.715 kJ/kg-K。(1)將此循環繪於一 p-v 圖上，(2)試求每一過程之功、熱交換，及氣體之熵改變量，(3)試檢視分析之結果是否滿足第一定律。

26. 一活塞—汽缸裝置內最初裝有溫度為 20℃，比容為 0.24 m³/kg(狀態 1)之某理想氣體，進行一等溫過程直到比容為 0.12 m³/kg(狀態 2)，而後在定壓下膨脹至比容為 0.36 m³/kg(狀態 3)，最後以在 p-v 圖上為一直線的過程返回狀態 1 而完成一個循環。假設該理想氣體之比熱可視為常數，且 c_p=1.005 kJ/kg-K，c_v=0.716 kJ/kg-K。(1)將此循環繪於一 p-v 圖上，(2)試求狀態 1 與狀態 2 之壓力，以 kPa 表示，(3)試求每一過程之功、熱交換，及氣體熵之改變量，(4)試檢視分析之結果是否滿足第一定律。

27. 空氣在一活塞—汽缸裝置內，自 1.0 MPa 之壓力及 500 K 之溫度，可逆絕熱地膨脹至 100 kPa 的壓力。試求此過程的功，及最後空氣之溫度，若(1)空氣之比熱可視為常數(300 K 之值)，(2)空氣之比熱為溫度之函數。

28. 空氣在一活塞—汽缸裝置內，自 100 kPa 之壓力及 40℃之溫度，以$n = 1.3$之多變過程被壓縮至 400 kPa 的壓力。試求此過程之熱交換量，及空氣之熵改變量，若(1)空氣之比熱可視為常數(300 K 之值)，(2)空氣之比熱為溫度之函數。

29. 空氣自 150 kPa 之壓力及 300 K 之溫度，進行某一過程達到 750 kPa 的壓力與 400 K 的溫度。試求空氣的熵改變量，若(1)空氣之比熱可視為常數(300 K 之值)(2)空氣之比熱為溫度之函數。

30. 空氣自 101 kPa 之壓力及 300 K 之溫度，可逆絕熱地被壓縮至 870 K 之溫度。試求最後的壓力，若(1)空氣之比熱可視為常數(300 K 之值)，(2)空氣之比熱為溫度之函數。

31. 溫度為 90℃的水 10 kg，與溫度為 10℃的水 20 kg 混合，試求水的熵總改變量。(1)假設水的比熱可視為常數，為 4.18 kJ/kg-K，(2)使用水之性質表。

32. 自蒸汽輪機抽出的壓力為 1 MPa，溫度為 250℃之水蒸汽，流入一開放式飼水加熱器(feedwater heater)，與來自水泵的壓力為 1 MPa，溫度為 50℃之飼水混合。若離開加熱器的水之壓力為 1 MPa，溫度為 150℃，而質量流率為 2 kg/sec，試求熵之改變率，以 kJ/K-sec 表示。

33. 水蒸汽在 1 MPa 之壓力，300℃之溫度，穩定地流入一絕熱渦輪機，可逆地膨脹至 100 kPa 的出口壓力。若渦輪機之功率輸出為 10,000 kW，則水蒸汽之質量流率為若干？

34. 水蒸汽在 4.0 MPa 之壓力，400℃之溫度，以極低的速度穩定地流入一蒸汽輪機，以$n = 1.3$之多變過程膨脹至 0.1 MPa 的壓力。若出口的截面面積為 0.4 m^2，而水蒸汽之質量流率為 20,000 kg/hr，試求：(1)蒸汽輪機的功率輸出，(2)此過程之熱交換率，(3)水蒸汽之熵改變量。

35. 水蒸汽在 1.0 MPa 之壓力及 300℃ 之溫度，絕熱地在蒸汽輪機膨脹至 0.1 MPa 之壓力。在輪機的設計上，要求排出之水蒸汽的乾度不得小於 90%，以防止對輪機葉片造成侵蝕。試問前述之膨脹過程是否滿足要求？為什麼？

36. 水蒸汽在 1.0 bar 之壓力及 100℃ 之溫度，穩定地流入一設備，被壓縮至 10 bar 之壓力及 200℃ 之溫度後流出。若壓縮所需之功為 400 kJ/kg，而外界之溫度為 27℃，試求：(1)此過程之熱交換量，(2)水蒸汽之熵改變量，(3)此過程之熵總改變量。

37. 水蒸汽在 1.4 MPa 的壓力及 400℃ 的溫度，以極低的速度穩定地流入一噴嘴，可逆絕熱地膨脹至 100 kPa。試求：(1)噴嘴出口之速度，(2)水蒸汽之質量流率，若噴嘴出口之截面面積為 0.01 m^2。

38. 水蒸汽在 4.0 MPa 的壓力及 400℃ 的溫度，以極低的速度穩定地流入一噴嘴，以 $n = 1.3$ 之多變過程膨脹至 0.1 MPa 的出口壓力。若水蒸汽之質量流率為 4,000 kg/hr，試求：(1)此過程之熱交換量，以 kJ/kg 表示，(2)噴嘴出口之截面面積，以 cm^2 表示，(3)水蒸汽每 kg 之熵改變量。

39. 空氣在 1.0 MPa 之壓力及 500 K 之溫度，穩定地流入一氣輪機，可逆絕熱地膨脹至 0.1 MPa 之壓力。試求此過程之功，若(1)空氣之比熱可視為常數(300 K 之值)，(2)空氣之比熱為溫度之函數(使用空氣性質表)。

40. 某理想氣體在 10 MPa 之壓力及 800℃ 之溫度，穩定地流入一氣輪機，以 $n = 1.5$ 之多變過程膨脹至 1 MPa 之壓力。進口與出口之截面面積分別 0.2 m²為0.5 m²與 。若該理想氣體之摩爾質量為 30，比熱可視為常數，而等熵指數 $k = 1.4$，其質量流率為 500 kg/sec，試求此過程之功與熱交換量，以 kJ/kg 表示。

41. ⑴空氣在 0.1 MPa 之壓力及 25℃ 之溫度，以 500 kg/sec 之質量流率穩定地流經一離心式壓縮機，可逆絕熱地被壓縮至 5 MPa 之壓力。假設進口的速度極低，而出口之截面面積為 0.1 m²，試求所需之功率，以 MW 表示，⑵若將⑴之過程改為可逆等溫過程，則功率及熱交換率各為若干？以 MW 表示。

42. 空氣在 600 kPa 之壓力及 200℃ 之溫度，以 30 m/sec 之速度穩定地流入一絕熱噴嘴，可逆地膨脹至 150 kPa 之壓力。若空氣之質量流率為 1.2 kg/sec，而其比熱可視為常數，試求噴嘴之出口速度及出口截面面積。

43. 空氣在 5.0 MPa 之壓力及 800 K 之溫度，以極低的速度穩定地流入一噴嘴，可逆絕熱地膨脹至 0.2 MPa 之壓力。試求出口之速度，若⑴空氣之比熱可視為常數，使用 300 K 之值，⑵空氣之比熱為溫度之函數，使用空氣性質表。

44. 空氣在 1.4 MPa 的壓力及 420 K 的溫度，以極低之速度穩定地流入一噴嘴，可逆絕熱地膨脹至 700 kPa 之壓力。試求空氣在噴嘴出口處之溫度及速度，若⑴空氣之比熱可視為常數，使用 300 K 之值，⑵空氣之比熱為溫度之函數，使用空氣性質表。

45. 空氣在 500 kPa 之壓力及 400 K 之溫度，以極低的速度穩定地流入一噴嘴，可逆地膨脹至 100 kPa 之壓力，由截面面積為 10 cm²的出口流出。試求空氣在出口處的溫度、速度，及質量流率，若⑴空氣之比熱可視為常數，使用 300 K 之值，⑵空氣之比熱為溫度之函數，使用空氣性質表。

46. 某人提出一個壓縮機的設計案，謂可將空氣自 0.1 MPa 之壓力及 25℃ 之溫度，絕熱地壓縮至 1.0 MPa 之壓力及 250℃ 之溫度。你對此設計案之評估如何？假設空氣之比熱可視爲常數。

47. 空氣在 0.1 MPa 之壓力及 300 K 之溫度穩定地流入壓縮機，以 $n = 1.3$ 之多變過程被壓縮至 1 MPa 之壓力。試求此過程之功、熱交換，及空氣的熵改變，並判斷該過程爲可逆、不可逆，或不可能，若周圍大氣之溫度爲 300 K，且(1)空氣之比熱可視爲常數，使用 300 K 之值，(2)空氣之比熱爲溫度之函數，使用空氣性質表。

48. 空氣在 0.1 MPa 之壓力及 300 K 之溫度穩定地流入一離心式壓縮機，可逆絕熱地被壓縮至 1.0 MPa 之壓力。試求此過程之功及空氣在出口處之溫度，若(1)空氣之比熱可視爲常數，使用 300 K 之值，(2)空氣之比熱爲溫度之函數，使用空氣性質表。

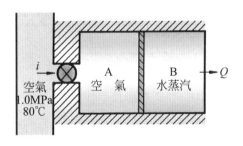

圖 4-37　練習題 49

49. 如圖 4-37 所示，一個除了一端部外全周面均爲絕熱的容器，最初以一無摩擦的絕熱隔板分隔爲容積均爲 1.0 m³ 之 A 與 B 兩部分，A 裝有壓力爲 0.1 MPa，溫度爲 27℃ 之空氣，而 B 裝有壓力爲 0.1 MPa，溫度爲 200℃ 之水蒸汽。該容器以閥連接至壓力爲 1.0 MPa，溫度爲 80℃的壓縮空氣源。將閥打開，使壓縮空氣流入 A，將隔板向右推動，且自水蒸汽移走熱量，使水蒸汽的溫度維持固定。當容器內的壓力達到 1.0 MPa 時，將閥關閉，試求移走之熱量，及流入A之空氣的質量。假設空氣之比熱可視爲常數(300 K之值)。

50. 如圖 4-38 所示，一個絕熱的容器最初以一無摩擦之絕熱隔板分隔爲 A 與 B 兩部分；A 之容積爲 1 m³，裝有壓力爲 1.0 MPa，溫度爲 300℃之水蒸汽；B 之容積爲2 m³，裝有壓力爲 1.0 MPa，溫度爲 200℃之空氣。將閥打開，令空氣流出，當容器內壓力降至 0.5 MPa 後，將閥關閉。假設水蒸汽及存留於容器內之空氣，所進行之過程可視爲可逆絕熱過程，且空氣之比熱可視爲常數(300 K 之值)。試求：(1)流出之空氣的質量，(2)流出之空氣所帶走之能量。

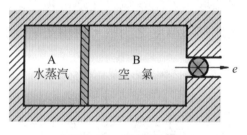

圖 4-38　練習題 50

51. 水在 0.1 MPa 之壓力與 25℃之溫度，穩定地流入一等熵效率爲 70% 的水泵，絕熱地被泵壓至 3.0 MPa 之壓力。試繪出此過程之 T-s圖，並求出口處水之焓值。

52. 水蒸汽在 6.0 MPa 之壓力，400℃之溫度進入一絕熱蒸汽輪機，而在 10 kPa 之壓力，90.4%之乾度流出，試求此蒸汽輪機之等熵效率。

53. 水蒸汽自 400 kPa 之壓力，150℃之溫度，絕熱地膨脹至 100 kPa 之壓力及 95%之乾度。此過程爲可逆、不可逆，或不可能？又可逆、不可逆及不可能過程之分界乾度爲若干？

54. 水蒸汽在 1.0 MPa 之壓力及 250℃ 之溫度，穩定地流入蒸汽輪機，絕熱地膨脹至 0.15 MPa 之壓力。(1)若出口處水蒸汽之乾度不得低於 90%，則該過程是否滿足條件？爲什麼？(2)若蒸汽輪機之輸出功爲 350 kJ/kg，則其等熵效率爲若干？又此時出口處水蒸汽之乾度爲若干？

55. 水蒸汽在 0.5 MPa 之壓力及 250℃ 之溫度穩定地流入一蒸汽輪機，絕熱地膨脹至 0.1 MPa 之壓力。若蒸汽輪機之等熵效率爲 80%，試求出口處水蒸汽之乾度(若爲飽和狀態)或溫度(若爲過熱狀態)。

56. 水蒸汽在 1.4 MPa 之壓力及 250℃ 之溫度穩定地流入一蒸汽輪機，絕熱地膨脹至 0.1 MPa 之壓力。而質量流率爲 4,500 kg/hr。(1)試求最大的輸出功率，(2)若蒸汽輪機之等熵效率爲 80%，試求出口處水蒸汽之乾度(若爲飽和狀態)或溫度(若爲過熱狀態)。

57. 水蒸汽自 0.5 MPa 之壓力及 200℃ 之溫度，絕熱地膨脹至 0.1 MPa 之壓力及 94% 之乾度。此過程爲可逆、不可逆，或不可能？又可逆、不可逆及不可能過程之分界乾度爲若干？

58. 水蒸汽在 400 kPa 之壓力及 150℃ 之溫度穩定地流入一蒸汽輪機，絕熱地膨脹至 100 kPa 之壓力及 95% 之乾度。試求該蒸汽輪機之等熵效率。

59. 水蒸汽在 1.0 MPa 之壓力及 300℃ 之溫度穩定地流入一蒸汽輪機，絕熱地膨脹至 100 kPa 之壓力。(1)試求界定該過程爲可能或不可能，出口處之乾度。(2)若該蒸汽輪機之等熵效率爲 90%，則出口處之乾度爲若干？試繪出相關之 *T-S* 圖。

60. 水蒸汽在 8 MPa 之壓力及 500℃ 之溫度，以 3 kg/sec 之質量流率穩定地流入一絕熱蒸汽輪機，膨脹至 30 kPa 之壓力。試求出口處水蒸汽之溫度(若爲過熱狀態)或乾度(若爲飽和狀態)、水蒸汽之熵改變率，及輪機之輸出功率，若(1)該過程爲可逆，(2)該過程爲不可逆，而蒸汽輪機之等熵效率爲90%。試將兩個過程繪於一T-S圖上。

61. 水蒸汽在 2.0 MPa 之壓力，250℃之溫度，以極低的速度穩定地流入一噴嘴，絕熱地膨脹至 0.5 MPa 之壓力。(1)若出口處水蒸汽之乾度不得小於 95%，則最大的流出速度爲若干？(2)若噴嘴出口之直徑爲 5 cm，則水蒸汽最大的質量流率爲若干?

62. 水蒸汽在 0.8 MPa 之壓力及 250℃之溫度，以極低的速度流入一噴嘴，絕熱地膨脹至 0.1 MPa 之壓力。(1)設計上，出口處水蒸汽之乾度不得小於 90%，則該過程是否滿足要求條件？(2)若該噴嘴之等熵效率爲 85%，試求出口之速度及水蒸汽熵之改變量。

63. 水蒸汽在 300 kPa 之壓力及 150℃之溫度，穩定地流入一壓縮機，絕熱地被壓縮至 600 kPa。若壓縮機之等熵效率爲 85%，試求水蒸汽之熵改變量，及出口處水蒸汽之溫度。

64. 一個最初爲眞空，容積爲 1 m³的絕熱容器，以閥接至一個大的水蒸汽供給源，其壓力與溫度分別爲 600 kPa 與 250℃。將閥打開，令水蒸汽流入容器，直到容器內壓力達到 600 kPa 後將閥關閉。(1)試求流入容器內水蒸汽之質量，(2)此過程爲可逆或不可逆？爲什麼？

65. 試以下面之例子證明「混合過程爲不可逆過程：一股壓力爲 1.0 MPa，乾度爲 90%的水蒸汽流，與另一股壓力爲 1.0 MPa，溫度爲 50℃的水流，絕熱地混合產生壓力爲 1.0 MPa，溫度爲 150℃的水流，其質量流率爲 3 kg/sec。

66. 一密閉系統內有 1 kg 之空氣，自 400 kPa 之壓力及 560℃之溫度，膨脹至 100 kPa 之壓力。若過程中外界之熵改變量爲 0.1357 kJ/K，則系統內空氣可能之最低溫度為若干？

67. 一容積為 0.1 m³之剛性容器，最初裝有壓力為 0.1 MPa，溫度為 25℃的空氣。若以一溫度為 100℃ 之熱源將空氣加熱至 80℃，吾人知此為一外不可逆過程，但請以熵增加原理證明之，並請繪出 T-S 圖。

68. 壓力為 0.1 MPa，溫度為 25℃的空氣，在一剛性容器內被溫度為 200℃ 之熱源加熱至 100℃。此過程為可逆、不可逆，或不可能？

69. 一活塞—汽缸裝置內，裝有壓力為 200 kPa，溫度為 500℃ 之空氣，以n=1.45之多變過程膨脹至 100 kPa 之壓力。外界之溫度為 25℃。(1)試求此過程之功與熱交換量，(2)此過程為可逆、不可逆，或不可能？

70. 一活塞—汽缸裝置內，裝有 1.5 kg 的壓力為 100 kPa，溫度為 25℃ 的空氣，以n = 1.3之多變過程被壓縮至 500 kPa。(1)試求此過程之功與熱交換量，(2)試求系統及外界之熵改變量，外界之溫度為 25℃，(3)此過程為可逆、不可逆，或不可能？

71. 一密閉系統內裝有壓力為0.1 MPa，溫度為 40℃ 的空氣，容積為 0.5 m³。若空氣n = 1.3之多變過程被壓縮至 0.4 MPa 之壓力，而周圍外界之溫度為 27℃(1)試求壓縮所需之功，(2)試求此過程之熱交換量，(3)試求空氣之熵總改變量，(4)試問此過程為可逆、不可逆，或不可能？

72. 空氣在 500 kPa 之壓力及 800℃ 之溫度穩定地流入一氣輪機，絕熱地膨脹至 100 kPa 之壓力。試對下列不同的出口溫度，決定該過程為可逆、不可逆，或不可能；若為不可逆，並求其等熵效率。(1) 450℃，(2) 380℃。

73. 一動力廠工程師已設計一空氣輪機,可穩定地運轉於下列之作用
   條件:空氣質量流率為 0.5 kg/sec;進口狀態為 1.0 MPa 與 400℃ 之
   壓力與溫度;出口狀態為 0.4 MPa 與 80℃ 之壓力與溫度;外界之
   溫度為 25℃,動能及位能之改變均可忽略不計;則該氣輪機之輸
   出功率為 150 kW。你對該設計之意見如何?

74. 空氣在 2.0 MPa 之壓力及 500℃ 之溫度,穩定地流入一氣輪機並絕
   熱地膨脹至 0.1MPa 之壓力。若該氣輪機之等熵效率為 85%,試求
   功及出口處空氣之溫度。請繪出相關之 T-s 圖。

75. 空氣在氣輪機中,自 600 kPa 之壓力及 580℃ 之溫度,絕熱地膨脹
   至 120 kPa 之壓力,若氣輪機之等熵效率為 85%,試求此過程的功。

76. 溫度為 100℃ 的飽和液體水 2.5 kg,以一溫度為 1,000℃ 之熱源予以
   加熱使之完全汽化,試以熵增加原理證明此過程為不可逆。

77. 空氣在 3 bar 之壓力及 117℃ 之溫度,以 70 m/sec 之速度穩定地流
   入一氣輪機,絕熱地膨脹至 1 bar 之壓力,其質量流率為 2.0 kg/sec。
   (1)試求最大的功率輸出,(2)若出口處空氣的溫度為 30℃,試求該
   氣輪機之等熵效率,(3)試求氣輪機入口處之截面面積。

78. 空氣在 1.0 MPa 之壓力及 300℃ 之溫度,穩定地流入一渦輪機,以
   n=1.45 之多變過程膨脹至 200 kPa 之壓力。周圍大氣之溫度為
   25℃。(1)試求此過程之功與熱交換量,(2)試以熵增加原理,說明
   此過程為可逆、不可逆,或不可能。

79. 某流體在 1.0 MPa 之壓力及 500℃ 之溫度,穩定地流入一渦輪機,
   經熱地膨脹至 10 kPa 之壓力,而渦輪機之等熵效率為 90%。(1)若
   流體為水蒸汽,試求過程之功及出口處水蒸汽之乾度,(2)若流體
   為空氣,試求過程之功及出口處空氣之溫度。試分別繪出 T-s 圖。

80. 某人在氣體動力廠的設計中，欲以壓縮機將空氣自 0.1 MPa 之壓力及 25℃之溫度，絕熱地壓縮至 2.0 MPa 之壓力。試對下列兩種不同的出口溫度，繪出 T-S 圖並討論該壓縮過程：(1) 410℃，(2) 440℃。

81. 空氣在 0.1 之壓力及 300 K 之溫度，穩定地流入一壓縮機，絕熱地被壓縮至 1.0 MPa 之壓力。該壓縮機之等熵效率為 85%，試求出口處空氣之溫度、過程之功，及空氣之熵改變量，若(1)空氣之比熱可視為常數，使用 300 K 之值，(2)空氣比熱為溫度之函數，使用空氣性質表。

82. 空氣自 100 kPa 之壓力及 300 K 之溫度，絕熱地被壓縮至 300 kPa 之壓力。若最後之溫度為(1) 400 K，及(2) 450 K，試求空氣之熵改變量，並判斷該過程為可逆、不可逆，或不可能；且分別考慮比熱為常數(300 K 之值)及比熱為溫度之函數等兩種情況。當過程為可逆時，則最後之溫度為若干？

83. 空氣在 100 kPa 之壓力及 25℃之溫度，穩定地流入一壓縮機，被壓縮至 300 kPa 之壓力。(1)若使用絕熱壓縮機，而出口處空氣之溫度為 150℃，則該壓縮機之效率為若干？(2)若使用水冷式壓縮機，而壓縮過程為 $n = 1.35$ 之多變過程，則該壓縮機之效率又為若干？

84. 一密閉的剛性容器中，裝有壓力為 100 kPa，溫度為 60℃的空氣 2kg，若以一溫度為 300℃之熱源將空氣加熱，使溫度上升至 180℃。外界之溫度為 10℃。(1)此過程之熱交換量為若干？(2)自熱源移走的熱能中，有用能及非有用能各為若干？(3)加於空氣的熱能中，有用能及非有用能各為若干？

85. 空氣在 140 kPa 之壓力及 40℃之溫度，流經一穩態穩流系統，在定壓下被加熱至 150℃之溫度。若空氣之質量流率為 1.0 kg/sec，而外界之溫度為 10℃，試求：(1)此過程之熱交換率及功率，(2)該熱交換率中，有用能之大小。

86. 一容積為3 m³之剛性容器，裝有壓力為4 bars，溫度為600 K 之空氣。周圍大氣之壓力為1 bar，溫度為 17℃。若容器內的空氣被周圍大氣冷卻至300 K，試求：(1)容器內空氣最初及最後的可用性，(2)該過程的最大有用功，(3)該過程的最大功。

87. 一活塞一汽缸內裝有壓力為 13 MPa，溫度為 3,000 K 的空氣，以 $n = 1.5$ 之多變過程膨脹直到溫度降至 1,500 K。若周圍大氣之溫度為 25℃，試求此過程之功及最大功。

88. 試求練習題 87 中，過程之第二定律效率。

89. 空氣在5 bars的壓力及 400 K 的溫度，以 150 m/sec之速度穩定地流入一絕熱渦輪機，而在1 bar之壓力及300 K 之溫度，以70 m/sec之速度流出。若周圍大氣之壓力與溫度分別為1 bar與 17℃，試求渦輪機之輸出功，並與最大功比較。

90. 試求練習題 89 中，過程之第二定律效率。

91. 空氣在 0.5 MPa 之壓力及 500 K 之溫度，以 2.0 kg/sec之質量流率流入一渦輪機，可逆絕熱地膨脹至 0.1 MPa 之壓力。若周圍大氣之壓力與溫度分別為 0.1 MPa與 300 K，試求出口處空氣之溫度、進口與出口空氣之可用性，及渦輪機之功率輸出，當：(1)空氣之比熱可視為常數，使用 300 K 之值，(2)空氣之比熱為溫度之函數，使用空氣性質表。

92. 壓力為 100 kPa，溫度為 25℃的大氣被壓縮機吸入，而被壓縮至 200 kPa 之壓力及 100℃之溫度。試求吸入及流出壓縮機之空氣的可用性及最大功。

93. 如圖 4-39 所示，自氣輪機排出之氣體(定壓比熱為 1.09 kJ/kg-K)，用以在一絕熱的相對流熱交換器內對水加熱，氣體與水之質量流率分別為 0.38 kg/sec 與 0.50 kg/sec。若周圍最低之可能溫度為 35℃，試求：(1)兩流體間之熱交換率，(2)水流出熱交換器之溫度，(3)由於熱交換所造成的可用性之淨損失，並予以表示於溫－熵圖上。

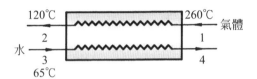

圖 4-39　練習題 93

94. 一活塞－汽缸裝置最初裝有 0.05 kg的壓力為 1 MPa，溫度為 300℃ 之水蒸汽，膨脹至 200 kPa 的壓力及 150℃的溫度，而過程中有 2 kJ 之熱量損失至外界。假設外界之壓力與溫度分別為 100 kPa 與 25℃，試求：(1)最大功，(2)水蒸汽在最初狀態與最後狀態之可用性，(3) 由 $I = T_0 \Delta S_{isol}$ 求不可逆性，(4)此過程之第二定律效率。

95. 一活塞－汽缸裝置裝有壓力為 1.0 MPa，溫度為 250℃ 的水蒸汽，容積為 1 m³，以 $n = 1.35$ 之多變過程膨脹至 0.1 MPa 之壓力。試求此過程之(1)功與熱交換量，(2)不可逆性，若周圍大氣之溫度 $T_0 = 27$℃。

96. 一活塞－汽缸裝置內裝有壓力為 500 kPa 及溫度為 300℃ 之水蒸汽，進行一等壓過程至 30℃ 之溫度。若周圍大氣之壓力與溫度分別為 100 kPa 與 30℃，試求：(1)水蒸汽最初狀態與最後狀態之可用性，(2)最大功與實際功，(3)此過程之熱交換量，(4)此過程之總熵改變量，(5)此過程之不可逆性。

97. 一容積爲3 m³之剛性容器，裝有壓力爲2 bars，溫度爲 300 K 的空氣。若以一溫度爲 1,000 K 之熱源將空氣加熱至 600 K的溫度，而周圍大氣之壓力與溫度分別爲1 bar與 17℃，試求此過程之不可逆性。

98. 水蒸汽在 10 kPa 之壓力及 90%之乾度流入一凝結器，被冷卻水冷凝爲飽和液體，而冷卻水進出口之溫度分別爲 15℃及 20℃。若水蒸汽之質量流率爲 1.5 kg/sec，而周圍外界之最低溫度爲 15℃，試求此過程之不可逆率。

99. 水蒸汽在蒸汽輪機內，自 3 MPa 之壓力及 450℃之溫度膨脹至 0.1 MPa 之飽和汽體。若輪機之輸出功爲 550 kJ/kg，而周圍大氣之溫度爲 25℃，試求此過程之不可逆性。

100. 水蒸汽在 1.0 MPa 之壓力及 300℃之溫度，以 0.5 kg/sec 之質量流率穩定地流入蒸汽輪機，以$n=1.35$之多變過程膨脹至 0.1 MPa 之壓力。若外界大氣之溫度爲 25℃。(1)試求此過程之功率及熱交換率。(2)試求在相同進出口狀態間之最大功率，(3)試求此過程之淨熵改變率，(4)此過程爲外可逆、外不可逆，或不可能？爲什麼？(5)試求此過程之不可逆率。

101. 水蒸汽在 3 MPa 之壓力及 450℃之溫度，以 8 kg/sec之質量流率穩定地流入一蒸汽輪機，而在 200 kPa之壓力及 150℃之溫度流出。過程中損失至外界之熱量爲 300 kg/sec，而外界之壓力與溫度分別爲 100 kPa與 25 ℃。試求：(1)最大功率，(2)進口水蒸汽之可用率，(3)由$I = T_0 \Delta S_{isol}$求不可逆率；(4)此過程之第二定律效率。

102. 試分別以下列方法，求練習題 78 中過程之不可逆性：(1) $i = w_{max} - w$，(2) $i = T_0(s_e - s_i) - q$，(3) $i = T_0 \Delta s_{isol}$。

103. 空氣在渦輪機內，自 1.0 MPa 之壓力及 800 K 之溫度，以 $n = 1.45$ 之多變過程膨脹至 0.1 MPa 之壓力。若外界大氣之溫度為 300 K，試以下列方法求此過程之不可逆性：(1) $i = w_{max} - w$，(2) $i = T_0 \Delta s_{isol}$。

104. 空氣在5 bars的壓力 500 K 的溫度穩定地流入一氣輪機，並以 $n = 1.45$ 之多變過程膨脹至1 bar的壓力。若周圍大氣之溫度為 300 K，試分別以下列方法求此過程之不可逆性：(1) $i = T_0 \Delta s_{isol}$，(2) $i = w_{max} - w$。

105. 空氣在 800 kPa 之壓力及 1,200 K 之溫度，以 20 kg/sec 之質量流率及 50 m/sec 之速度穩定地流入一氣輪機，而在 100 kPa 之壓力及 690 K 之溫度，以 30 m/sec 之速度流出。過程中熱量損失為 500 kJ/sec，而外界大氣之壓力與溫度分別為 100 kPa 與 25 ℃。試求：(1)進口與出口空氣之可用性，(2)最大功率與實際功率，(3)此過程之淨熵改變率，(4)此過程之不可逆率。

106. 空氣在 300 kPa 之壓力及 87 ℃ 之溫度，以 50 m/sec 之速度穩定地流入噴嘴，而在 105 kPa 之壓力下，以 300 m/sec 之速度流出。過程中有 4 kJ/kg 的熱量損失至壓力與溫度分別為 100 kPa 與 17 ℃的外界大氣，試求：(1)噴嘴出口處空氣之溫度，(2)流入與流出空氣之可用性，(3)此過程之不可逆性。假設空氣之比熱可視為常數(300 K 之值)。

107. 空氣在 100 kPa 之壓力及 25 ℃ 之溫度穩定地流入壓縮機，以 $n = 1.35$ 之多變過程被壓縮至 1.0 MPa 之壓力。若周圍大氣之溫度為 25 ℃，而空氣之比熱可視為常數(300 K 之值)。(1)試求此過程之功及熱交換量，(2)試分別由 $i = T_0 \Delta s_{isol}$ 及 $i = w_{max} - w$，求此過程之不可逆性 i。

108. 如圖 4-40 所示，在一氣輪機動力廠中，空氣在 100 kPa 之壓力及 30 ℃ 之溫度穩定地流入壓縮機，絕熱地被壓縮至 200 kPa 之壓力，而壓縮機之等熵效率為 75%。壓縮空氣在進入燃燒室之前,在中間冷卻器之內被溫度為 27 ℃的周圍空氣冷卻,造成溫度降低 50 ℃。試求:(1)空氣進入燃燒室時之溫度,(2)壓縮-冷卻過程之不可逆性。假設空氣之比熱可視為常數(300 K 之值)。

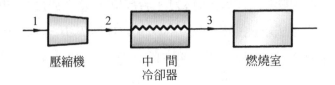

1   2   3

壓縮機   中 間   燃燒室
           冷卻器

圖 4-40   練習題 108

109. 空氣在1 bar的壓力及 300 K 的溫度,穩定地流入一壓縮機,以$n = 1.3$ 之多變過程被壓縮至5 bars的壓力。若周圍大氣之溫度為 300 K,試分別由$i = w_{max} - w$及 $i = T_0 \Delta s_{isol}$求此過程之不可逆性 i。假設空氣之比熱可視為常數(300 K 之值)。

110. 壓力為 0.1 MPa,溫度為 300 K 的大氣,被壓縮機吸入後絕熱地被壓縮至 1.0 MPa 之壓力,而該壓縮機之等熵效率為 85%。試求出口處空氣之溫度,及此過程之不可逆性,若:(1)空氣之比熱可視為常數,使用 300 K 之值,(2)空氣之比熱為溫度之函數,使用空氣性質表。

Chapter **A**

附　　表

附表 1 飽和水－水蒸氣(溫度表)

溫度 (°C) (T)	壓力 (kPa) (p)	比容 (m³/kg)		內能 (kJ/kg)			焓 (kJ/kg)			熵 (kJ/kg·K)		
		v_f	v_g	u_f	u_{fg}	u_g	h_f	h_{fg}	h_g	s_f	s_{fg}	s_g
0.01	0.6113	0.001 000	206.14	.00	2375.3	2375.3	.01	2501.3	2501.4	.0000	9.1562	9.1562
5	0.8721	0.001 000	147.12	20.97	2361.3	2382.3	20.98	2489.6	2510.6	.0761	8.9496	9.0257
10	1.2276	0.001 000	106.38	42.00	2347.2	2389.2	42.01	2477.7	2519.8	.1510	8.7498	8.9008
15	1.7051	0.001 001	77.93	62.99	2333.1	2396.1	62.99	2465.9	2528.9	.2245	8.5569	8.7814
20	2.339	0.001 002	57.79	83.95	2319.0	2402.9	83.96	2454.1	2538.1	.2966	8.3706	8.6672
25	3.169	0.001 003	43.36	104.88	2304.9	2409.8	104.89	2442.3	2547.2	.3674	8.1905	8.5580
30	4.246	0.001 004	32.89	125.78	2290.8	2416.6	125.79	2430.5	2556.3	.4369	8.0164	8.4533
35	5.628	0.001 006	25.22	146.67	2276.7	2423.4	146.68	2418.6	2565.3	.5053	7.8478	8.3531
40	7.384	0.001 008	19.52	167.56	2262.6	2430.1	167.57	2406.7	2574.3	.5725	7.6845	8.2570
45	9.593	0.001 010	15.26	188.44	2248.4	2436.8	188.45	2394.8	2583.2	.6387	7.5261	8.1648
50	12.349	0.001 012	12.03	209.32	2234.2	2443.5	209.33	2382.7	2592.1	.7038	7.3725	8.0763
55	15.758	0.001 015	9.568	230.21	2219.9	2450.1	230.23	2370.7	2600.9	.7679	7.2234	7.9913
60	19.940	0.001 017	7.671	251.11	2205.5	2456.6	251.13	2358.5	2609.6	.8312	7.0784	7.9096
65	25.03	0.001 020	6.197	272.02	2191.1	2463.1	272.06	2346.2	2618.3	.8935	6.9375	7.8310
70	31.19	0.001 023	5.042	292.95	2176.6	2469.6	292.98	2333.8	2626.8	.9549	6.8004	7.7553
75	38.58	0.001 026	4.131	313.90	2162.0	2475.9	313.93	2321.4	2635.3	1.0155	6.6669	7.6824
80	47.39	0.001 029	3.407	334.86	2147.4	2482.2	334.91	2308.8	2643.7	1.0753	6.5369	7.6122
85	57.83	0.001 033	2.828	355.84	2132.6	2488.4	355.90	2296.0	2651.9	1.1343	6.4102	7.5445
90	70.14	0.001 036	2.361	376.85	2117.7	2494.5	376.92	2283.2	2660.1	1.1925	6.2866	7.4791
95	84.55	0.001 040	1.982	397.88	2102.7	2500.6	397.96	2270.2	2668.1	1.2500	6.1659	7.4159

附表 1　飽和水-水蒸氣(溫度表)(續)

溫度 (°C)	壓力 (MPa)	比容 (m³/kg)		內能 (kJ/kg)			焓 (kJ/kg)			熵 (kJ/kg-K)		
(T)	(p)	v_f	v_g	u_f	u_{fg}	u_g	h_f	h_{fg}	h_g	s_f	s_{fg}	s_g
100	0.101 35	0.001 044	1.6729	418.94	2087.6	2506.5	419.04	2257.0	2676.1	1.3069	6.0480	7.3549
105	0.120 82	0.001 048	1.4194	440.02	2072.3	2512.4	440.15	2243.7	2683.8	1.3630	5.9328	7.2958
110	0.143 27	0.001 052	1.2102	461.14	2057.0	2518.1	461.30	2230.2	2691.5	1.4185	5.8202	7.2387
115	0.169 06	0.001 056	1.0366	482.30	2041.4	2523.7	482.48	2216.5	2699.0	1.4734	5.7100	7.1833
120	0.198 53	0.001 060	0.8919	503.50	2025.8	2529.3	503.71	2202.6	2706.3	1.5276	5.6020	7.1296
125	0.2321	0.001 065	0.7706	524.74	2009.9	2534.6	524.99	2188.5	2713.5	1.5813	5.4962	7.0775
130	0.2701	0.001 070	0.6685	546.02	1993.9	2539.9	546.31	2174.2	2720.5	1.6344	5.3925	7.0269
135	0.3130	0.001 075	0.5822	567.35	1977.7	2545.0	567.69	2159.6	2727.3	1.6870	5.2907	6.9777
140	0.3613	0.001 080	0.5089	588.74	1961.3	2550.0	589.13	2144.7	2733.9	1.7391	5.1908	6.9299
145	0.4154	0.001 085	0.4463	610.18	1944.7	2554.9	610.63	2129.6	2740.3	1.7907	5.0926	6.8833
150	0.4758	0.001 091	0.3928	631.68	1927.9	2559.5	632.20	2114.3	2746.5	1.8418	4.9960	6.8379
155	0.5431	0.001 096	0.3468	653.24	1910.8	2564.1	653.84	2098.6	2752.4	1.8925	4.9010	6.7935
160	0.6178	0.001 102	0.3071	674.87	1893.5	2568.4	675.55	2082.6	2758.1	1.9427	4.8075	6.7502
165	0.7005	0.001 108	0.2727	696.56	1876.0	2572.5	697.34	2066.2	2763.5	1.9925	4.7153	6.7078
170	0.7917	0.001 114	0.2428	718.33	1858.1	2576.5	719.21	2049.5	2768.7	2.0419	4.6244	6.6663
175	0.8920	0.001 121	0.2168	740.17	1840.0	2580.2	741.17	2032.4	2773.6	2.0909	4.5347	6.6256
180	1.0021	0.001 127	0.194 05	762.09	1821.6	2583.7	763.22	2015.0	2778.2	2.1396	4.4461	6.5857
185	1.1227	0.001 134	0.174 09	784.10	1802.9	2587.0	785.37	1997.1	2782.4	2.1879	4.3586	6.5465
190	1.2544	0.001 141	0.156 54	806.19	1783.8	2590.0	807.62	1978.8	2786.4	2.2359	4.2720	6.5079
195	1.3978	0.001 149	0.141 05	828.37	1764.4	2592.8	829.98	1960.0	2790.0	2.2835	4.1863	6.4698
200	1.5538	0.001 157	0.127 36	850.65	1744.7	2595.3	852.45	1940.7	2793.2	2.3309	4.1014	6.4323
205	1.7230	0.001 164	0.115 21	873.04	1724.5	2597.5	875.04	1921.0	2796.0	2.3780	4.0172	6.3952
210	1.9062	0.001 173	0.104 41	895.53	1703.9	2599.5	897.76	1900.7	2798.5	2.4248	3.9337	6.3585

附表 1　飽和水－水蒸氣(溫度表)(續)

溫度 (°C)	壓力 (MPa)	比容 (m³/kg)		內能 (kJ/kg)			焓 (kJ/kg)			熵 (kJ/kg-K)		
(T)	(p)	v_f	v_g	u_f	u_{fg}	u_g	h_f	h_{fg}	h_g	s_f	s_{fg}	s_g
215	2.104	0.001 181	0.094 79	918.14	1682.9	2601.1	920.62	1879.9	2800.5	2.4714	3.8507	6.3221
220	2.318	0.001 190	0.086 19	940.87	1661.5	2602.4	943.62	1858.5	2802.1	2.5178	3.7683	6.2861
225	2.548	0.001 199	0.078 49	963.73	1639.6	2603.3	966.78	1836.5	2803.3	2.5639	3.6863	6.2503
230	2.795	0.001 209	0.071 58	986.74	1617.2	2603.9	990.12	1813.8	2804.0	2.6099	3.6047	6.2146
235	3.060	0.001 219	0.065 37	1009.89	1594.2	2604.1	1013.62	1790.5	2804.2	2.6558	3.5233	6.1791
240	3.344	0.001 229	0.059 76	1033.21	1570.8	2604.0	1037.32	1766.5	2803.8	2.7015	3.4422	6.1437
245	3.648	0.001 240	0.054 71	1056.71	1546.7	2603.4	1061.23	1741.7	2803.0	2.7472	3.3612	6.1083
250	3.973	0.001 251	0.050 13	1080.39	1522.0	2602.4	1085.36	1716.2	2801.5	2.7927	3.2802	6.0730
255	4.319	0.001 263	0.045 98	1104.28	1496.7	2600.9	1109.73	1689.8	2799.5	2.8383	3.1992	6.0375
260	4.688	0.001 276	0.042 21	1128.39	1470.6	2599.0	1134.37	1662.5	2796.9	2.8838	3.1181	6.0019
265	5.081	0.001 289	0.038 77	1152.74	1443.9	2596.6	1159.28	1634.4	2793.6	2.9294	3.0368	5.9662
270	5.499	0.001 302	0.035 64	1177.36	1416.3	2593.7	1184.51	1605.2	2789.7	2.9751	2.9551	5.9301
275	5.942	0.001 317	0.032 79	1202.25	1387.9	2590.2	1210.07	1574.9	2785.0	3.0208	2.8730	5.8938
280	6.412	0.001 332	0.030 17	1227.46	1358.7	2586.1	1235.99	1543.6	2779.6	3.0668	2.7903	5.8571
285	6.909	0.001 348	0.027 77	1253.00	1328.4	2581.4	1262.31	1511.0	2773.3	3.1130	2.7070	5.8199
290	7.436	0.001 366	0.025 57	1278.92	1297.1	2576.0	1289.07	1477.1	2766.2	3.1594	2.6227	5.7821
295	7.993	0.001 384	0.023 54	1305.2	1264.7	2569.9	1316.3	1441.8	2758.1	3.2062	2.5375	5.7437
300	8.581	0.001 404	0.021 67	1332.0	1231.0	2563.0	1344.0	1404.9	2749.0	3.2534	2.4511	5.7045
305	9.202	0.001 425	0.019 948	1359.3	1195.9	2555.2	1372.4	1366.4	2738.7	3.3010	2.3633	5.6643
310	9.856	0.001 447	0.018 350	1387.1	1159.4	2546.4	1401.3	1326.0	2727.3	3.3493	2.2737	5.6230
315	10.547	0.001 472	0.016 867	1415.5	1121.1	2536.6	1431.0	1283.5	2714.5	3.3982	2.1821	5.5804
320	11.274	0.001 499	0.015 488	1444.6	1080.9	2525.5	1461.5	1238.6	2700.1	3.4480	2.0882	5.5362
330	12.845	0.001 561	0.012 996	1505.3	993.7	2498.9	1525.3	1140.6	2665.9	3.5507	1.8909	5.4417
340	14.586	0.001 638	0.010 797	1570.3	894.3	2464.6	1594.2	1027.9	2622.0	3.6594	1.6763	5.3357
350	16.513	0.001 740	0.008 813	1641.9	776.6	2418.4	1670.6	893.4	2563.9	3.7777	1.4335	5.2112
360	18.651	0.001 893	0.006 945	1725.2	626.3	2351.5	1760.5	720.5	2481.0	3.9147	1.1379	5.0526
370	21.03	0.002 213	0.004 925	1844.0	384.5	2228.5	1890.5	441.6	2332.1	4.1106	.6865	4.7971
374.14	22.09	0.003 155	0.003 155	2029.6	0	2029.6	2099.3	0	2099.3	4.4298	0	4.4298

附表 2 飽和水－水蒸氣(壓力表)

壓力 (kPa) (p)	溫度 (°C) (T)	比容 (m³/kg)		內能 (kJ/kg)			焓 (kJ/kg)			熵 (kJ/kg-K)		
		v_f	v_g	u_f	u_{fg}	u_g	h_f	h_{fg}	h_g	s_f	s_{fg}	s_g
0.6113	0.01	0.001 000	206.14	.00	2375.3	2375.3	.01	2501.3	2501.4	.0000	9.1562	9.1562
1.0	6.98	0.001 000	129.21	29.30	2355.7	2385.0	29.30	2484.9	2514.2	.1059	8.8697	8.9756
1.5	13.03	0.001 001	87.98	54.71	2338.6	2393.3	54.71	2470.6	2525.3	.1957	8.6322	8.8279
2.0	17.50	0.001 001	67.00	73.48	2326.0	2399.5	73.48	2460.0	2533.5	.2607	8.4629	8.7237
2.5	21.08	0.001 002	54.25	88.48	2315.9	2404.4	88.49	2451.6	2540.0	.3120	8.3311	8.6432
3.0	24.08	0.001 003	45.67	101.04	2307.5	2408.5	101.05	2444.5	2545.5	.3545	8.2231	8.5776
4.0	28.96	0.001 004	34.80	121.45	2293.7	2415.2	121.46	2432.9	2554.4	.4226	8.0520	8.4746
5.0	32.88	0.001 005	28.19	137.81	2282.7	2420.5	137.82	2423.7	2561.5	.4764	7.9187	8.3951
7.5	40.29	0.001 008	19.24	168.78	2261.7	2430.5	168.79	2406.0	2574.8	.5764	7.6750	8.2515
10	45.81	0.001 010	14.67	191.82	2246.1	2437.9	191.83	2392.8	2584.7	.6493	7.5009	8.1502
15	53.97	0.001 014	10.02	225.92	2222.8	2448.7	225.94	2373.1	2599.1	.7549	7.2536	8.0085
20	60.06	0.001 017	7.649	251.38	2205.4	2456.7	251.40	2358.3	2609.7	.8320	7.0766	7.9085
25	64.97	0.001 020	6.204	271.90	2191.2	2463.1	271.93	2346.3	2618.2	.8931	6.9383	7.8314
30	69.10	0.001 022	5.229	289.20	2179.2	2468.4	289.23	2336.1	2625.3	.9439	6.8247	7.7686
40	75.87	0.001 027	3.993	317.53	2159.5	2477.0	317.58	2319.2	2636.8	1.0259	6.6441	7.6700
50	81.33	0.001 030	3.240	340.44	2143.4	2483.9	340.49	2305.4	2645.9	1.0910	6.5029.	7.5939
75	91.78	0.001 037	2.217	384.31	2112.4	2496.7	384.39	2278.6	2663.0	1.2130	6.2434	7.4564
MPa												
0.100	99.63	0.001 043	1.6940	417.36	2088.7	2506.1	417.46	2258.0	2675.5	1.3026	6.0568	7.3594
0.125	105.99	0.001 048	1.3749	444.19	2069.3	2513.5	444.32	2241.0	2685.4	1.3740	5.9104	7.2844
0.150	111.37	0.001 053	1.1593	466.94	2052.7	2519.7	467.11	2226.5	2693.6	1.4336	5.7897	7.2233
0.175	116.06	0.001 057	1.0036	486.80	2038.1	2524.9	486.99	2213.6	2700.6	1.4849	5.6868	7.1717
0.200	120.23	0.001 061	0.8857	504.49	2025.0	2529.5	504.70	2201.9	2706.7	1.5301	5.5970	7.1271
0.225	124.00	0.001 064	0.7933	520.47	2013.1	2533.6	520.72	2191.3	2712.1	1.5706	5.5173	7.0878

附表 2　飽和水－水蒸氣(壓力表)(續)

壓力 (MPa) (p)	溫度 (°C) (T)	比容 (m³/kg)		內能 (kJ/kg)			焓 (kJ/kg)			熵 (kJ/kg-K)		
		v_f	v_g	u_f	u_{fg}	u_g	h_f	h_{fg}	h_g	s_f	s_{fg}	s_g
0.250	127.44	0.001 067	0.7187	535.10	2002.1	2537.2	535.37	2181.5	2716.9	1.6072	5.4455	7.0527
0.275	130.60	0.001 070	0.6573	548.59	1991.9	2540.5	548.89	2172.4	2721.3	1.6408	5.3801	7.0209
0.300	133.55	0.001 073	0.6058	561.15	1982.4	2543.6	561.47	2163.8	2725.3	1.6718	5.3201	6.9919
0.325	136.30	0.001 076	0.5620	572.90	1973.5	2546.4	573.25	2155.8	2729.0	1.7006	5.2646	6.9652
0.350	138.88	0.001 079	0.5243	583.95	1965.0	2548.9	584.33	2148.1	2732.4	1.7275	5.2130	6.9405
0.375	141.32	0.001 081	0.4914	594.40	1956.9	2551.3	594.81	2140.8	2735.6	1.7528	5.1647	6.9175
0.40	143.63	0.001 084	0.4625	604.31	1949.3	2553.6	604.74	2133.8	2738.6	1.7766	5.1193	6.8959
0.45	147.93	0.001 088	0.4140	622.77	1934.9	2557.6	623.25	2120.7	2743.9	1.8207	5.0359	6.8565
0.50	151.86	0.001 093	0.3749	639.68	1921.6	2561.2	640.23	2108.5	2748.7	1.8607	4.9606	6.8213
0.55	155.48	0.001 097	0.3427	655.32	1909.2	2564.5	655.93	2097.0	2753.0	1.8973	4.8920	6.7893
0.60	158.85	0.001 101	0.3157	669.90	1897.5	2567.4	670.56	2086.3	2756.8	1.9312	4.8288	6.7600
0.65	162.01	0.001 104	0.2927	683.56	1886.5	2570.1	684.28	2076.0	2760.3	1.9627	4.7703	6.7331
0.70	164.97	0.001 108	0.2729	696.44	1876.1	2572.5	697.22	2066.3	2763.5	1.9922	4.7158	6.7080
0.75	167.78	0.001 112	0.2556	708.64	1866.1	2574.7	709.47	2057.0	2766.4	2.0200	4.6647	6.6847
0.80	170.43	0.001 115	0.2404	720.22	1856.6	2576.8	721.11	2048.0	2769.1	2.0462	4.6166	6.6628
0.85	172.96	0.001 118	0.2270	731.27	1847.4	2578.7	732.22	2039.4	2771.6	2.0710	4.5711	6.6421
0.90	175.38	0.001 121	0.2150	741.83	1838.6	2580.5	742.83	2031.1	2773.9	2.0946	4.5280	6.6226
0.95	177.69	0.001 124	0.2042	751.95	1830.2	2582.1	753.02	2023.1	2776.1	2.1172	4.4869	6.6041
1.00	179.91	0.001 127	0.194 44	761.68	1822.0	2583.6	762.81	2015.3	2778.1	2.1387	4.4478	6.5865
1.10	184.09	0.001 133	0.177 53	780.09	1806.3	2586.4	781.34	2000.4	2781.7	2.1792	4.3744	6.5536
1.20	187.99	0.001 139	0.163 33	797.29	1791.5	2588.8	798.65	1986.2	2784.8	2.2166	4.3067	6.5233
1.30	191.64	0.001 144	0.151 25	813.44	1777.5	2591.0	814.93	1972.7	2787.6	2.2515	4.2438	6.4953
1.40	195.07	0.001 149	0.140 84	828.70	1764.1	2592.8	830.30	1959.7	2790.0	2.2842	4.1850	6.4693
1.50	198.32	0.001 154	0.131 77	843.16	1751.3	2594.5	844.89	1947.3	2792.2	2.3150	4.1298	6.4448

附表 2 飽和水—水蒸氣(壓力表)(續)

壓 力 (MPa)	溫 度 (°C)	比 容 (m³/kg)		內 能 (kJ/kg)			焓 (kJ/kg)			熵 (kJ/kg-K)		
(p)	(T)	v_f	v_g	u_f	u_{fg}	u_g	h_f	h_{fg}	h_g	s_f	s_{fg}	s_g
1.75	205.76	0.001 166	0.113 49	876.46	1721.4	2597.8	878.50	1917.9	2796.4	2.3851	4.0044	6.3896
2.00	212.42	0.001 177	0.099 63	906.44	1693.8	2600.3	908.79	1890.7	2799.5	2.4474	3.8935	6.3409
2.25	218.45	0.001 187	0.088 75	933.83	1668.2	2602.0	936.49	1865.2	2801.7	2.5035	3.7937	6.2972
2.5	223.99	0.001 197	0.079 98	959.11	1644.0	2603.1	962.11	1841.0	2803.1	2.5547	3.7028	6.2575
3.0	233.90	0.001 217	0.066 68	1004.78	1599.3	2604.1	1008.42	1795.7	2804.2	2.6457	3.5412	6.1869
3.5	242.60	0.001 235	0.057 07	1045.43	1558.3	2603.7	1049.75	1753.7	2803.4	2.7253	3.4000	6.1253
4	250.40	0.001 252	0.049 78	1082.31	1520.0	2602.3	1087.31	1714.1	2801.4	2.7964	3.2737	6.0701
5	263.99	0.001 286	0.039 44	1147.81	1449.3	2597.1	1154.23	1640.1	2794.3	2.9202	3.0532	5.9734
6	275.64	0.001 319	0.032 44	1205.44	1384.3	2589.7	1213.35	1571.0	2784.3	3.0267	2.8625	5.8892
7	285.88	0.001 351	0.027 37	1257.55	1323.0	2580.5	1267.00	1505.1	2772.1	3.1211	2.6922	5.8133
8	295.06	0.001 384	0.023 52	1305.57	1264.2	2569.8	1316.64	1441.3	2758.0	3.2068	2.5364	5.7432
9	303.40	0.001 418	0.020 48	1350.51	1207.3	2557.8	1363.26	1378.9	2742.1	3.2858	2.3915	5.6772
10	311.06	0.001 452	0.018 026	1393.04	1151.4	2544.4	1407.56	1317.1	2724.7	3.3596	2.2544	5.6141
11	318.15	0.001 489	0.015 987	1433.7	1096.0	2529.8	1450.1	1255.5	2705.6	3.4295	2.1233	5.5527
12	324.75	0.001 527	0.014 263	1473.0	1040.7	2513.7	1491.3	1193.6	2684.9	3.4962	1.9962	5.4924
13	330.93	0.001 567	0.012 780	1511.1	985.0	2496.1	1531.5	1130.7	2662.2	3.5606	1.8718	5.4323
14	336.75	0.001 611	0.011 485	1548.6	928.2	2476.8	1571.1	1066.5	2637.6	3.6232	1.7485	5.3717
15	342.24	0.001 658	0.010 337	1585.6	869.8	2455.5	1610.5	1000.0	2610.5	3.6848	1.6249	5.3098
16	347.44	0.001 711	0.009 306	1622.7	809.0	2431.7	1650.1	930.6	2580.6	3.7461	1.4994	5.2455
17	352.37	0.001 770	0.008 364	1660.2	744.8	2405.0	1690.3	856.9	2547.2	3.8079	1.3698	5.1777
18	357.06	0.001 840	0.007 489	1698.9	675.4	2374.3	1732.0	777.1	2509.1	3.8715	1.2329	5.1044
19	361.54	0.001 924	0.006 657	1739.9	598.1	2338.1	1776.5	688.0	2464.5	3.9388	1.0839	5.0228
20	365.81	0.002 036	0.005 834	1785.6	507.5	2293.0	1826.3	583.4	2409.7	4.0139	.9130	4.9269
21	369.89	0.002 207	0.004 952	1842.1	388.5	2230.6	1888.4	446.2	2334.6	4.1075	.6938	4.8013
22	373.80	0.002 742	0.003 568	1961.9	125.2	2087.1	2022.2	143.4	2165.6	4.3110	.2216	4.5327
22.09	374.14	0.003 155	0.003 155	2029.6	0	2029.6	2099.3	0	2099.3	4.4298	0	4.4298

附表 3　過熱水蒸氣

v (m³/kg)　u (kJ/kg)
h (kJ/kg)　s (kJ/kg-K)

T	$p = .010$ MPa (45.81)				$p = .050$ MPa (81.33)				$p = .10$ MPa (99.63)			
	v	u	h	s	v	u	h	s	v	u	h	s
Sat.	14.674	2437.9	2584.7	8.1502	3.240	2483.9	2645.9	7.5939	1.6940	2506.1	2675.5	7.3594
50	14.869	2443.9	2592.6	8.1749								
100	17.196	2515.5	2687.5	8.4479	3.418	2511.6	2682.5	7.6947	1.6958	2506.7	2676.2	7.3614
150	19.512	2587.9	2783.0	8.6882	3.889	2585.6	2780.1	7.9401	1.9364	2582.8	2776.4	7.6134
200	21.825	2661.3	2879.5	8.9038	4.356	2659.9	2877.7	8.1580	2.172	2658.1	2875.3	7.8343
250	24.136	2736.0	2977.3	9.1002	4.820	2735.0	2976.0	8.3556	2.406	2733.7	2974.3	8.0333
300	26.445	2812.1	3076.5	9.2813	5.284	2811.3	3075.5	8.5373	2.639	2810.4	3074.3	8.2158
400	31.063	2968.9	3279.6	9.6077	6.209	2968.5	3278.9	8.8642	3.103	2967.9	3278.2	8.5435
500	35.679	3132.3	3489.1	9.8978	7.134	3132.0	3488.7	9.1546	3.565	3131.6	3488.1	8.8342
600	40.295	3302.5	3705.4	10.1608	8.057	3302.2	3705.1	9.4178	4.028	3301.9	3704.7	9.0976
700	44.911	3479.6	3928.7	10.4028	8.981	3479.4	3928.5	9.6599	4.490	3479.2	3928.2	9.3398
800	49.526	3663.8	4159.0	10.6281	9.904	3663.6	4158.9	9.8852	4.952	3663.5	4158.6	9.5652
900	54.141	3855.0	4396.4	10.8396	10.828	3854.9	4396.3	10.0967	5.414	3854.8	4396.1	9.7767
1000	58.757	4053.0	4640.6	11.0393	11.751	4052.9	4640.5	10.2964	5.875	4052.8	4640.3	9.9764
1100	63.372	4257.5	4891.2	11.2287	12.674	4257.4	4891.1	10.4859	6.337	4257.3	4891.0	10.1659
1200	67.987	4467.9	5147.8	11.4091	13.597	4467.8	5147.7	10.6662	6.799	4467.7	5147.6	10.3463
1300	72.602	4683.7	5409.7	11.5811	14.521	4683.6	5409.6	10.8382	7.260	4683.5	5409.5	10.5183

T	$p = .20$ MPa (120.23)				$p = .30$ MPa (133.55)				$p = .40$ MPa (143.63)			
	v	u	h	s	v	u	h	s	v	u	h	s
Sat.	.8857	2529.5	2706.7	7.1272	.6058	2543.6	2725.3	6.9919	.4625	2553.6	2738.6	6.8959
150	.9596	2576.9	2768.8	7.2795	.6339	2570.8	2761.0	7.0778	.4708	2564.5	2752.8	6.9299
200	1.0803	2654.4	2870.5	7.5066	.7163	2650.7	2865.6	7.3115	.5342	2646.8	2860.5	7.1706
250	1.1988	2731.2	2971.0	7.7086	.7964	2728.7	2967.6	7.5166	.5951	2726.1	2964.2	7.3789
300	1.3162	2808.6	3071.8	7.8926	.8753	2806.7	3069.3	7.7022	.6548	2804.8	3066.8	7.5662
400	1.5493	2966.7	3276.6	8.2218	1.0315	2965.6	3275.0	8.0330	.7726	2964.4	3273.4	7.8985

附表 3　過熱水蒸氣 (續)

T	p = .20 MPa (120.23)				p = .30 MPa (133.55)				p = .40 MPa (143.63)			
	v	u	h	s	v	u	h	s	v	u	h	s
500	1.7814	3130.8	3487.1	8.5133	1.1867	3130.0	3486.0	8.3251	.8893	3129.2	3484.9	8.1913
600	2.013	3301.4	3704.0	8.7770	1.3414	3300.8	3703.2	8.5892	1.0055	3300.2	3702.4	8.4558
700	2.244	3478.8	3927.6	9.0194	1.4957	3478.4	3927.1	8.8319	1.1215	3477.9	3926.5	8.6987
800	2.475	3663.1	4158.2	9.2449	1.6499	3662.9	4157.8	9.0576	1.2372	3662.4	4157.3	8.9244
900	2.706	3853.6	4395.8	9.4566	1.8041	3854.2	4395.4	9.2692	1.3529	3853.9	4395.1	9.1362
1000	2.937	4052.0	4640.0	9.6563	1.9581	4052.3	4639.7	9.4690	1.4685	4052.0	4639.4	9.3360
1100	3.168	4257.0	4890.7	9.8458	2.1121	4256.8	4890.4	9.6585	1.5840	4256.5	4890.2	9.5256
1200	3.399	4467.5	5147.3	10.0262	2.2661	4467.2	5147.1	9.8389	1.6996	4467.0	5146.8	9.7060
1300	3.630	4683.2	5409.3	10.1982	2.4201	4683.0	5409.0	10.0110	1.8151	4682.8	5408.8	9.8780

T	p = .50 MPa (151.86)				p = .60 MPa (158.85)				p = .80 MPa (170.43)			
	v	u	h	s	v	u	h	s	v	u	h	s
Sat.	.3749	2561.2	2748.7	6.8213	.3157	2567.4	2756.8	6.7600	.2404	2576.8	2769.1	6.6628
200	.4249	2642.9	2855.4	7.0592	.3520	2638.9	2850.1	6.9665	.2608	2630.6	2839.3	6.8158
250	.4744	2723.5	2960.7	7.2709	.3938	2720.9	2957.2	7.1816	.2931	2715.5	2950.0	7.0384
300	.5226	2802.9	3064.2	7.4599	.4344	2801.0	3061.6	7.3724	.3241	2797.2	3056.5	7.2328
350	.5701	2882.6	3167.7	7.6329	.4742	2881.2	3165.7	7.5464	.3544	2878.2	3161.7	7.4089
400	.6173	2963.2	3271.9	7.7938	.5137	2962.1	3270.3	7.7079	.3843	2959.7	3267.1	7.5716
500	.7109	3128.4	3483.9	8.0873	.5920	3127.6	3482.8	8.0021	.4433	3126.0	3480.6	7.8673
600	.8041	3299.6	3701.7	8.3522	.6697	3299.1	3700.9	8.2674	.5018	3297.9	3699.4	8.1333
700	.8969	3477.5	3925.9	8.5952	.7472	3477.0	3925.3	8.5107	.5601	3476.2	3924.2	8.3770
800	.9896	3662.1	4156.9	8.8211	.8245	3661.8	4156.5	8.7367	.6181	3661.1	4155.6	8.6033
900	1.0822	3853.6	4394.7	9.0329	.9017	3853.4	4394.4	8.9486	.6761	3852.8	4393.7	8.8153
1000	1.1747	4051.8	4639.1	9.2328	.9788	4051.5	4638.8	9.1485	.7340	4051.0	4638.2	9.0153
1100	1.2672	4256.3	4889.9	9.4224	1.0559	4256.1	4889.6	9.3381	.7919	4255.6	4889.1	9.2050
1200	1.3596	4466.8	5146.6	9.6029	1.1330	4466.5	5146.3	9.5185	.8497	4466.1	5145.9	9.3855
1300	1.4521	4682.5	5408.6	9.7749	1.2101	4682.3	5408.3	9.6906	.9076	4681.8	5407.9	9.5575

附表 3 過熱水蒸氣(續)

T	v	u	h	s	v	u	h	s	v	u	h	s
	$p = 1.00$ MPa (179.91)				$p = 1.20$ MPa (187.99)				$p = 1.40$ MPa (195.07)			
Sat.	.194 44	2583.6	2778.1	6.5865	.163 33	2588.8	2784.8	6.5233	.140 84	2592.8	2790.0	6.4693
200	.2060	2621.9	2827.9	6.6940	.169 30	2612.8	2815.9	6.5898	.143 02	2603.1	2803.3	6.4975
250	.2327	2709.9	2942.6	6.9247	.192 34	2704.2	2935.0	6.8294	.163 50	2698.3	2927.2	6.7467
300	.2579	2793.2	3051.2	7.1229	.2138	2789.2	3045.8	7.0317	.182 28	2785.2	3040.4	6.9534
350	.2825	2875.2	3157.7	7.3011	.2345	2872.2	3153.6	7.2121	.2003	2869.2	3149.5	7.1360
400	.3066	2957.3	3263.9	7.4651	.2548	2954.9	3260.7	7.3774	.2178	2952.5	3257.5	7.3026
500	.3541	3124.4	3478.5	7.7622	.2946	3122.8	3476.3	7.6759	.2521	3121.1	3474.1	7.6027
600	.4011	3296.8	3697.9	8.0290	.3339	3295.6	3696.3	7.9435	.2860	3294.4	3694.8	7.8710
700	.4478	3475.3	3923.1	8.2731	.3729	3474.4	3922.0	8.1881	.3195	3473.6	3920.8	8.1160
800	.4943	3660.4	4154.7	8.4996	.4118	3659.7	4153.8	8.4148	.3528	3659.0	4153.0	8.3431
900	.5407	3852.2	4392.9	8.7118	.4505	3851.6	4392.2	8.6272	.3861	3851.1	4391.5	8.5556
1000	.5871	4050.5	4637.6	8.9119	.4892	4050.0	4637.0	8.8274	.4192	4049.5	4636.4	8.7559
1100	.6335	4255.1	4888.6	9.1017	.5278	4254.6	4888.0	9.0172	.4524	4254.1	4887.5	8.9457
1200	.6798	4465.6	5145.4	9.2822	.5665	4465.1	5144.9	9.1977	.4855	4464.7	5144.4	9.1262
1300	.7261	4681.3	5407.4	9.4543	.6051	4680.9	5407.0	9.3698	.5186	4680.4	5406.5	9.2984
	$p = 1.60$ MPa (201.41)				$p = 1.80$ MPa (207.15)				$p = 2.00$ MPa (212.42)			
Sat.	.123 80	2596.0	2794.0	6.4218	.110 42	2598.4	2797.1	6.3794	.099 63	2600.3	2799.5	6.3409
225	.132 87	2644.7	2857.3	6.5518	.116 73	2636.6	2846.7	6.4808	.103 77	2628.3	2835.8	6.4147
250	.141 84	2692.3	2919.2	6.6732	.124 97	2686.0	2911.0	6.6066	.111 44	2679.6	2902.5	6.5453
300	.158 62	2781.1	3034.8	6.8844	.140 21	2776.9	3029.2	6.8226	.125 47	2772.6	3023.5	6.7664
350	.174 56	2866.1	3145.4	7.0694	.154 57	2863.0	3141.2	7.0100	.138 57	2859.8	3137.0	6.9563
400	.190 05	2950.1	3254.2	7.2374	.168 47	2947.7	3250.9	7.1794	.151 20	2945.2	3247.6	7.1271
500	.2203	3119.5	3472.0	7.5390	.195 50	3117.9	3469.8	7.4825	.175 68	3116.2	3467.6	7.4317
600	.2500	3293.2	3693.2	7.8080	.2220	3292.1	3691.7	7.7523	.199 60	3290.9	3690.1	7.7024
700	.2794	3472.7	3919.7	8.0535	.2482	3471.8	3918.5	7.9983	.2232	3470.9	3917.4	7.9487

附表 3 過熱水蒸氣(續)

T	p = 1.60 MPa (201.41)				p = 1.80 MPa (207.15)				p = 2.00 MPa (212.42)			
800	.3086	3658.3	4152.1	8.2808	.2742	3657.6	4151.2	8.2258	.2467	3657.0	4150.3	8.1765
900	.3377	3850.5	4390.8	8.4935	.3001	3849.9	4390.1	8.4386	.2700	3849.3	4389.4	8.3895
1000	.3668	4049.0	4635.8	8.6938	.3260	4048.5	4635.2	8.6391	.2933	4048.0	4634.6	8.5901
1100	.3958	4253.7	4887.0	8.8837	.3518	4253.2	4886.4	8.8290	.3166	4252.7	4885.9	8.7800
1200	.4248	4464.2	5143.9	9.0643	.3776	4463.7	5143.4	9.0096	.3398	4463.3	5142.9	8.9607
1300	.4538	4679.9	5406.0	9.2364	.4034	4679.5	5405.6	9.1818	.3631	4679.1	5405.1	9.1329

T	p = 2.50 MPa (223.99)				p = 3.00 MPa (233.90)				p = 3.50 MPa (242.60)			
Sat.	.079 98	2603.1	2803.1	6.2575	.066 68	2604.1	2804.2	6.1869	.057 07	2603.7	2803.4	6.1253
225	.080 27	2605.6	2806.3	6.2639								
250	.087 00	2662.6	2880.1	6.4085	.070 58	2644.0	2855.8	6.2872	.058 72	2623.7	2829.2	6.1749
300	.098 90	2761.6	3008.8	6.6438	.081 14	2750.1	2993.5	6.5390	.068 42	2738.0	2977.5	6.4461
350	.109 76	2851.9	3126.3	6.8403	.090 53	2843.7	3115.3	6.7428	.076 78	2835.3	3104.0	6.6579
400	.120 10	2939.1	3239.3	7.0148	.099 36	2932.8	3230.9	6.9212	.084 53	2926.4	3222.3	6.8405
450	.130 14	3025.5	3350.8	7.1746	.107 87	3020.4	3344.0	7.0834	.091 96	3015.3	3337.2	7.0052
500	.139 98	3112.1	3462.1	7.3234	.116 19	3108.0	3456.5	7.2338	.099 18	3103.0	3450.9	7.1572
600	.159 30	3288.0	3686.3	7.5960	.132 43	3285.0	3682.3	7.5085	.113 24	3282.1	3678.4	7.4339
700	.178 32	3468.7	3914.5	7.8435	.148 38	3466.5	3911.7	7.7571	.126 99	3464.3	3908.8	7.6837
800	.197 16	3655.3	4148.2	8.0720	.164 14	3653.5	4145.9	7.9862	.140 56	3651.8	4143.7	7.9134
900	.215 90	3847.9	4387.6	8.2853	.179 80	3846.5	4385.9	8.1999	.154 02	3845.0	4384.1	8.1276
1000	.2346	4046.7	4633.1	8.4861	.195 41	4045.4	4631.6	8.4009	.167 43	4044.1	4630.1	8.3288
1100	.2532	4251.5	4884.6	8.6762	.210 98	4250.3	4883.3	8.5912	.180 80	4249.2	4881.9	8.5192
1200	.2718	4462.1	5141.7	8.8569	.226 52	4460.9	5140.5	8.7720	.194 15	4459.8	5139.3	8.7000
1300	.2905	4677.8	5404.0	9.0291	.242 06	4676.6	5402.8	8.9442	.207 49	4675.5	5401.7	8.8723

T	p = 4.0 MPa (250.40)				p = 4.5 MPa (257.49)				p = 5.0 MPa (263.99)			
Sat.	.049 78	2602.3	2801.4	6.0701	.044 06	2600.1	2798.3	6.0198	.039 44	2597.1	2794.3	5.9734
275	.054 57	2667.9	2886.2	6.2285	.047 30	2650.3	2863.2	6.1401	.041 41	2631.3	2838.3	6.0544
300	.058 84	2725.3	2960.7	6.3615	.051 35	2712.0	2943.1	6.2828	.045 32	2698.0	2924.5	6.2084

附表 3　過熱水蒸氣(續)

T	p = 6.0 MPa (275.64)				p = 7.0 MPa (285.88)				p = 8.0 MPa (295.06)			
	v	u	h	s	v	u	h	s	v	u	h	s
350	.066 45	2826.7	3092.5	6.5821	.058 40	2817.8	3080.6	6.5131	.051 94	2808.7	3068.4	6.4493
400	.073 41	2919.9	3213.6	6.7690	.064 75	2913.3	3204.7	6.7047	.057 81	2906.6	3195.7	6.6459
450	.080 02	3010.2	3330.3	6.9363	.070 74	3005.0	3323.3	6.8746	.063 30	2999.7	3316.2	6.8186
500	.086 43	3099.5	3445.3	7.0901	.076 51	3095.3	3439.6	7.0301	.068 57	3091.0	3433.8	6.9759
600	.098 85	3279.1	3674.4	7.3688	.087 65	3276.0	3670.5	7.3110	.078 69	3273.0	3666.5	7.2589
700	.110 95	3462.1	3905.9	7.6198	.098 47	3459.9	3903.0	7.5631	.088 49	3457.6	3900.1	7.5122
800	.122 87	3650.0	4141.5	7.8502	.109 11	3648.3	4139.3	7.7942	.098 11	3646.6	4137.1	7.7440
900	.134 69	3843.6	4382.3	8.0647	.119 65	3842.2	4380.6	8.0091	.107 62	3840.7	4378.8	7.9593
1000	.146 45	4042.9	4628.7	8.2662	.130 13	4041.6	4627.2	8.2108	.117 07	4040.4	4625.7	8.1612
1100	.158 17	4248.0	4880.6	8.4567	.140 56	4246.8	4879.3	8.4015	.126 48	4245.6	4878.0	8.3520
1200	.169 87	4458.6	5138.1	8.6376	.150 98	4457.5	5136.9	8.5825	.135 87	4456.3	5135.7	8.5331
1300	.181 56	4674.3	5400.5	8.8100	.161 39	4673.1	5399.4	8.7549	.145 26	4672.0	5398.2	8.7055

T	p = 6.0 MPa (275.64)				p = 7.0 MPa (285.88)				p = 8.0 MPa (295.06)			
	v	u	h	s	v	u	h	s	v	u	h	s
Sat.	.032 44	2589.7	2784.3	5.8892	.027 37	2580.5	2772.1	5.8133	.023 52	2569.8	2758.0	5.7432
300	.036 16	2667.2	2884.2	6.0674	.029 47	2632.2	2838.4	5.9305	.024 26	2590.9	2785.0	5.7906
350	.042 23	2789.6	3043.0	6.3335	.035 24	2769.4	3016.0	6.2283	.029 95	2747.7	2987.3	6.1301
400	.047 39	2892.9	3177.2	6.5408	.039 93	2878.6	3158.1	6.4478	.034 32	2863.8	3138.3	6.3634
450	.052 14	2988.9	3301.8	6.7193	.044 16	2978.0	3287.1	6.6327	.038 17	2966.7	3272.0	6.5551
500	.056 65	3082.2	3422.2	6.8803	.048 14	3073.4	3410.3	6.7975	.041 75	3064.3	3398.3	6.7240
550	.061 01	3174.6	3540.6	7.0288	.051 95	3167.2	3530.9	6.9486	.045 16	3159.8	3521.0	6.8778
600	.065 25	3266.9	3658.4	7.1677	.055 65	3260.7	3650.3	7.0894	.048 45	3254.4	3642.0	7.0206
700	.073 52	3453.1	3894.2	7.4234	.062 83	3448.5	3888.3	7.3476	.054 81	3443.9	3882.4	7.2812
800	.081 60	3643.1	4132.7	7.6566	.069 81	3639.5	4128.2	7.5822	.060 97	3636.0	4123.8	7.5173
900	.089 58	3837.8	4375.3	7.8727	.076 69	3835.0	4371.8	7.7991	.067 02	3832.1	4368.3	7.7351
1000	.097 49	4037.8	4622.7	8.0751	.083 50	4035.3	4619.8	8.0020	.073 01	4032.8	4616.9	7.9384
1100	.105 36	4243.3	4875.4	8.2661	.090 27	4240.9	4872.8	8.1933	.078 96	4238.6	4870.3	8.1300

附表 3　過熱水蒸氣(續)

p = 6.0 MPa (275.64)　p = 7.0 MPa (285.88)　p = 8.0 MPa (295.06)

T	p = 6.0 MPa (275.64)				p = 7.0 MPa (285.88)				p = 8.0 MPa (295.06)			
1200	.113 21	4454.0	5133.3	8.4474	.097 03	4451.7	5130.9	8.3747	.084 89	4449.5	5128.5	8.3115
1300	.121 06	4669.6	5396.0	8.6199	.103 77	4667.3	5393.7	8.5473	.090 80	4665.0	5391.5	8.4842

p = 9.0 MPa (303.40)　p = 10.0 MPa (311.06)　p = 12.5 MPa (327.89)

T	p = 9.0 MPa (303.40)				p = 10.0 MPa (311.06)				p = 12.5 MPa (327.89)			
Sat.	.020 48	2557.8	2742.1	5.6772	.018 026	2544.4	2724.7	5.6141	.013 495	2505.1	2673.8	5.4624
325	.023 27	2646.6	2856.0	5.8712	.019 861	2610.4	2809.1	5.7568				
350	.025 80	2724.4	2956.6	6.0361	.022 42	2699.2	2923.4	5.9443	.016 126	2624.6	2826.2	5.7118
400	.029 93	2848.4	3117.8	6.2854	.026 41	2832.4	3096.5	6.2120	.020 00	2789.3	3039.3	6.0417
450	.033 50	2955.2	3256.6	6.4844	.029 75	2943.4	3240.9	6.4190	.022 99	2912.5	3199.8	6.2719
500	.036 77	3055.2	3386.1	6.6576	.032 79	3045.8	3373.7	6.5966	.025 60	3021.7	3341.8	6.4618
550	.039 87	3152.2	3511.0	6.8142	.035 64	3144.6	3500.9	6.7561	.028 01	3125.0	3475.2	6.6290
600	.042 85	3248.1	3633.7	6.9589	.038 37	3241.7	3625.3	6.9029	.030 29	3225.4	3604.0	6.7810
650	.045 74	3343.6	3755.3	7.0943	.041 01	3338.2	3748.2	7.0398	.032 48	3324.4	3730.4	6.9218
700	.048 57	3439.3	3876.5	7.2221	.043 58	3434.7	3870.5	7.1687	.034 60	3422.9	3855.3	7.0536
800	.054 09	3632.5	4119.3	7.4596	.048 59	3628.9	4114.8	7.4077	.038 69	3620.0	4103.6	7.2965
900	.059 50	3829.2	4364.8	7.6783	.053 49	3826.3	4361.2	7.6272	.042 67	3819.1	4352.5	7.5182
1000	.064 85	4030.3	4614.0	7.8821	.058 32	4027.8	4611.0	7.8315	.046 58	4021.6	4603.8	7.7237
1100	.070 16	4236.3	4867.7	8.0740	.063 12	4234.0	4865.1	8.0237	.050 45	4228.2	4858.8	7.9165
1200	.075 44	4447.2	5126.2	8.2556	.067 89	4444.9	5123.8	8.2055	.054 30	4439.3	5118.0	8.0987
1300	.080 72	4662.7	5389.2	8.4284	.072 65	4460.5	5387.0	8.3783	.058 13	4654.8	5381.4	8.2717

p = 15.0 MPa (342.24)　p = 17.5 MPa (354.75)　p = 20.0 MPa (365.81)

T	p = 15.0 MPa (342.24)				p = 17.5 MPa (354.75)				p = 20.0 MPa (365.81)			
Sat.	.010 337	2455.5	2610.5	5.3098	.007 920	2390.2	2528.8	5.1419	.005 834	2293.0	2409.7	4.9269
350	.011 470	2520.4	2692.4	5.4421								
400	.015 649	2740.7	2975.5	5.8811	.012 447	2685.0	2902.9	5.7213	.009 942	2619.3	2818.1	5.5540

附表 3 過熱水蒸氣(續)

T	p = 25.0 MPa				p = 30.0 MPa				p = 35.0 MPa			
	v	u	h	s	v	u	h	s	v	u	h	s
450	.018 445	2879.5	3156.2	6.1404	.015 174	2844.2	3109.7	6.0184	.012 695	2806.2	3060.1	5.9017
500	.020 80	2996.6	3308.6	6.3443	.017 358	2970.3	3274.1	6.2383	.014 768	2942.9	3238.2	6.1401
550	.022 93	3104.7	3448.6	6.5199	.019 288	3083.9	3421.4	6.4230	.016 555	3062.4	3393.5	6.3348
600	.024 91	3208.6	3582.3	6.6776	.021 06	3191.5	3560.1	6.5866	.018 178	3174.0	3537.6	6.5048
650	.026 80	3310.3	3712.3	6.8224	.022 74	3296.0	3693.9	6.7357	.019 693	3281.4	3675.3	6.6582
700	.028 61	3410.9	3840.1	6.9572	.024 34	3398.7	3824.6	6.8736	.021 13	3386.4	3809.0	6.7993
800	.032 10	3610.9	4092.4	7.2040	.027 38	3601.8	4081.1	7.1244	.023 85	3592.7	4069.7	7.0544
900	.035 46	3811.9	4343.8	7.4279	.030 31	3804.7	4335.1	7.3507	.026 45	3797.5	4326.4	7.2830
1000	.038 75	4015.4	4596.6	7.6348	.033 16	4009.3	4589.5	7.5589	.028 97	4003.1	4582.5	7.4925
1100	.042 00	4222.6	4852.6	7.8283	.035 97	4216.9	4846.4	7.7531	.031 45	4211.3	4840.2	7.6874
1200	.045 23	4433.8	5112.3	8.0108	.038 76	4428.3	5106.6	7.9360	.033 91	4422.8	5101.0	7.8707
1300	.048 45	4649.1	5376.0	8.1840	.041 54	4643.5	5370.5	8.1093	.036 36	4638.0	5365.1	8.0442

T	p = 25.0 MPa				p = 30.0 MPa				p = 35.0 MPa			
	v	u	h	s	v	u	h	s	v	u	h	s
375	.001 973 1	1798.7	1848.0	4.0320	.001 789 2	1737.8	1791.5	3.9305	.001 700 3	1702.9	1762.4	3.8722
400	.006 004	2430.1	2580.2	5.1418	.002 790	2067.4	2151.1	4.4728	.002 100	1914.1	1987.6	4.2126
425	.007 881	2609.2	2806.3	5.4723	.005 303	2455.1	2614.2	5.1504	.003 428	2253.4	2373.4	4.7747
450	.009 162	2720.7	2949.7	5.6744	.006 735	2619.3	2821.4	5.4424	.004 961	2498.7	2672.4	5.1962
500	.011 123	2884.3	3162.4	5.9592	.008 678	2820.7	3081.1	5.7905	.006 927	2751.9	2994.4	5.6282
550	.012 724	3017.5	3335.6	6.1765	.010 168	2970.3	3275.4	6.0342	.008 345	2921.0	3213.0	5.9026
600	.014 137	3137.9	3491.4	6.3602	.011 446	3100.5	3443.9	6.2331	.009 527	3062.0	3395.5	6.1179
650	.015 433	3251.6	3637.4	6.5229	.012 596	3221.0	3598.9	6.4058	.010 575	3189.8	3559.9	6.3010
700	.016 646	3361.3	3777.5	6.6707	.013 661	3335.8	3745.6	6.5606	.011 533	3309.8	3713.5	6.4631
800	.018 912	3574.3	4047.1	6.9345	.015 623	3555.5	4024.2	6.8332	.013 278	3536.7	4001.5	6.7450
900	.021 045	3783.0	4309.1	7.1680	.017 448	3768.5	4291.9	7.0718	.014 883	3754.0	4274.9	6.9886
1000	.023 10	3990.9	4568.5	7.3802	.019 196	3978.8	4554.7	7.2867	.016 410	3966.7	4541.1	7.2064
1100	.025 12	4200.2	4828.2	7.5765	.020 903	4189.2	4816.3	7.4845	.017 895	4178.3	4804.6	7.4057

附表 3 過熱水蒸氣(續)

T	\(p = 25.0\) MPa				\(p = 30.0\) MPa				\(p = 35.0\) MPa			
	v	u	h	s	v	u	h	s	v	u	h	s
1200	.027 11	4412.0	5089.9	7.7605	.022 589	4401.3	5079.0	7.6692	.019 360	4390.7	5068.3	7.5910
1300	.029 10	4626.9	5354.4	7.9342	.024 266	4616.0	5344.0	7.8432	.020 815	4605.1	5333.6	7.7653

T	\(p = 40.0\) MPa				\(p = 50.0\) MPa				\(p = 60.0\) MPa			
	v	u	h	s	v	u	h	s	v	u	h	s
375	.001 640 7	1677.1	1742.8	3.8290	.001 559 4	1638.6	1716.6	3.7639	.001 502 8	1609.4	1699.5	3.7141
400	.001 907 7	1854.6	1930.9	4.1135	.001 730 9	1788.1	1874.6	4.0031	.001 633 5	1745.4	1843.4	3.9318
425	.002 532	2096.9	2198.1	4.5029	.002 007	1959.7	2060.0	4.2734	.001 816 5	1892.7	2001.7	4.1626
450	.003 693	2365.1	2512.8	4.9459	.002 486	2159.6	2284.0	4.5884	.002 085	2053.9	2179.0	4.4121
500	.005 622	2678.4	2903.3	5.4700	.003 892	2525.5	2720.1	5.1726	.002 956	2390.6	2567.9	4.9321
550	.006 984	2869.7	3149.1	5.7785	.005 118	2763.6	3019.5	5.5485	.003 956	2658.8	2896.2	5.3441
600	.008 094	3022.6	3346.4	6.0114	.006 112	2942.0	3247.6	5.8178	.004 834	2861.1	3151.2	5.6452
650	.009 063	3158.0	3520.6	6.2054	.006 966	3093.5	3441.8	6.0342	.005 595	3028.8	3364.5	5.8829
700	.009 941	3283.6	3681.2	6.3750	.007 727	3230.5	3616.8	6.2189	.006 272	3177.2	3553.5	6.0824
800	.011 523	3517.8	3978.7	6.6662	.009 076	3479.8	3933.6	6.5290	.007 459	3441.5	3889.1	6.4109
900	.012 962	3739.4	4257.9	6.9150	.010 283	3710.3	4224.4	6.7882	.008 508	3681.0	4191.5	6.6805
1000	.014 324	3954.6	4527.6	7.1356	.011 411	3930.5	4501.1	7.0146	.009 480	3906.4	4475.2	6.9127
1100	.015 642	4167.4	4793.1	7.3364	.012 496	4145.7	4770.5	7.2184	.010 409	4124.1	4748.6	7.1195
1200	.016 940	4380.1	5057.7	7.5224	.013 561	4359.1	5037.2	7.4058	.011 317	4338.2	5017.2	7.3083
1300	.018 229	4594.3	5323.5	7.6969	.014 616	4572.8	5303.6	7.5808	.012 215	4551.4	5284.3	7.4837

附表 4　壓縮液體水

v (m³/kg)　u (kJ/kg)
h (kJ/kg)　s (kJ/kg-K)

T	p = 5 MPa (263.99) v	u	h	s	p = 10 MPa (311.06) v	u	h	s	p = 15 MPa (342.24) v	u	h	s
Sat.	.001 285 9	1147.8	1154.2	2.9202	.001 452 4	1393.0	1407.6	3.3596	.001 658 1	1585.6	1610.5	3.6848
0	.000 997 7	.04	5.04	.0001	.000 995 2	.09	10.04	.0002	.000 992 8	.15	15.05	.0004
20	.000 999 5	83.65	88.65	.2956	.000 997 2	83.36	93.33	.2945	.000 995 0	83.06	97.99	.2934
40	.001 005 6	166.95	171.97	.5705	.001 003 4	166.35	176.38	.5686	.001 001 3	165.76	180.78	.5666
60	.001 014 9	250.23	255.30	.8285	.001 012 7	249.36	259.49	.8258	.001 010 5	248.51	263.67	.8232
80	.001 026 8	333.72	338.85	1.0720	.001 024 5	332.59	342.83	1.0688	.001 022 2	331.48	346.81	1.0656
100	.001 041 0	417.52	422.72	1.3030	.001 038 5	416.12	426.50	1.2992	.001 036 1	414.74	430.28	1.2955
120	.001 057 6	501.80	507.09	1.5233	.001 054 9	500.08	510.64	1.5189	.001 052 2	498.40	514.19	1.5145
140	.001 076 8	586.76	592.15	1.7343	.001 073 7	584.68	595.42	1.7292	.001 070 7	582.66	598.72	1.7242
160	.001 098 8	672.62	678.12	1.9375	.001 095 3	670.13	681.08	1.9317	.001 091 8	667.71	684.09	1.9260
180	.001 124 0	759.63	765.25	2.1341	.001 119 9	756.65	767.84	2.1275	.001 115 9	753.76	770.50	2.1210
200	.001 153 0	848.1	853.9	2.3255	.001 148 0	844.5	856.0	2.3178	.001 143 3	841.0	858.2	2.3104
220	.001 186 6	938.4	944.4	2.5128	.001 180 5	934.1	945.9	2.5039	.001 174 8	929.9	947.5	2.4953
240	.001 226 4	1031.4	1037.5	2.6979	.001 218 7	1026.0	1038.1	2.6872	.001 211 4	1020.8	1039.0	2.6771
260	.001 274 9	1127.9	1134.3	2.8830	.001 264 5	1121.1	1133.7	2.8699	.001 255 0	1114.6	1133.4	2.8576
280					.001 321 6	1220.9	1234.1	3.0548	.001 308 4	1212.5	1232.1	3.0393
300					.001 397 2	1328.4	1342.3	3.2469	.001 377 0	1316.6	1337.3	3.2260
320									.001 472 4	1431.1	1453.2	3.4247
340									.001 631 1	1567.5	1591.9	3.6546

附表 4 壓縮液體水(續)

T	p = 20 MPa (365.81)				p = 30 MPa				p = 50 MPa			
	v	u	h	s	v	u	h	s	v	u	h	s
Sat.	.002 036	1785.6	1826.3	4.0139								
0	.000 990 4	.19	20.01	.0004	.000 985 6	.25	29.82	.0001	.000 976 6	.20	49.03	.0014
20	.000 992 8	82.77	102.62	.2923	.000 988 6	82.17	111.84	.2899	.000 980 4	81.00	130.02	.2848
40	.000 999 2	165.17	185.16	.5646	.000 995 1	164.04	193.89	.5607	.000 987 2	161.86	211.21	.5527
60	.001 008 4	247.68	267.85	.8206	.001 004 2	246.06	276.19	.8154	.000 996 2	242.98	292.79	.8052
80	.001 019 9	330.40	350.80	1.0624	.001 015 6	328.30	358.77	1.0561	.001 007 3	324.34	374.70	1.0440
100	.001 033 7	413.39	434.06	1.2917	.001 029 0	410.78	441.66	1.2844	.001 020 1	405.88	456.89	1.2703
120	.001 049 6	496.76	517.76	1.5102	.001 044 5	493.59	524.93	1.5018	.001 034 8	487.65	539.39	1.4857
140	.001 067 8	580.69	602.04	1.7193	.001 062 1	576.88	608.75	1.7098	.001 051 5	569.77	622.35	1.6915
160	.001 088 5	665.35	687.12	1.9204	.001 082 1	660.82	693.28	1.9096	.001 070 3	652.41	705.92	1.8891
180	.001 112 0	750.95	773.20	2.1147	.001 104 7	745.59	778.73	2.1024	.001 091 2	735.69	790.25	2.0794
200	.001 138 8	837.7	860.5	2.3031	.001 130 2	831.4	865.3	2.2893	.001 114 6	819.7	875.5	2.2634
220	.001 169 3	925.9	949.3	2.4870	.001 159 0	918.3	953.1	2.4711	.001 140 8	904.7	961.7	2.4419
240	.001 204 6	1016.0	1040.0	2.6674	.001 192 0	1006.9	1042.6	2.6490	.001 170 2	990.7	1049.2	2.6158
260	.001 246 2	1108.6	1133.5	2.8459	.001 230 3	1097.4	1134.3	2.8243	.001 203 4	1078.1	1138.2	2.7860
280	.001 296 5	1204.7	1230.6	3.0248	.001 275 5	1190.7	1229.0	2.9986	.001 241 5	1167.2	1229.3	2.9537
300	.001 359 6	1306.1	1333.3	3.2071	.001 330 4	1287.9	1327.8	3.1741	.001 286 0	1258.7	1323.0	3.1200
320	.001 443 7	1415.7	1444.6	3.3979	.001 399 7	1390.7	1432.7	3.3539	.001 338 8	1353.3	1420.2	3.2868
340	.001 568 4	1539.7	1571.0	3.6075	.001 492 0	1501.7	1546.5	3.5426	.001 403 2	1452.0	1522.1	3.4557
360	.001 822 6	1702.8	1739.3	3.8772	.001 626 5	1626.6	1675.4	3.7494	.001 483 8	1556.0	1630.2	3.6291
380					.001 869 1	1781.4	1837.5	4.0012	.001 588 4	1667.2	1746.6	3.8101

附表 5　飽和氨

溫度 (°C) (T)	壓力 (kPa) (p)	比容 (m³/kg)			焓 (kJ/kg)			熵 (kJ/kg-K)		
		v_f	v_{fg}	v_g	h_f	h_{fg}	h_g	s_f	s_{fg}	s_g
-50	40.88	0.001 424	2.6239	2.6254	-44.3	1416.7	1372.4	-0.1942	6.3502	6.1561
-48	45.96	0.001 429	2.3518	2.3533	-35.5	1411.3	1375.8	-0.1547	6.2696	6.1149
-46	51.55	0.001 434	2.1126	2.1140	-26.6	1405.8	1379.2	-0.1156	6.1902	6.0746
-44	57.69	0.001 439	1.9018	1.9032	-17.8	1400.3	1382.5	-0.0768	6.1120	6.0352
-42	64.42	0.001 444	1.7155	1.7170	-8.9	1394.7	1385.8	-0.0382	6.0349	5.9967
-40	71.77	0.001 449	1.5506	1.5521	0.0	1389.0	1389.0	0.0000	5.9589	5.9589
-38	79.80	0.001 454	1.4043	1.4058	8.9	1383.3	1392.2	0.0380	5.8840	5.9220
-36	88.54	0.001 460	1.2742	1.2757	17.8	1377.6	1395.4	0.0757	5.8101	5.8858
-34	98.05	0.001 465	1.1582	1.1597	26.8	1371.8	1398.5	0.1132	5.7372	5.8504
-32	108.37	0.001 470	1.0547	1.0562	35.7	1365.9	1401.6	0.1504	5.6652	5.8156
-30	119.55	0.001 476	0.9621	0.9635	44.7	1360.0	1404.6	0.1873	5.5942	5.7815
-28	131.64	0.001 481	0.8790	0.8805	53.6	1354.0	1407.6	0.2240	5.5241	5.7481
-26	144.70	0.001 487	0.8044	0.8059	62.6	1347.9	1410.5	0.2605	5.4548	5.7153
-24	158.78	0.001 492	0.7373	0.7388	71.6	1341.8	1413.4	0.2967	5.3864	5.6831
-22	173.93	0.001 498	0.6768	0.6783	80.7	1335.6	1416.2	0.3327	5.3188	5.6515
-20	190.22	0.001 504	0.6222	0.6237	89.7	1329.3	1419.0	0.3684	5.2520	5.6205
-18	207.71	0.001 510	0.5728	0.5743	98.8	1322.9	1421.7	0.4040	5.1860	5.5900
-16	226.45	0.001 515	0.5280	0.5296	107.8	1316.5	1424.4	0.4393	5.1207	5.5600
-14	246.51	0.001 521	0.4874	0.4889	116.9	1310.0	1427.0	0.4744	5.0561	5.5305
-12	267.95	0.001 528	0.4505	0.4520	126.0	1303.5	1429.5	0.5093	4.9922	5.5015
-10	290.85	0.001 534	0.4169	0.4185	135.2	1296.8	1432.0	0.5440	4.9290	5.4730
-8	315.25	0.001 540	0.3863	0.3878	144.3	1290.1	1434.4	0.5785	4.8664	5.4449
-6	341.25	0.001 546	0.3583	0.3599	153.5	1283.3	1436.8	0.6128	4.8045	5.4173
-4	368.90	0.001 553	0.3328	0.3343	162.7	1276.4	1439.1	0.6469	4.7432	5.3901
-2	398.27	0.001 559	0.3094	0.3109	171.9	1269.4	1441.3	0.6808	4.6825	5.3633

附表 5　飽和氨(續)

溫度 (°C) (T)	壓力 (kPa) (p)	比　容 (m³/kg)			焓 (kJ/kg)			熵 (kJ/kg-K)		
		v_f	v_{fg}	v_g	h_f	h_{fg}	h_g	s_f	s_{fg}	s_g
0	429.44	0.001 566	0.2879	0.2895	181.1	1262.4	1443.5	0.7145	4.6223	5.3369
2	462.49	0.001 573	0.2683	0.2698	190.4	1255.2	1445.6	0.7481	4.5627	5.3108
4	497.49	0.001 580	0.2502	0.2517	199.6	1248.0	1447.6	0.7815	4.5037	5.2852
6	534.51	0.001 587	0.2335	0.2351	208.9	1240.6	1449.6	0.8148	4.4451	5.2599
8	573.64	0.001 594	0.2182	0.2198	218.3	1233.2	1451.5	0.8479	4.3871	5.2350
10	614.95	0.001 601	0.2040	0.2056	227.6	1225.7	1453.3	0.8808	4.3295	5.2104
12	658.52	0.001 608	0.1910	0.1926	237.0	1218.1	1455.1	0.9136	4.2725	5.1861
14	704.44	0.001 616	0.1789	0.1805	246.4	1210.4	1456.8	0.9463	4.2159	5.1621
16	752.79	0.001 623	0.1677	0.1693	255.9	1202.6	1458.5	0.9788	4.1597	5.1385
18	803.66	0.001 631	0.1574	0.1590	265.4	1194.7	1460.0	1.0112	4.1039	5.1151
20	857.12	0.001 639	0.1477	0.1494	274.9	1186.7	1461.5	1.0434	4.0486	5.0920
22	913.27	0.001 647	0.1388	0.1405	284.4	1178.5	1462.9	1.0755	3.9937	5.0692
24	972.19	0.001 655	0.1305	0.1322	294.0	1170.3	1464.3	1.1075	3.9392	5.0467
26	1033.97	0.001 663	0.1228	0.1245	303.6	1162.0	1465.6	1.1394	3.8850	5.0244
28	1098.71	0.001 671	0.1156	0.1173	313.2	1153.6	1466.8	1.1711	3.8312	5.0023
30	1166.49	0.001 680	0.1089	0.1106	322.9	1145.0	1467.9	1.2028	3.7777	4.9805
32	1237.41	0.001 689	0.1027	0.1044	332.6	1136.4	1469.0	1.2343	3.7246	4.9589
34	1311.55	0.001 698	0.0969	0.0986	342.3	1127.6	1469.9	1.2656	3.6718	4.9374
36	1389.03	0.001 707	0.0914	0.0931	352.1	1118.7	1470.8	1.2969	3.6192	4.9161
38	1469.92	0.001 716	0.0863	0.0880	361.9	1109.7	1471.5	1.3281	3.5669	4.8950
40	1554.33	0.001 726	0.0815	0.0833	371.7	1100.5	1472.2	1.3591	3.5148	4.8740
42	1642.35	0.001 735	0.0771	0.0788	381.6	1091.2	1472.8	1.3901	3.4630	4.8530
44	1734.09	0.001 745	0.0728	0.0746	391.5	1081.7	1473.2	1.4209	3.4112	4.8322
46	1829.65	0.001 756	0.0689	0.0707	401.5	1072.0	1473.5	1.4518	3.3595	4.8113
48	1929.13	0.001 766	0.0652	0.0669	411.5	1062.2	1473.7	1.4826	3.3079	4.7905
50	2032.62	0.001 777	0.0617	0.0635	421.7	1052.0	1473.7	1.5135	3.2561	4.7696

附表 6 過熱氨

v (m³/kg) h (kJ/kg) s (kJ/kg-K)

壓力 (kPa) (飽和溫度 °C)		溫　　　度（°C）											
		-20	-10	0	10	20	30	40	50	60	70	80	100
50 (-46.54)	v	2.4474	2.5481	2.6482	2.7479	2.8473	2.9464	3.0453	3.1441	3.2427	3.3413	3.4397	
	h	1435.8	1457.0	1478.1	1499.2	1520.4	1541.7	1563.0	1584.5	1606.1	1627.8	1649.7	
	s	6.3256	6.4077	6.4865	6.5625	6.6360	6.7073	6.7766	6.8441	6.9099	6.9743	7.0372	
75 (-39.18)	v	1.6233	1.6915	1.7591	1.8263	1.8932	1.9597	2.0261	2.0923	2.1584	2.2244	2.2903	
	h	1433.0	1454.1	1476.1	1497.5	1518.9	1540.3	1561.8	1583.4	1605.1	1626.9	1648.9	
	s	6.1190	6.2028	6.2828	6.3597	6.4339	6.5058	6.5756	6.6434	6.7096	6.7742	6.8373	
100 (-33.61)	v	1.2110	1.2631	1.3145	1.3654	1.4160	1.4664	1.5165	1.5664	1.6163	1.6659	1.7155	1.8145
	h	1430.1	1452.2	1474.1	1495.7	1517.3	1538.9	1560.5	1582.2	1604.1	1626.0	1648.0	1692.6
	s	5.9695	6.0552	6.1366	6.2144	6.2894	6.3618	6.4321	6.5003	6.5668	6.6316	6.6950	6.8177
125 (-29.08)	v	0.9635	1.0059	1.0476	1.0889	1.1297	1.1703	1.2107	1.2509	1.2909	1.3309	1.3707	1.4501
	h	1427.2	1449.8	1472.0	1493.9	1515.7	1537.5	1559.3	1581.1	1603.0	1625.0	1647.2	1691.8
	s	5.8512	5.9389	6.0217	6.1006	6.1763	6.2494	6.3201	6.3887	6.4555	6.5206	6.5842	
150 (-25.23)	v	0.7984	0.8344	0.8697	0.9045	0.9388	0.9729	1.0068	1.0405	1.0740	1.1074	1.1408	1.2072
	h	1424.1	1447.3	1469.8	1492.1	1514.1	1536.1	1558.0	1580.0	1602.0	1624.1	1646.3	1691.1
	s	5.7526	5.8424	5.9266	6.0066	6.0831	6.1568	6.2280	6.2970	6.3641	6.4295	6.4933	6.6167
200 (-18.86)	v		0.6199	0.6471	0.6738	0.7001	0.7261	0.7519	0.7774	0.8029	0.8282	0.8533	0.9035
	h		1442.0	1465.5	1488.4	1510.9	1533.2	1555.5	1577.7	1599.9	1622.2	1644.6	1689.6
	s		5.6863	5.7737	5.8559	5.9342	6.0091	6.0813	6.1512	6.2189	6.2849	6.3491	6.4732
250 (-13.67)	v		0.4910	0.5135	0.5354	0.5568	0.5780	0.5989	0.6196	0.6401	0.6605	0.6809	0.7212
	h		1436.6	1461.0	1484.5	1507.6	1530.3	1552.9	1575.4	1597.8	1620.3	1642.8	1688.2
	s		5.5609	5.6517	5.7365	5.8165	5.8928	5.9661	6.0368	6.1052	6.1717	6.2365	6.3613
300 (-9.23)	v			0.4243	0.4430	0.4613	0.4792	0.4968	0.5143	0.5316	0.5488	0.5658	0.5997
	h			1456.3	1480.6	1504.2	1527.4	1550.3	1573.0	1595.7	1618.4	1641.1	1686.7
	s			5.5493	5.6366	5.7186	5.7963	5.8707	5.9423	6.0114	6.0785	6.1437	6.2693

附表 6 過熱氨(續)

溫 度 (°C)

壓 力 (kPa) 飽和溫度(°C)		-20	-10	0	10	20	30	40	50	60	70	80	100
350 (-5.35)	v			0.3605	0.3770	0.3929	0.4086	0.4239	0.4391	0.4541	0.4689	0.4837	0.5129
	h			1451.5	1476.5	1500.7	1524.4	1547.6	1570.7	1593.6	1616.5	1639.3	1685.2
	s			5.4600	5.5502	5.6342	5.7135	5.7890	5.8615	5.9314	5.9990	6.0647	6.1910
400 (-1.89)	v			0.3125	0.3274	0.3417	0.3556	0.3692	0.3826	0.3959	0.4090	0.4220	0.4478
	h			1446.5	1472.4	1497.2	1521.3	1544.9	1568.3	1591.5	1614.5	1637.6	1683.7
	s			5.3803	5.4735	5.5597	5.6405	5.7173	5.7907	5.8613	5.9296	5.9957	6.1228
450 (1.26)	v			0.2752	0.2887	0.3017	0.3143	0.3266	0.3387	0.3506	0.3624	0.3740	0.3971
	h			1441.3	1468.1	1493.6	1518.2	1542.2	1565.9	1589.3	1612.6	1635.8	1682.2
	s			5.3078	5.4042	5.4926	5.5752	5.6532	5.7275	5.7989	5.8678	5.9345	6.0623

壓 力 (kPa) 飽和溫度(°C)		20	30	40	50	60	70	80	100	120	140	160	180
500 (4.14)	v	0.2698	0.2813	0.2926	0.3036	0.3144	0.3251	0.3357	0.3565	0.3771	0.3975		
	h	1489.9	1515.0	1539.5	1563.4	1587.1	1610.6	1634.0	1680.7	1727.5	1774.7		
	s	5.4314	5.5157	5.5950	5.6704	5.7425	5.8120	5.8793	6.0079	6.1301	6.2472		
600 (9.29)	v	0.2217	0.2317	0.2414	0.2508	0.2600	0.2691	0.2781	0.2957	0.3130	0.3302		
	h	1482.4	1508.6	1533.8	1558.5	1582.7	1606.6	1630.4	1677.7	1724.9	1772.4		
	s	5.3222	5.4102	5.4923	5.5697	5.6436	5.7144	5.7826	5.9129	6.0363	6.1541		
700 (13.81)	v	0.1874	0.1963	0.2048	0.2131	0.2212	0.2291	0.2369	0.2522	0.2672	0.2821		
	h	1474.5	1501.9	1528.1	1553.4	1578.2	1602.6	1626.8	1674.6	1722.4	1770.2		
	s	5.2259	5.3179	5.4029	5.4826	5.5582	5.6303	5.6997	5.8316	5.9562	6.0749		
800 (17.86)	v	0.1615	0.1696	0.1773	0.1848	0.1920	0.1991	0.2060	0.2196	0.2329	0.2459	0.2589	
	h	1466.3	1495.0	1522.2	1548.3	1573.7	1598.6	1623.1	1671.6	1719.8	1768.0	1816.4	
	s	5.1387	5.2351	5.3232	5.4053	5.4827	5.5562	5.6268	5.7603	5.8861	6.0057	6.1202	
900 (21.54)	v		0.1488	0.1559	0.1627	0.1693	0.1757	0.1820	0.1942	0.2061	0.2178	0.2294	
	h		1488.0	1516.2	1543.0	1569.1	1594.4	1619.4	1668.5	1717.1	1765.7	1814.4	
	s		5.1593	5.2508	5.3354	5.4147	5.4897	5.5614	5.6968	5.8237	5.9442	6.0594	

附表 6　過熱氨(續)

壓 力 (kPa) 飽和溫度 °C		溫　　　　度（°C） 20	30	40	50	60	70	80	100	120	140	160	180
1000 (24.91)	v		0.1321	0.1388	0.1450	0.1511	0.1570	0.1627	0.1739	0.1847	0.1954	0.2058	0.2162
	h		1480.6	1510.0	1537.7	1564.4	1590.3	1615.6	1665.4	1714.5	1763.4	1812.4	1861.7
	s		5.0889	5.1840	5.2713	5.3525	5.4292	5.5021	5.6392	5.7674	5.8888	6.0047	6.1159
1200 (30.96)	v			0.1129	0.1185	0.1238	0.1289	0.1338	0.1434	0.1526	0.1616	0.1705	0.1792
	h			1497.1	1526.6	1554.7	1581.7	1608.0	1659.2	1709.2	1758.9	1808.5	1858.2
	s			5.0629	5.1560	5.2416	5.3215	5.3970	5.5379	5.6687	5.7919	5.9091	6.0214
1400 (36.28)	v			0.0944	0.0995	0.1042	0.1088	0.1132	0.1216	0.1297	0.1376	0.1452	0.1528
	h			1483.4	1515.1	1544.7	1573.0	1600.2	1652.8	1703.9	1754.3	1804.5	1854.7
	s			4.9534	5.0530	5.1434	5.2270	5.3053	5.4501	5.5836	5.7087	5.8273	5.9406
1600 (41.05)	v				0.0851	0.0895	0.0937	0.0977	0.1053	0.1125	0.1195	0.1263	0.1330
	h				1502.9	1534.4	1564.0	1592.3	1646.4	1698.5	1749.7	1800.5	1851.2
	s				4.9584	5.0543	5.1419	5.2232	5.3722	5.5084	5.6355	5.7555	5.8699
1800 (45.39)	v				0.0739	0.0781	0.0820	0.0856	0.0926	0.0992	0.1055	0.1116	0.1177
	h				1490.0	1523.5	1554.6	1584.1	1639.8	1693.1	1745.1	1796.5	1847.7
	s				4.8693	4.9715	5.0635	5.1482	5.3018	5.4409	5.5699	5.6914	5.8069
2000 (49.38)	v				0.0648	0.0688	0.0725	0.0760	0.0824	0.0885	0.0943	0.0999	0.1054
	h				1476.1	1512.0	1544.9	1575.6	1633.2	1687.6	1740.4	1792.4	1844.1
	s				4.7834	4.8930	4.9902	5.0786	5.2371	5.3798	5.5104	5.6333	5.7499

附表 7 飽和冷媒 -12

溫度 (°C) (T)	壓力 (MPa) (p)	比容 (m³/kg)			焓 (kJ/kg)			熵 (kJ/kg-K)		
		v_f	v_{fg}	v_g	h_f	h_{fg}	h_g	s_f	s_{fg}	s_g
-90	0.0028	0.000 608	4.414 937	4.415 545	-43.243	189.618	146.375	-0.2084	1.0352	0.8268
-85	0.0042	0.000 612	3.036 704	3.037 316	-38.968	187.608	148.640	-0.1854	0.9970	0.8116
-80	0.0062	0.000 617	2.137 728	2.138 345	-34.688	185.612	150.924	-0.1630	0.9609	0.7979
-75	0.0088	0.000 622	1.537 030	1.537 651	-30.401	183.625	153.224	-0.1411	0.9266	0.7855
-70	0.0123	0.000 627	1.126 654	1.127 280	-26.103	181.640	155.536	-0.1197	0.8940	0.7744
-65	0.0168	0.000 632	0.840 534	0.841 166	-21.793	179.651	157.857	-0.0987	0.8630	0.7643
-60	0.0226	0.000 637	0.637 274	0.637 910	-17.469	177.653	160.184	-0.0782	0.8334	0.7552
-55	0.0300	0.000 642	0.490 358	0.491 000	-13.129	175.641	162.512	-0.0581	0.8051	0.7470
-50	0.0391	0.000 648	0.382 457	0.383 105	-8.772	173.611	164.840	-0.0384	0.7779	0.7396
-45	0.0504	0.000 654	0.302 029	0.302 682	-4.396	171.558	167.163	-0.0190	0.7519	0.7329
-40	0.0642	0.000 659	0.241 251	0.241 910	-0.000	169.479	169.479	-0.0000	0.7269	0.7269
-35	0.0807	0.000 666	0.194 732	0.195 398	4.416	167.368	171.784	0.0187	0.7027	0.7214
-30	0.1004	0.000 672	0.158 703	0.159 375	8.854	165.222	174.076	0.0371	0.6795	0.7165
-25	0.1237	0.000 679	0.130 487	0.131 166	13.315	163.037	176.352	0.0552	0.6570	0.7121
-20	0.1509	0.000 685	0.108 162	0.108 847	17.800	160.810	178.610	0.0730	0.6352	0.7082
-15	0.1826	0.000 693	0.090 326	0.091 018	22.312	158.534	180.846	0.0906	0.6141	0.7046
-10	0.2191	0.000 700	0.075 946	0.076 646	26.851	156.207	183.058	0.1079	0.5936	0.7014
-5	0.2610	0.000 708	0.064 255	0.064 963	31.420	153.823	185.243	0.1250	0.5736	0.6986
0	0.3086	0.000 716	0.054 673	0.055 389	36.022	151.376	187.397	0.1418	0.5542	0.6960
5	0.3626	0.000 724	0.046 761	0.047 485	40.659	148.859	189.518	0.1585	0.5351	0.6937

附表 7 飽和冷媒-12(續)

溫度 (°C) (T)	壓力 (MPa) (p)	比 容 (m³/kg)			焓 (kJ/kg)			熵 (kJ/kg-K)		
		v_f	v_{fg}	v_g	h_f	h_{fg}	h_g	s_f	s_{fg}	s_g
10	0.4233	0.000 733	0.040 180	0.040 914	45.337	146.265	191.602	0.1750	0.5165	0.6916
15	0.4914	0.000 743	0.034 671	0.035 413	50.058	143.586	193.644	0.1914	0.4983	0.6897
20	0.5673	0.000 752	0.030 028	0.030 780	54.828	140.812	195.641	0.2076	0.4803	0.6879
25	0.6516	0.000 763	0.026 091	0.026 854	59.653	137.933	197.586	0.2237	0.4626	0.6863
30	0.7449	0.000 774	0.022 734	0.023 508	64.539	134.936	199.475	0.2397	0.4451	0.6848
35	0.8477	0.000 786	0.019 855	0.020 641	69.494	131.805	201.299	0.2557	0.4277	0.6834
40	0.9607	0.000 798	0.017 373	0.018 171	74.527	128.525	203.051	0.2716	0.4104	0.6820
45	1.0843	0.000 811	0.015 220	0.016 032	79.647	125.074	204.722	0.2875	0.3931	0.6806
50	1.2193	0.000 826	0.013 344	0.014 170	84.868	121.430	206.298	0.3034	0.3758	0.6792
55	1.3663	0.000 841	0.011 701	0.012 542	90.201	117.565	207.766	0.3194	0.3582	0.6777
60	1.5259	0.000 858	0.010 253	0.011 111	95.665	113.443	209.109	0.3355	0.3405	0.6760
65	1.6988	0.000 877	0.008 971	0.009 847	101.279	109.024	210.303	0.3518	0.3224	0.6742
70	1.8858	0.000 897	0.007 828	0.008 725	107.067	104.255	211.321	0.3683	0.3038	0.6721
75	2.0874	0.000 920	0.006 802	0.007 723	113.058	99.068	212.126	0.3851	0.2845	0.6697
80	2.3046	0.000 946	0.005 875	0.006 821	119.291	93.373	212.665	0.4023	0.2644	0.6667
85	2.5380	0.000 976	0.005 029	0.006 005	125.818	87.047	212.865	0.4201	0.2430	0.6631
90	2.7885	0.001 012	0.004 246	0.005 258	132.708	79.907	212.614	0.4385	0.2200	0.6585
95	3.0569	0.001 056	0.003 508	0.004 563	140.068	71.658	211.726	0.4579	0.1946	0.6526
100	3.3440	0.001 113	0.002 790	0.003 903	148.076	61.768	209.843	0.4788	0.1655	0.6444
105	3.6509	0.001 197	0.002 045	0.003 242	157.085	49.014	206.099	0.5023	0.1296	0.6319
110	3.9784	0.001 364	0.001 098	0.002 462	168.059	28.425	196.484	0.5322	0.0742	0.6064
112	4.1155	0.001 792	0.000 005	0.001 797	174.920	0.151	175.071	0.5651	0.0004	0.5655

附表 8　過熱冷媒－12

溫度 °C	0.05 MPa			0.10 MPa			0.15 MPa		
	v m³/kg	h kJ/kg	s kJ/kg K	v m³/kg	h kJ/kg	s kJ/kg K	v m³/kg	h kJ/kg	s kJ/kg K
−20.0	0.341 857	181.042	0.7912	0.167 701	179.861	0.7401			
−10.0	0.356 227	186.757	0.8133	0.175 222	185.707	0.7628	0.114 716	184.619	0.7318
0.0	0.370 508	192.567	0.8350	0.182 647	191.628	0.7849	0.119 866	190.660	0.7543
10.0	0.384 716	198.471	0.8562	0.189 994	197.628	0.8064	0.124 932	196.762	0.7763
20.0	0.398 863	204.469	0.8770	0.197 277	203.707	0.8275	0.129 930	202.927	0.7977
30.0	0.412 959	210.557	0.8974	0.204 506	209.866	0.8482	0.134 873	209.160	0.8186
40.0	0.427 012	216.733	0.9175	0.211 691	216.104	0.8684	0.139 768	215.463	0.8390
50.0	0.441 030	222.997	0.9372	0.218 839	222.421	0.8883	0.144 625	221.835	0.8591
60.0	0.455 017	229.344	0.9565	0.225 955	228.815	0.9078	0.149 450	228.277	0.8787
70.0	0.468 978	235.774	0.9755	0.233 044	235.285	0.9269	0.154 247	234.789	0.8980
80.0	0.482 917	242.282	0.9942	0.240 111	241.829	0.9457	0.159 020	241.371	0.9169
90.0	0.496 838	248.868	1.0126	0.247 159	248.446	0.9642	0.163 774	248.020	0.9354

溫度 °C	0.20 MPa			0.25 MPa			0.30 MPa		
	v m³/kg	h kJ/kg	s kJ/kg K	v m³/kg	h kJ/kg	s kJ/kg K	v m³/kg	h kJ/kg	s kJ/kg K
0.0	0.088 608	189.669	0.7320	0.069 752	188.644	0.7139	0.057 150	187.583	0.6984
10.0	0.092 550	195.878	0.7543	0.073 024	194.969	0.7366	0.059 984	194.034	0.7216
20.0	0.096 418	202.135	0.7760	0.076 218	201.322	0.7587	0.062 734	200.490	0.7440
30.0	0.100 228	208.446	0.7972	0.079 350	207.715	0.7801	0.065 418	206.969	0.7658
40.0	0.103 989	214.814	0.8178	0.082 431	214.153	0.8010	0.068 049	213.480	0.7869
50.0	0.107 710	221.243	0.8381	0.085 470	220.642	0.8214	0.070 635	220.030	0.8075
60.0	0.111 397	227.735	0.8578	0.088 474	227.185	0.8413	0.073 185	226.627	0.8276
70.0	0.115 055	234.291	0.8772	0.091 449	233.785	0.8608	0.075 705	233.273	0.8473
80.0	0.118 690	240.910	0.8962	0.094 398	240.443	0.8800	0.078 200	239.971	0.8665

附表 8 過熱冷媒－12(續)

上方續表（溫度 90.0～110.0，接續前頁之壓力欄）：

T (°C)	v	h	s	v	h	s	v	h	s
90.0	0.122 304	247.599	0.9149	0.097 327	247.160	0.8987	0.080 673	246.723	0.8853
100.0	0.125 901	254.339	0.9332	0.100 238	253.936	0.9171	0.083 127	253.530	0.9038
110.0	0.129 489	261.147	0.9512	0.103 184	260.770	0.9352	0.085 566	260.391	0.9220

T (°C)	0.40 MPa v	h	s	0.50 MPa v	h	s	0.60 MPa v	h	s
20.0	0.045 836	198.762	0.7199	0.035 646	196.935	0.6999			
30.0	0.047 971	205.428	0.7423	0.037 464	203.814	0.7230	0.030 422	202.116	0.7063
40.0	0.050 046	212.095	0.7639	0.039 214	210.656	0.7452	0.031 966	209.154	0.7291
50.0	0.052 072	218.779	0.7849	0.040 911	217.484	0.7667	0.033 450	216.141	0.7511
60.0	0.054 059	225.488	0.8054	0.042 565	224.315	0.7875	0.034 887	223.104	0.7729
70.0	0.056 014	232.230	0.8253	0.044 184	231.161	0.8077	0.036 285	230.062	0.7929
80.0	0.057 941	239.012	0.8448	0.045 774	238.031	0.8275	0.037 653	237.027	0.8129
90.0	0.059 846	245.837	0.8638	0.047 340	244.932	0.8467	0.038 995	244.009	0.8324
100.0	0.061 731	252.707	0.8825	0.048 886	251.869	0.8656	0.040 316	251.016	0.8514
110.0	0.063 600	259.624	0.9008	0.050 415	258.845	0.8840	0.041 619	258.053	0.8700
120.0	0.065 455	266.590	0.9187	0.051 929	265.862	0.9021	0.042 907	265.124	0.8882
130.0	0.067 298	273.605	0.9364	0.053 430	272.923	0.9198	0.044 181	272.281	0.9061

T (°C)	0.70 MPa v	h	s	0.80 MPa v	h	s	0.90 MPa v	h	s
40.0	0.026 761	207.580	0.7148	0.022 830	205.924	0.7016	0.019 744	204.170	0.6982
50.0	0.028 100	214.745	0.7373	0.024 068	213.290	0.7248	0.020 912	211.765	0.7131
60.0	0.029 387	221.854	0.7590	0.025 247	220.558	0.7469	0.022 012	219.212	0.7358
70.0	0.030 632	228.931	0.7799	0.026 380	227.766	0.7682	0.023 062	226.564	0.7575
80.0	0.031 843	235.997	0.8002	0.027 477	234.941	0.7888	0.024 072	233.856	0.7785
90.0	0.033 027	243.066	0.8199	0.028 545	242.101	0.8088	0.025 051	241.113	0.7987
100.0	0.034 189	250.146	0.8392	0.029 588	249.260	0.8283	0.026 005	248.355	0.8184
110.0	0.035 332	257.247	0.8579	0.030 612	256.428	0.8472	0.026 937	255.593	0.8376
120.0	0.036 458	264.374	0.8763	0.031 619	263.613	0.8657	0.027 851	262.839	0.8562
130.0	0.037 572	271.531	0.8943	0.032 612	270.820	0.8838	0.028 751	270.100	0.8745
140.0	0.038 673	278.720	0.9119	0.033 592	278.055	0.9016	0.029 639	277.381	0.8923
150.0	0.039 764	285.946	0.9292	0.034 563	285.320	0.9189	0.030 515	284.687	0.9098

附表 8 過熱冷媒-12(續)

溫度 °C	1.00 MPa v m³/kg	1.00 MPa h kJ/kg	1.00 MPa s kJ/kg-K	1.20 MPa v m³/kg	1.20 MPa h kJ/kg	1.20 MPa s kJ/kg-K	1.40 MPa v m³/kg	1.40 MPa h kJ/kg	1.40 MPa s kJ/kg-K
50.0	0.018 366	210.162	0.7021	0.014 483	206.661	0.6812			
60.0	0.019 410	217.810	0.7254	0.015 463	214.805	0.7060	0.012 579	211.457	0.6876
70.0	0.020 397	225.319	0.7476	0.016 368	222.687	0.7293	0.013 448	219.822	0.7123
80.0	0.021 341	232.739	0.7689	0.017 221	230.398	0.7514	0.014 247	227.891	0.7355
90.0	0.022 251	240.101	0.7895	0.018 032	237.995	0.7727	0.014 997	235.766	0.7575
100.0	0.023 133	247.430	0.8094	0.018 812	245.518	0.7931	0.015 710	243.512	0.7785
110.0	0.023 993	254.743	0.8287	0.019 567	252.993	0.8129	0.016 393	251.170	0.7988
120.0	0.024 835	262.053	0.8475	0.020 301	260.441	0.8320	0.017 053	258.770	0.8183
130.0	0.025 661	269.369	0.8659	0.021 018	267.875	0.8507	0.017 695	266.334	0.8373
140.0	0.026 474	276.699	0.8839	0.021 721	275.307	0.8689	0.018 321	273.877	0.8558
150.0	0.027 275	284.047	0.9015	0.022 412	282.745	0.8867	0.018 934	281.411	0.8738
160.0	0.028 068	291.419	0.9187	0.023 093	290.195	0.9041	0.019 535	288.946	0.8914

溫度 °C	1.60 MPa v m³/kg	1.60 MPa h kJ/kg	1.60 MPa s kJ/kg-K	1.80 MPa v m³/kg	1.80 MPa h kJ/kg	1.80 MPa s kJ/kg-K	2.00 MPa v m³/kg	2.00 MPa h kJ/kg	2.00 MPa s kJ/kg-K
70.0	0.011 208	216.650	0.6959	0.009 406	213.049	0.6794			
80.0	0.011 984	225.177	0.7204	0.010 187	222.198	0.7057	0.008 704	218.859	0.6909
90.0	0.012 698	233.390	0.7433	0.010 884	230.835	0.7298	0.009 406	228.056	0.7166
100.0	0.013 366	241.397	0.7651	0.011 526	239.155	0.7524	0.010 035	236.760	0.7402
110.0	0.014 000	249.264	0.7859	0.012 126	247.264	0.7739	0.010 615	245.154	0.7624
120.0	0.014 608	257.035	0.8059	0.012 697	255.228	0.7944	0.011 159	253.341	0.7835
130.0	0.015 195	264.742	0.8253	0.013 244	263.094	0.8141	0.011 676	261.384	0.8037
140.0	0.015 765	272.406	0.8440	0.013 772	270.891	0.8332	0.012 172	269.327	0.8232
150.0	0.016 320	280.044	0.8623	0.014 284	278.642	0.8518	0.012 651	277.201	0.8420

附表 8　過熱冷媒－12(續)

(續前頁，溫度 160.0、170.9、180.0)

	v	h	s
160.0	0.016 864	287.669	0.8801
170.9	0.017 398	295.290	0.8975
180.0	0.017 923	302.914	0.9145

	v	h	s
160.0	0.014 784	286.364	0.8698
170.9	0.015 272	294.069	0.8874
180.0	0.015 752	301.767	0.9046

	v	h	s
160.0	0.013 116	285.027	0.8603
170.9	0.013 570	292.822	0.8781
180.0	0.014 013	300.598	0.8955

2.50 MPa

T	v	h	s
90.0	0.006 595	219.562	0.6823
100.0	0.007 264	229.852	0.7103
110.0	0.007 837	239.271	0.7352
120.0	0.008 351	248.192	0.7582
130.0	0.008 827	256.794	0.7798
140.0	0.009 273	265.180	0.8003
150.0	0.009 697	273.414	0.8200
160.0	0.010 104	281.540	0.8390
170.0	0.010 497	289.589	0.8574
180.0	0.010 879	297.583	0.8752
190.0	0.011 250	305.540	0.8926
200.0	0.011 614	313.472	0.9095

3.00 MPa

T	v	h	s
100.0	0.005 231	220.529	0.6770
110.0	0.005 886	232.068	0.7075
120.0	0.006 419	242.208	0.7336
130.0	0.006 887	251.632	0.7573
140.0	0.007 313	260.620	0.7793
150.0	0.007 709	269.319	0.8001
160.0	0.008 083	277.817	0.8200
170.0	0.008 439	286.171	0.8391
180.0	0.008 782	294.422	0.8575
190.0	0.009 114	302.597	0.8753
200.0	0.009 436	310.718	0.8927

3.50 MPa

T	v	h	s
110.0	0.004 324	222.121	0.6750
120.0	0.004 959	234.875	0.7078
130.0	0.005 456	245.661	0.7349
140.0	0.005 884	255.524	0.7591
150.0	0.006 270	264.846	0.7814
160.0	0.006 626	273.817	0.8023
170.0	0.006 961	282.545	0.8222
180.0	0.007 279	291.100	0.8413
190.0	0.007 584	299.528	0.8597
200.0	0.007 878	307.864	0.8775

4.00 MPa

T	v	h	s
120.0	0.003 736	224.863	0.6771
130.0	0.004 325	238.443	0.7111
140.0	0.004 781	249.703	0.7386
150.0	0.005 172	259.904	0.7630
160.0	0.005 522	269.492	0.7854
170.0	0.005 845	278.684	0.8063
180.0	0.006 147	287.602	0.8262
190.0	0.006 434	296.326	0.8453
200.0	0.006 708	304.906	0.8636
210.0	0.006 972	313.380	0.8813
220.0	0.007 228	321.774	0.8985
230.0	0.007 477	330.108	0.9152

附表 9　飽和冷媒-22

溫度 (°C)	壓力 (MPa)	比容 (m³/kg)			焓 (kJ/kg)			熵 (kJ/kg-k)		
T	P	v_f	v_{fg}	v_g	h_f	h_{fg}	h_g	s_f	s_{fg}	s_g
-70	0.0205	0.000670	0.940268	0.940938	-30.607	249.425	218.818	-0.1401	1.2277	1.0876
-65	0.0280	0.000676	0.704796	0.705472	-25.658	246.925	221.267	-0.1161	1.1862	1.0701
-60	0.0375	0.000682	0.536470	0.537152	-20.652	244.354	223.702	-0.0924	1.1463	1.0540
-55	0.0495	0.000689	0.414138	0.414827	-15.585	241.703	226.117	-0.0689	1.1079	1.0390
-50	0.0644	0.000695	0.323862	0.324557	-10.456	238.965	228.509	-0.0457	1.0708	1.0251
-45	0.0827	0.000702	0.256288	0.256990	-5.262	236.132	230.870	-0.0227	1.0349	1.0122
-40	0.1049	0.000709	0.205036	0.205745	0	233.198	233.197	0	1.0002	1.0002
-35	0.1317	0.000717	0.165683	0.166400	5.328	230.156	235.484	0.0225	0.9664	0.9889
-30	0.1635	0.000725	0.135120	0.135844	10.725	227.001	237.726	0.0449	0.9335	0.9784
-25	0.2010	0.000733	0.111126	0.111859	16.191	223.727	239.918	0.0670	0.9015	0.9685
-20	0.2448	0.000741	0.092102	0.092843	21.728	220.327	242.055	0.0890	0.8703	0.9593
-15	0.2957	0.000750	0.076876	0.077625	27.334	216.798	244.132	0.1107	0.8398	0.9505
-10	0.3543	0.000759	0.064581	0.065340	33.012	213.132	246.144	0.1324	0.8099	0.9422
-5	0.4213	0.000768	0.054571	0.055339	38.762	209.323	248.085	0.1538	0.7806	0.9344
0	0.4976	0.000778	0.046357	0.047135	44.586	205.364	249.949	0.1751	0.7518	0.9269
5	0.5838	0.000789	0.039567	0.040356	50.485	201.246	251.731	0.1963	0.7235	0.9197
10	0.6807	0.000800	0.033914	0.034714	56.463	196.960	253.423	0.2173	0.6956	0.9129
15	0.7891	0.000812	0.029176	0.029987	62.523	192.495	255.018	0.2382	0.6680	0.9062
20	0.9099	0.000824	0.025179	0.026003	68.670	187.836	256.506	0.2590	0.6407	0.8997
25	1.0439	0.000838	0.021787	0.022624	74.910	182.968	257.877	0.2797	0.6137	0.8934
30	1.1919	0.000852	0.018890	0.019742	81.250	177.869	259.119	0.3004	0.5867	0.8871
35	1.3548	0.000867	0.016401	0.017269	87.700	172.516	260.216	0.3210	0.5598	0.8809
40	1.5335	0.000884	0.014251	0.015135	94.272	166.877	261.149	0.3417	0.5329	0.8746
45	1.7290	0.000902	0.012382	0.013284	100.982	160.914	261.896	0.3624	0.5058	0.8682
50	1.9423	0.000922	0.010747	0.011669	107.851	154.576	262.428	0.3832	0.4783	0.8615
55	2.1744	0.000944	0.009308	0.010252	114.905	147.800	262.705	0.4042	0.4504	0.8546
60	2.4266	0.000969	0.008032	0.009001	122.180	140.497	262.678	0.4255	0.4217	0.8472
65	2.6999	0.000997	0.006890	0.007887	129.729	132.547	262.276	0.4472	0.3920	0.8391

附表 9 飽和冷媒-22(續)

溫度 (˙C)	壓力 (MPa)	比容 (m³/kg)			焓 (kJ/kg)			熵 (kJ/kg-k)		
T	P	v_f	v_{fg}	v_g	h_f	h_{fg}	h_g	s_f	s_{fg}	s_g
70	2.9959	0.001030	0.005859	0.006889	137.625	123.772	261.397	0.4695	0.3607	0.8302
75	3.3161	0.001069	0.004914	0.005983	145.986	113.902	259.888	0.4927	0.3272	0.8198
80	3.6623	0.001118	0.004031	0.005149	155.011	102.475	257.486	0.5173	0.2902	0.8075
85	4.0368	0.001183	0.003175	0.004358	165.092	88.598	253.690	0.5445	0.2474	0.7918
90	4.4425	0.001282	0.002282	0.003564	177.204	70.037	247.241	0.5767	0.1929	0.7695
95	4.8835	0.001521	0.001030	0.002551	196.359	34.925	231.284	0.6273	0.0949	0.7222
96.006	4.9773	0.001906	0	0.001906	212.546	0	212.546	0.6708	0	0.6708

附表 10 過熱冷媒-22

溫度 °C	0.05 MPa v m³/kg	0.05 MPa h kJ/kg	0.05 MPa s kJ/kg K	0.10 MPa v m³/kg	0.10 MPa h kJ/kg	0.10 MPa s kJ/kg K	0.15 MPa v m³/kg	0.15 MPa h kJ/kg	0.15 MPa s kJ/kg K
-40	0.440633	234.724	1.07616	0.216331	233.337	1.00523	—	—	—
-30	0.460641	240.602	1.10084	0.226754	239.359	1.03052	0.148723	238.078	0.98773
-20	0.480543	246.586	1.12495	0.237064	245.466	1.05513	0.155851	244.319	1.01288
-10	0.500357	252.676	1.14855	0.247279	251.665	1.07914	0.162879	250.631	1.03733
0	0.520095	258.874	1.17166	0.257415	257.956	1.10261	0.169823	257.022	1.06116
10	0.539771	265.180	1.19433	0.267485	264.345	1.12558	0.176699	263.496	1.08444
20	0.559393	271.594	1.21659	0.277500	270.831	1.14809	0.183516	270.057	1.10721
30	0.578970	278.115	1.23846	0.287467	277.416	1.17017	0.190284	276.709	1.12952
40	0.598507	284.743	1.25998	0.297394	284.101	1.19187	0.197011	283.452	1.15140
50	0.618011	291.478	1.28114	0.307287	290.887	1.21320	0.203702	290.289	1.17289
60	0.637485	298.319	1.30199	0.317149	297.772	1.23418	0.210362	297.220	1.19402
70	0.656935	305.265	1.32253	0.326986	304.757	1.25484	0.216997	304.246	1.21479
80	0.676362	312.314	1.34278	0.336801	311.842	1.27519	0.223608	311.368	1.23525
90	0.695771	319.465	1.36275	0.346596	319.026	1.29524	0.230200	318.584	1.25540

溫度 °C	0.20 MPa v m³/kg	0.20 MPa h kJ/kg	0.20 MPa s kJ/kg K	0.25 MPa v m³/kg	0.25 MPa h kJ/kg	0.25 MPa s kJ/kg K	0.30 MPa v m³/kg	0.30 MPa h kJ/kg	0.30 MPa s kJ/kg K
-20	0.115203	243.140	0.98184	—	—	—	—	—	—
-10	0.120647	249.574	1.00676	0.095280	248.492	0.98231	0.078344	247.382	0.96170
0	0.126003	256.069	1.03098	0.099689	255.097	1.00695	0.082128	254.104	0.98677
10	0.131286	262.633	1.05458	0.104022	261.755	1.03089	0.085832	260.861	1.01106

附表 10　過熱冷媒－22(續)

溫度 °C	v m³/kg (0.20 MPa)	h kJ/kg	s kJ/kg K	v m³/kg (0.25 MPa)	h kJ/kg	s kJ/kg K	v m³/kg (0.30 MPa)	h kJ/kg	s kJ/kg K
20	0.136509	269.273	1.07763	0.108292	268.476	1.05421	0.089469	267.667	1.03468
30	0.141681	275.992	1.10016	0.112508	275.267	1.07699	0.093051	274.531	1.05771
40	0.146809	282.796	1.12224	0.116681	282.132	1.09927	0.096588	281.460	1.08019
50	0.151902	289.686	1.14390	0.120815	289.076	1.12109	0.100085	288.460	1.10220
60	0.156963	296.664	1.16516	0.124918	296.102	1.14250	0.103550	295.535	1.12376
70	0.161997	303.731	1.18607	0.128993	303.212	1.16353	0.106986	302.689	1.14491
80	0.167008	310.890	1.20663	0.133044	310.409	1.18420	0.110399	309.924	1.16569
90	0.171999	318.139	1.22687	0.137075	317.692	1.20454	0.113790	317.241	1.18612
100	0.176972	325.480	1.24681	0.141089	325.063	1.22456	0.117164	324.643	1.20623
110	0.181931	332.912	1.26646	0.145086	332.522	1.24428	0.120522	332.129	1.22603

溫度 °C	v m³/kg (0.40 MPa)	h kJ/kg	s kJ/kg K	v m³/kg (0.50 MPa)	h kJ/kg	s kJ/kg K	v m³/kg (0.60 MPa)	h kJ/kg	s kJ/kg K
0	0.060131	252.051	0.95359	—	—	—	—	—	—
10	0.063060	259.023	0.97866	0.049355	257.108	0.95223	0.040180	255.109	0.92945
20	0.065915	266.010	1.00291	0.051751	264.295	0.97717	0.042280	262.517	0.95517
30	0.068710	273.029	1.02646	0.054081	271.483	1.00128	0.044307	269.888	0.97989
40	0.071455	280.092	1.04938	0.056358	278.690	1.02467	0.046276	277.250	1.00378
50	0.074160	287.209	1.07175	0.058590	285.930	1.04743	0.048198	284.622	1.02695
60	0.076830	294.386	1.09362	0.060786	293.215	1.06963	0.050081	292.020	1.04950
70	0.079470	301.630	1.11504	0.062951	300.552	1.09133	0.051931	299.456	1.07149
80	0.082085	308.944	1.13605	0.065090	307.949	1.11257	0.053754	306.938	1.09298
90	0.084679	316.332	1.15668	0.067206	315.410	1.13340	0.055553	314.475	1.11403
100*	0.087254	323.796	1.17695	0.069303	322.939	1.15386	0.057332	322.071	1.13466
110	0.089813	331.339	1.19690	0.071384	330.539	1.17395	0.059094	329.731	1.15492
120	0.092358	338.961	1.21654	0.073450	338.213	1.19373	0.060842	337.458	1.17482
130	0.094890	346.664	1.23588	0.075503	345.963	1.21319	0.062576	345.255	1.19441

溫度 °C	v m³/kg (0.70 MPa)	h kJ/kg	s kJ/kg K	v m³/kg (0.80 MPa)	h kJ/kg	s kJ/kg K	v m³/kg (0.90 MPa)	h kJ/kg	s kJ/kg K
20	0.035487	260.667	0.93565	0.030366	258.737	0.91787	0.026355	256.713	0.90132
30	0.037305	268.240	0.96105	0.032034	266.533	0.94402	0.027915	264.760	0.92831
40	0.039059	275.769	0.98549	0.033632	274.243	0.96905	0.029397	272.670	0.95398

附表 10 過熱冷媒－22(續)

0.70 MPa

溫度 °C	v m³/kg	h kJ/kg	s kJ/kg K
50	0.040763	283.282	1.00910
60	0.042424	290.800	1.03201
70	0.044052	298.339	1.05431
80	0.045650	305.912	1.07606
90	0.047224	313.527	1.09732
100	0.048778	321.192	1.11815
110	0.050313	328.914	1.13856
120	0.051834	336.696	1.15861
130	0.053341	344.541	1.17832
140	0.054836	352.454	1.19770
150	0.056321	360.435	1.21679

0.80 MPa

溫度 °C	v m³/kg	h kJ/kg	s kJ/kg K
50	0.035175	281.907	0.99314
60	0.036674	289.553	1.01644
70	0.038136	297.202	1.03906
80	0.039568	304.868	1.06108
90	0.040974	312.565	1.08257
100	0.042359	320.303	1.10359
110	0.043725	328.087	1.12417
120	0.045076	335.925	1.14437
130	0.046413	343.821	1.16420
140	0.047738	351.778	1.18369
150	0.049052	359.799	1.20288

0.90 MPa

溫度 °C	v m³/kg	h kJ/kg	s kJ/kg K
50	0.030819	280.497	0.97859
60	0.032193	288.278	1.00230
70	0.033528	296.042	1.02526
80	0.034832	303.807	1.04757
90	0.036108	311.590	1.06930
100	0.037363	319.401	1.09052
110	0.038598	327.251	1.11128
120	0.039817	335.147	1.13162
130	0.041022	343.094	1.15158
140	0.042215	351.097	1.17119
150	0.043398	359.159	1.19047

1.00 MPa

溫度 °C	v m³/kg	h kJ/kg	s kJ/kg K
30	0.024600	262.912	0.91358
40	0.025995	271.042	0.93996
50	0.027323	279.046	0.96512
60	0.028601	286.973	0.98928
70	0.029836	294.859	1.01260
80	0.031038	302.727	1.03520
90	0.032213	310.599	1.05718
100	0.033364	318.488	1.07861
110	0.034495	326.405	1.09955
120	0.035609	334.360	1.12004
130	0.036709	342.360	1.14014
140	0.037797	350.410	1.15986
150	0.038873	358.514	1.17924
160	0.039940	366.677	1.19831

1.20 MPa

溫度 °C	v m³/kg	h kJ/kg	s kJ/kg K
30	0.020851	267.602	0.91411
40	0.022051	276.011	0.94055
50	0.023191	284.263	0.96570
60	0.024282	292.415	0.98981
70	0.025336	300.508	1.01305
80	0.026359	308.570	1.03556
90	0.027357	316.623	1.05744
100	0.028334	324.682	1.07875
110	0.029292	332.762	1.09957
120	0.030236	340.871	1.11994
130	0.031166	349.019	1.13990
140	0.032084	357.210	1.15949
150	0.032993	365.450	1.17873

1.40 MPa

溫度 °C	v m³/kg	h kJ/kg	s kJ/kg K
	—	—	—
	0.017120	263.861	0.89010
	0.018247	272.766	0.91809
	0.019299	281.401	0.94441
	0.020295	289.858	0.96942
	0.021248	298.202	0.99339
	0.022167	306.473	1.01649
	0.023058	314.703	1.03884
	0.023926	322.916	1.06056
	0.024775	331.128	1.08172
	0.025608	339.354	1.10238
	0.026426	347.603	1.12259
	0.027233	355.885	1.14240
	0.028029	364.206	1.16183

1.60 MPa

溫度 °C	v m³/kg	h kJ/kg	s kJ/kg K
50	0.015351	269.262	0.89689
60	0.016351	278.358	0.92461
70	0.017284	287.171	0.95068
80	0.018167	295.797	0.97546
90	0.019011	304.301	0.99920
100	0.019825	312.725	1.02209

1.80 MPa

溫度 °C	v m³/kg	h kJ/kg	s kJ/kg K
50	0.013052	265.423	0.87625
60	0.014028	275.097	0.90573
70	0.014921	284.331	0.93304
80	0.015755	293.282	0.95876
90	0.016546	302.046	0.98323
100	0.017303	310.683	1.00669

2.00 MPa

溫度 °C	v m³/kg	h kJ/kg	s kJ/kg K
50	—	—	—
60	0.012135	271.563	0.88729
70	0.013008	281.310	0.91612
80	0.013811	290.640	0.94292
90	0.014563	299.697	0.96821
100	0.015277	308.571	0.99232

附表 10 過熱冷媒－22(續)

溫度 °C	1.60 MPa v m³/kg	h kJ/kg	s kJ/kg K	1.80 MPa v m³/kg	h kJ/kg	s kJ/kg K	2.00 MPa v m³/kg	h kJ/kg	s kJ/kg K
110	0.020614	321.103	1.04424	0.018032	319.239	1.02932	0.015960	317.322	1.01546
120	0.021382	329.457	1.06576	0.018738	327.745	1.05123	0.016619	325.991	1.03780
130	0.022133	337.805	1.08673	0.019427	336.224	1.07253	0.017258	334.610	1.05944
140	0.022869	346.162	1.10721	0.020099	344.695	1.09329	0.017881	343.201	1.08049
150	0.023592	354.540	1.12724	0.020759	353.172	1.11356	0.018490	351.783	1.10102
160	0.024305	362.945	1.14688	0.021407	361.666	1.13340	0.019087	360.369	1.12107
170	0.025008	371.386	1.16614	0.022045	370.186	1.15284	0.019673	368.970	1.14070
180	0.025703	379.869	1.18507	0.022675	378.738	1.17193	0.020251	377.595	1.15995

溫度 °C	2.50 MPa v m³/kg	h kJ/kg	s kJ/kg K	3.00 MPa v m³/kg	h kJ/kg	s kJ/kg K	3.50 MPa v m³/kg	h kJ/kg	s kJ/kg K
70	0.009459	272.677	0.87476	—	—	—	—	—	—
80	0.010243	283.332	0.90537	0.007747	274.530	0.86780	0.005765	262.739	0.82489
90	0.010948	293.338	0.93332	0.008465	286.042	0.89995	0.006597	277.268	0.86548
100	0.011598	302.935	0.95939	0.009098	296.663	0.92881	0.007257	289.504	0.89872
110	0.012208	312.261	0.98405	0.009674	306.744	0.95547	0.007829	300.640	0.92818
120	0.012788	321.400	1.00760	0.010211	316.470	0.98053	0.008346	311.129	0.95520
130	0.013343	330.412	1.03023	0.010717	325.955	1.00435	0.008825	321.196	0.98049
140	0.013880	339.336	1.05210	0.011200	335.270	1.02718	0.009276	330.976	1.00445
150	0.014400	348.205	1.07331	0.011665	344.467	1.04918	0.009704	340.554	1.02736
160	0.014907	357.040	1.09395	0.012114	353.584	1.07047	0.010114	349.989	1.04940
170	0.015402	365.860	1.11408	0.012550	362.647	1.09116	0.010510	359.324	1.07071
180	0.015887	374.679	1.13376	0.012976	371.679	1.11131	0.010894	368.590	1.09138
190	0.016364	383.508	1.15303	0.013392	380.695	1.13099	0.011268	377.810	1.11151
200	0.016834	392.354	1.17192	0.013801	389.708	1.15024	0.011634	387.004	1.13115

溫度 °C	4.00 MPa v m³/kg	h kJ/kg	s kJ/kg K	5.00 MPa v m³/kg	h kJ/kg	s kJ/kg K	6.00 MPa v m³/kg	h kJ/kg	s kJ/kg K
90	0.005037	265.629	0.82544	0.003334	253.042	0.78005	—	—	—
100	0.005804	280.997	0.86721	0.004255	275.919	0.84064	—	—	—
110	0.006405	293.748	0.90094	0.004851	291.362	0.88045	0.002432	243.278	0.74674
120	0.006924	305.273	0.93064	0.005335	304.469	0.91337	0.003333	272.385	0.82185
130	0.007391	316.080	0.95778				0.003899	290.253	0.86675

附表 10　過熱冷媒−22(續)

溫度 °C	v m³/kg	h kJ/kg	s kJ/kg K	v m³/kg	h kJ/kg	s kJ/kg K	v m³/kg	h kJ/kg	s kJ/kg K
	4.00 MPa			5.00 MPa			6.00 MPa		
140	0.007822	326.422	0.98312	0.005757	316.379	0.94256	0.004345	304.757	0.90230
150	0.008226	336.446	1.00710	0.006139	327.563	0.96931	0.004728	317.633	0.93310
160	0.008610	346.246	1.02999	0.006493	338.266	0.99431	0.005071	329.553	0.96094
170	0.008978	355.885	1.05199	0.006826	348.633	1.01797	0.005386	340.849	0.98673
180	0.009332	365.409	1.07324	0.007142	358.760	1.04057	0.005680	351.715	1.01098
190	0.009675	374.853	1.09386	0.007444	368.713	1.06230	0.005958	362.271	1.03402
200	0.010009	384.240	1.11391	0.007735	378.537	1.08328	0.006222	372.602	1.05609
210	0.010335	393.593	1.13347	0.008018	388.268	1.10363	0.006477	382.764	1.07734
220	0.010654	402.925	1.15259	0.008292	397.932	1.12343	0.006722	392.801	1.09790

附表 11 飽和冷媒－134a

溫度 (°C)	壓力 (MPa)	比容 (m³/kg)			焓 (kJ/kg)			熵 (kJ/kg-k)		
T	P	v_f	v_{fg}	v_g	h_f	h_{fg}	h_g	s_f	s_{fg}	s_g
-33	0.0737	0.000718	0.25574	0.25646	157.417	220.491	377.908	0.8346	0.9181	1.7528
-30	0.0851	0.000722	0.22330	0.22402	161.118	218.683	379.802	0.8499	0.8994	1.7493
-26.25	0.1013	0.000728	0.18947	0.19020	165.802	216.360	382.162	0.8690	0.8763	1.7453
-25	0.1073	0.000730	0.17956	0.18029	167.381	215.569	382.950	0.8754	0.8687	1.7441
-20	0.1337	0.000738	0.14575	0.14649	173.744	212.340	386.083	0.9007	0.8388	1.7395
-15	0.1650	0.000746	0.11932	0.12007	180.193	209.004	389.197	0.9258	0.8096	1.7354
-10	0.2017	0.000755	0.098454	0.099209	186.721	205.564	392.285	0.9507	0.7812	1.7319
-5	0.2445	0.000764	0.081812	0.082576	193.324	202.016	395.340	0.9755	0.7534	1.7288
0	0.2940	0.000773	0.068420	0.069193	200.000	198.356	398.356	1.0000	0.7262	1.7262
5	0.3509	0.000783	0.057551	0.058334	206.751	194.572	401.323	1.0243	0.6995	1.7239
10	0.4158	0.000794	0.048658	0.049451	213.580	190.652	404.233	1.0485	0.6733	1.7218
15	0.4895	0.000805	0.041326	0.042131	220.492	186.582	407.075	1.0725	0.6475	1.7200
20	0.5728	0.000817	0.035238	0.036055	227.493	182.345	409.838	1.0963	0.6220	1.7183
25	0.6663	0.000829	0.030148	0.030977	234.590	177.920	412.509	1.1201	0.5967	1.7168
30	0.7710	0.000843	0.025865	0.026707	241.790	173.285	415.075	1.1437	0.5716	1.7153
35	0.8876	0.000857	0.022237	0.023094	249.103	168.415	417.518	1.1673	0.5465	1.7139
40	1.0171	0.000873	0.019147	0.020020	256.539	163.282	419.821	1.1909	0.5214	1.7123

附表 11　飽和冷媒－134a(續)

溫度 (°C)	壓力 (MPa)	比容 (m³/kg)			焓 (kJ/kg)			熵 (kJ/kg-k)		
T	P	v_f	v_{fg}	v_g	h_f	h_{fg}	h_g	s_f	s_{fg}	s_g
45	1.1602	0.000890	0.016499	0.017389	264.110	157.852	421.962	1.2145	0.4962	1.7106
50	1.3180	0.000908	0.014217	0.015124	271.830	152.085	423.915	1.2381	0.4706	1.7088
55	1.4915	0.000928	0.012237	0.013166	279.718	145.933	425.650	1.2619	0.4447	1.7066
60	1.6818	0.000951	0.010511	0.011462	287.794	139.336	427.130	1.2857	0.4182	1.7040
65	1.8898	0.000976	0.008995	0.009970	296.088	132.216	428.305	1.3099	0.3910	1.7009
70	2.1169	0.001005	0.007653	0.008657	304.642	124.468	429.110	1.3343	0.3627	1.6970
75	2.3644	0.001038	0.006453	0.007491	313.513	115.939	429.451	1.3592	0.3330	1.6923
80	2.6337	0.001078	0.005368	0.006446	322.794	106.395	429.189	1.3849	0.3013	1.6862
85	2.9265	0.001128	0.004367	0.005495	332.644	95.440	428.084	1.4117	0.2665	1.6782
90	3.2448	0.001195	0.003412	0.004606	343.380	82.295	425.676	1.4404	0.2266	1.6670
95	3.5914	0.001297	0.002432	0.003729	355.834	64.984	420.818	1.4733	0.1765	1.6498
101.15	4.0640	0.001969	0	0.001969	390.977	0	390.977	1.5658	0	1.5658

附表 12 過熱冷媒－134a

溫度 °C	0.10 MPa			0.15 MPa			0.20 MPa		
	v m³/kg	h kJ/kg	s kJ/kg K	v m³/kg	h kJ/kg	s kJ/kg K	v m³/kg	h kJ/kg	s kJ/kg K
-25	0.19400	383.212	1.75058	—	—	—	—	—	—
-20	0.19860	387.215	1.76655	—	—	—	—	—	—
-10	0.20765	395.270	1.79775	0.13603	393.839	1.76058	0.10013	392.338	1.73276
0	0.21652	403.413	1.82813	0.14222	402.187	1.79171	0.10501	400.911	1.76474
10	0.22527	411.668	1.85780	0.14828	410.602	1.82197	0.10974	409.500	1.79562
20	0.23393	420.048	1.88689	0.15424	419.111	1.85150	0.11436	418.145	1.82563
30	0.24250	428.564	1.91545	0.16011	427.730	1.88041	0.11889	426.875	1.85491
40	0.25102	437.223	1.94355	0.16592	436.473	1.90879	0.12335	435.708	1.88357
50	0.25948	446.029	1.97123	0.17168	445.350	1.93669	0.12776	444.658	1.91171
60	0.26791	454.986	1.99853	0.17740	454.366	1.96416	0.13213	453.735	1.93937
70	0.27631	464.096	2.02547	0.18308	463.525	1.99125	0.13646	462.946	1.96661
80	0.28468	473.359	2.05208	0.18874	472.831	2.01798	0.14076	472.296	1.99346
90	0.29303	482.777	2.07837	0.19437	482.285	2.04438	0.14504	481.788	2.01997
100	0.30136	492.349	2.10437	0.19999	491.888	2.07046	0.14930	491.424	2.04614

附表 12 過熱冷媒－134a(續)

溫度 °C	0.25 MPa v m³/kg	h kJ/kg	s kJ/kg K	0.30 MPa v m³/kg	h kJ/kg	s kJ/kg K	0.40 MPa v m³/kg	h kJ/kg	s kJ/kg K
0	0.082 637	399.579	1.74284	—	—	—	—	—	—
10	0.086 584	408.357	1.77440	0.071 110	407.171	1.75637	0.051 681	404.651	1.72611
20	0.090 408	417.151	1.80492	0.074 415	416.124	1.78744	0.054 362	413.965	1.75844
30	0.094 139	425.997	1.83460	0.077 620	425.096	1.81754	0.056 926	423.216	1.78947
40	0.097 798	434.925	1.86357	0.080 748	434.124	1.84684	0.059 402	432.465	1.81949
50	0.101 401	443.953	1.89195	0.083 816	443.234	1.87547	0.061 812	441.751	1.84868
60	0.104 958	453.094	1.91980	0.086 838	452.442	1.90354	0.064 169	451.104	1.87718
70	0.108 480	462.359	1.94720	0.089 821	461.763	1.93110	0.066 484	460.545	1.90510
80	0.111 972	471.754	1.97419	0.092 774	471.206	1.95823	0.068 767	470.088	1.93252
90	0.115 440	481.285	2.00080	0.095 702	480.777	1.98495	0.071 022	479.745	1.95948
100	0.118 888	490.955	2.02707	0.098 609	490.482	2.01131	0.073 254	489.523	1.98604
110	0.122 318	500.766	2.05302	0.101 498	500.324	2.03734	0.075 468	499.428	2.01223
120	0.125 734	510.720	2.07866	0.104 371	510.304	2.06305	0.077 665	509.464	2.03809

溫度 °C	0.50 MPa v m³/kg	h kJ/kg	s kJ/kg K	0.60 MPa v m³/kg	h kJ/kg	s kJ/kg K	0.70 MPa v m³/kg	h kJ/kg	s kJ/kg K
20	0.042 256	411.645	1.73420	0.036 094	419.093	1.74610	0.030 069	416.809	1.72770
30	0.044 457	421.221	1.76632	0.037 958	428.881	1.77786	0.031 781	426.933	1.76056
40	0.046 557	430.720	1.79715	0.039 735	438.589	1.80838	0.033 392	436.895	1.79187
50	0.048 581	440.205	1.82696	0.041 447	448.279	1.83791	0.034 929	446.782	1.82201
60	0.050 547	449.718	1.85596	0.043 108	457.994	1.86664	0.036 410	456.655	1.85121
70	0.052 467	459.290	1.88426	0.044 730	467.764	1.89471	0.037 848	466.554	1.87964
80	0.054 351	468.942	1.91199	0.046 319	477.611	1.92220	0.039 251	476.507	1.90743
90	0.056 205	478.690	1.93921	0.047 883	487.550	1.94920	0.040 627	486.535	1.93467
100	0.058 035	488.546	1.96598	0.049 426	497.594	1.97576	0.041 980	496.654	1.96143
110	0.059 845	498.518	1.99235	0.050 951	507.750	2.00193	0.043 314	506.875	1.98777
120	0.061 639	508.613	2.01836	0.052 461	518.026	2.02774	0.044 633	517.207	2.01372
130	0.063 418	518.835	2.04403	0.053 958	528.425	2.05322	0.045 938	527.656	2.03932
140	0.065 184	529.187	2.06940						

附表 12　過熱冷媒－134a(續)

溫度 °C	0.80 MPa v m³/kg	h kJ/kg	s kJ/kg K	0.90 MPa v m³/kg	h kJ/kg	s kJ/kg K	1.00 MPa v m³/kg	h kJ/kg	s kJ/kg K
40	0.027 113	424.860	1.74457	0.023 446	422.642	1.72943	0.020 473	420.249	1.71479
50	0.028 611	435.114	1.77680	0.024 868	433.235	1.76273	0.021 849	431.243	1.74936
60	0.030 024	445.223	1.80761	0.026 192	443.595	1.79431	0.023 110	441.890	1.78181
70	0.031 375	455.270	1.83732	0.027 447	453.835	1.82459	0.024 293	452.345	1.81273
80	0.032 678	465.308	1.86616	0.028 649	464.025	1.85387	0.025 417	462.703	1.84248
90	0.033 944	475.375	1.89427	0.029 810	474.216	1.88232	0.026 497	473.027	1.87131
100	0.035 180	485.499	1.92177	0.030 940	484.441	1.91010	0.027 543	483.361	1.89938
110	0.036 392	495.698	1.94874	0.032 043	494.726	1.93730	0.028 561	493.736	1.92682
120	0.037 584	505.988	1.97525	0.033 126	505.088	1.96399	0.029 556	504.175	1.95371
130	0.038 760	516.379	2.00135	0.034 190	515.542	1.99025	0.030 533	514.694	1.98013
140	0.039 921	526.880	2.02708	0.035 241	526.096	2.01611	0.031 495	525.305	2.00613
150	0.041 071	537.496	2.05247	0.036 278	536.760	2.04161	0.032 444	536.017	2.03175

溫度 °C	1.20 MPa v m³/kg	h kJ/kg	s kJ/kg K	1.40 MPa v m³/kg	h kJ/kg	s kJ/kg K	1.60 MPa v m³/kg	h kJ/kg	s kJ/kg K
50	0.017 243	426.845	1.72373	—	—	—	—	—	—
60	0.018 439	438.210	1.75837	0.015 032	434.079	1.73597	0.012 392	429.322	1.71349
70	0.019 530	449.179	1.79081	0.016 083	445.720	1.77040	0.013 449	441.888	1.75066
80	0.020 548	459.925	1.82168	0.017 040	456.944	1.80265	0.014 378	453.722	1.78466
90	0.021 512	470.551	1.85135	0.017 931	467.931	1.83333	0.015 225	465.145	1.81656
100	0.022 436	481.128	1.88009	0.018 775	478.790	1.86282	0.016 015	476.333	1.84695
110	0.023 329	491.702	1.90805	0.019 583	489.589	1.89139	0.016 763	487.390	1.87619
120	0.024 197	502.307	1.93537	0.020 362	500.379	1.91918	0.017 479	498.387	1.90452
130	0.025 044	512.965	1.96214	0.021 118	511.192	1.94634	0.018 169	509.371	1.93211
140	0.025 874	523.697	1.98844	0.021 856	522.054	1.97296	0.018 840	520.376	1.95908
150	0.026 691	534.514	2.01431	0.022 579	532.984	1.99910	0.019 493	531.427	1.98551
160	0.027 495	545.426	2.03980	0.023 289	543.994	2.02481	0.020 133	542.542	2.01147
170	0.028 289	556.443	2.06494	0.023 988	555.097	2.05015	0.020 761	553.735	2.03702

附表 12　過熱冷媒－134a(續)

溫度 °C	v m³/kg (1.80 MPa)	h kJ/kg	s kJ/kg K	v m³/kg (2.0 MPa)	h kJ/kg	s kJ/kg K	v m³/kg (2.50 MPa)	h kJ/kg	s kJ/kg K
70	0.011 341	437.562	1.73085	0.009 581	432.531	1.71011	—	—	—
80	0.012 273	450.202	1.76717	0.010 550	446.304	1.74968	0.007 221	433.797	1.70180
90	0.013 099	462.164	1.80057	0.011 374	458.951	1.78500	0.008 157	449.499	1.74567
100	0.013 854	473.741	1.83202	0.012 111	470.996	1.81772	0.008 907	463.279	1.78311
110	0.014 560	485.095	1.86205	0.012 789	482.693	1.84866	0.009 558	476.129	1.81709
120	0.015 230	496.325	1.89098	0.013 424	494.187	1.87827	0.010 148	488.457	1.84886
130	0.015 871	507.498	1.91905	0.014 028	505.569	1.90686	0.010 694	500.474	1.87904
140	0.016 490	518.659	1.94639	0.014 608	516.900	1.93463	0.011 208	512.307	1.90804
150	0.017 091	529.841	1.97314	0.015 160	528.224	1.96171	0.011 698	524.037	1.93609
160	0.017 677	541.068	1.99936	0.015 712	539.571	1.98821	0.012 169	535.722	1.96338
170	0.018 251	552.357	2.02513	0.016 242	550.963	2.01421	0.012 624	547.399	1.99004
180	0.018 814	563.724	2.05049	0.016 762	562.418	2.03977	0.013 066	559.098	2.01614
190	0.019 369	575.177	2.07549	0.017 272	573.950	2.06494	0.013 498	570.841	2.04177

溫度 °C	v m³/kg (3.0 MPa)	h kJ/kg	s kJ/kg K	v m³/kg (3.50 MPa)	h kJ/kg	s kJ/kg K	v m³/kg (4.0 MPa)	h kJ/kg	s kJ/kg K
90	0.005 755	436.193	1.69950	—	—	—	—	—	—
100	0.006 653	453.731	1.74717	0.004 839	440.433	1.70386	—	—	—
110	0.007 339	468.500	1.78623	0.005 667	459.211	1.75355	0.004 277	446.844	1.71480
120	0.007 924	482.043	1.82113	0.006 289	474.697	1.79346	0.005 005	465.987	1.76415
130	0.008 446	494.915	1.85347	0.006 813	488.771	1.82881	0.005 559	481.865	1.80404
140	0.008 926	507.388	1.88403	0.007 279	502.079	1.86142	0.006 027	496.295	1.83940
150	0.009 375	519.618	1.91328	0.007 706	514.928	1.89216	0.006 444	509.925	1.87200
160	0.009 801	531.704	1.94151	0.008 103	527.496	1.92151	0.006 825	523.072	1.90271
170	0.010 208	543.713	1.96892	0.008 480	539.890	1.94980	0.007 181	535.917	1.93203
180	0.010 601	555.690	1.99565	0.008 839	552.185	1.97724	0.007 517	548.573	1.96028
190	0.010 982	567.670	2.02180	0.009 185	564.430	2.00397	0.007 837	561.117	1.98766
200	0.011 353	579.678	2.04745	0.009 519	576.665	2.03010	0.008 145	573.601	2.01432

附表 13　飽和氧

溫度 (°K) (T)	壓力 (MPa) (p)	比　容 (kJ/kg)			焓 (m³/kg)			熵 (kJ/kg-K)		
		v_f	v_{fg}	v_g	h_f	h_{fg}	h_g	s_f	s_{fg}	s_g
54.3507	0.00015	0.000 765	92.9658	92.9666	-193.432	242.553	49.121	2.0938	4.4514	6.5452
60	0.00073	0.000 780	21.3461	21.3469	-184.029	238.265	54.236	2.2585	3.9686	6.2271
70	0.00623	0.000 808	2.9085	2.9093	-167.372	230.527	63.155	2.5151	3.2936	5.8087
80	0.03006	0.000 840	0.681 04	0.681 88	-150.646	222.289	71.643	2.7382	2.7779	5.5161
90	0.09943	0.000 876	0.226 49	0.227 36	-133.758	213.070	79.312	2.9364	2.3663	5.3027
100	0.25425	0.000 917	0.094 645	0.095 562	-116.557	202.291	85.734	3.1161	2.0222	5.1383
110	0.54339	0.000 966	0.045 855	0.046 821	-98.829	189.320	90.491	3.2823	1.7210	5.0033
120	1.0215	0.001 027	0.024 336	0.025 363	-80.219	173.310	93.091	3.4401	1.4445	4.8846
130	1.7478	0.001 108	0.013 488	0.014 596	-60.093	152.887	92.794	3.5948	1.1766	4.7714
140	2.7866	0.001 230	0.007 339	0.008 569	-37.045	125.051	88.006	3.7567	0.8935	4.6502
150	4.2190	0.001 480	0.003 180	0.004 660	-7.038	79.459	72.421	3.9498	0.5301	4.4799
154.576	5.0427	0.002 293	0.000 000	0.002 293	32.257	0.000	32.257	4.1977	0.0000	4.1977

附表 14 過熱氧

溫度 K	0.10 MPa v m³/kg	h kJ/kg	s kJ/kg-K	0.20 MPa v m³/kg	h kJ/kg	s kJ/kg-K	0.50 MPa v m³/kg	h kJ/kg	s kJ/kg-K
100	0.253 503	88.828	5.4016	0.123 394	86.864	5.2083			
125	0.320 717	112.214	5.6107	0.158 268	110.988	5.4241	0.060 674	107.093	5.1650
150	0.386 914	135.301	5.7787	0.192 016	134.440	5.5947	0.075 639	131.788	5.3448
175	0.452 645	158.255	5.9202	0.225 276	157.609	5.7376	0.088 842	155.643	5.4919
200	0.518 127	181.145	6.0427	0.258 282	180.638	5.8609	0.102 371	179.105	5.6175
225	0.583 465	204.007	6.1502	0.291 140	203.596	5.9688	0.115 746	202.359	5.7268
250	0.648 711	226.869	6.2468	0.323 906	226.529	6.0657	0.129 025	225.506	5.8246
275	0.713 895	249.769	6.3369	0.356 610	249.483	6.1560	0.142 242	248.621	5.9156
300	0.779 036	272.720	6.4140	0.389 271	272.475	6.2332	0.155 415	271.740	5.9932

溫度 K	1.00 MPa v m³/kg	h kJ/kg	s kJ/kg-K	2.00 MPa v m³/kg	h kJ/kg	s kJ/kg-K	4.00 MPa v m³/kg	h kJ/kg	s kJ/kg-K
125	0.027 869	99.653	4.9431						
150	0.035 976	127.112	5.1433	0.016 270	116.476	4.9130	0.005 526	81.481	4.5475
175	0.043 341	152.269	5.2986	0.020 544	145.112	5.0899	0.009 029	128.618	4.8414
200	0.050 394	176.508	5.4283	0.024 395	171.150	5.2293	0.011 376	159.715	5.0080
225	0.057 282	200.280	5.5401	0.028 051	196.052	5.3464	0.013 444	187.333	5.1380
250	0.064 068	223.795	5.6394	0.031 597	220.348	5.4491	0.015 378	213.374	5.2480
275	0.070 790	247.185	5.7314	0.035 073	244.309	5.5433	0.017 233	238.560	5.3469
300	0.077 467	270.516	5.8098	0.038 502	268.076	5.6263	0.019 039	263.234	5.4300

附表 14　過熱氧(續)

溫度 K	6.00 MPa			8.00 MPa			10.00 MPa		
	v m³/kg	h kJ/kg	s kJ/kg-K	v m³/kg	h kJ/kg	s kJ/kg-K	v m³/kg	h kJ/kg	s kJ/kg-K
175	0.005 051	107.496	4.6431	0.003 002	79.513	4.4384	0.002 020	52.661	4.2573
200	0.007 027	147.232	4.8565	0.004 864	133.760	4.7308	0.003 603	119.767	4.6189
225	0.008 589	178.304	5.0029	0.006 181	169.069	4.8973	0.004 757	159.686	4.8072
250	0.009 991	206.340	5.1214	0.007 316	199.317	5.0251	0.005 730	192.401	4.9455
275	0.011 306	232.848	5.2253	0.008 360	227.219	5.1344	0.006 606	221.685	5.0572
300	0.012 570	258.464	5.3116	0.009 351	253.797	5.2240	0.007 432	249.262	5.1533

溫度 K	20.00 MPa		
	v m³/kg	h kJ/kg	s kJ/kg-K
175	0.001 343	24.551	4.0086
200	0.001 727	75.318	4.2798
225	0.002 236	122.595	4.5024
250	0.002 755	163.109	4.6739
275	0.003 241	198.021	4.8069
300	0.003 700	229.655	4.9174

附表 15　飽和氮

溫度 (°K) (T)	壓力 (MPa) (p)	比　　　容 (m³/kg)			焓 (kJ/kg)			熵 (kJ/kg-K)		
		v_f	v_{fg}	v_g	h_f	h_{fg}	h_g	s_f	s_{fg}	s_g
63.143	0.01253	0.001 152	1.480 060	1.481 212	−150.348	215.188	64.840	2.4310	3.4076	5.8386
65	0.01742	0.001 162	1.093 173	1.094 335	−146.691	213.291	66.600	2.4845	3.2849	5.7694
70	0.03858	0.001 189	0.525 785	0.526 974	−136.569	207.727	71.158	2.6345	2.9703	5.6048
75	0.07612	0.001 221	0.280 970	0.282 191	−126.287	201.662	75.375	2.7755	2.6915	5.4670
77.347	0.101325	0.001 237	0.215 504	0.216 741	−121.433	198.645	77.212	2.8390	2.5706	5.4096
80	0.1370	0.001 256	0.162 794	0.164 050	−115.926	195.089	79.163	2.9083	2.4409	5.3492
85	0.2291	0.001 296	0.100 434	0.101 730	−105.461	187.892	82.431	3.0339	2.2122	5.2461
90	0.3608	0.001 340	0.064 950	0.066 290	−94.817	179.894	85.077	3.1535	2.0001	5.1536
95	0.5411	0.001 392	0.043 504	0.044 896	−83.895	170.877	86.982	3.2688	1.7995	5.0683
100	0.7790	0.001 452	0.029 861	0.031 313	−72.571	160.562	87.991	3.3816	1.6060	4.9876
105	1.0843	0.001 524	0.020 745	0.022 269	−60.691	148.573	87.882	3.4930	1.4150	4.9080
110	1.4673	0.001 613	0.014 402	0.016 015	−48.027	134.319	86.292	3.6054	1.2209	4.8263
115	1.9395	0.001 797	0.009 696	0.011 493	−34.157	116.701	82.544	3.7214	1.0145	4.7359
120	2.5135	0.001 904	0.006 130	0.008 034	−18.017	93.092	75.075	3.8450	0.7803	4.6253
125	3.2079	0.002 323	0.002 568	0.004 891	+6.202	50.114	56.316	4.0356	0.3989	4.4345
126.1	3.4000	0.003 184	0.000 000	0.003 184	+30.791	0.000	30.791	4.2269	0.0000	4.2269

附表 16　過熱氮

溫度 K	0.1 MPa v m³/kg	h kJ/kg	s kJ/kg-K	0.2 MPa v m³/kg	h kJ/kg	s kJ/kg-K	0.5 MPa v m³/kg	h kJ/kg	s kJ/kg-K
100	0.290 978	101.965	5.6944	0.142 475	100.209	5.4767	0.055 520	94.345	5.1706
125	0.367 217	128.505	5.9313	0.181 711	127.371	5.7194	0.073 422	123.824	5.4343
150	0.442 619	154.779	6.1228	0.220 014	153.962	5.9132	0.090 150	151.470	5.6361
175	0.517 576	180.935	6.2841	0.257 890	180.314	6.0760	0.106 394	178.434	5.8025
200	0.592 288	207.029	6.4234	0.295 531	206.537	6.2160	0.122 394	205.063	5.9447
225	0.666 552	233.085	6.5460	0.332 841	232.690	6.3388	0.138 173	231.459	6.0690
250	0.741 375	259.122	6.6561	0.370 418	258.796	6.4491	0.154 006	257.828	6.1801
275	0.815 563	285.144	6.7550	0.407 619	284.876	6.5485	0.169 642	284.076	6.2800
300	0.890 205	311.158	6.8457	0.445 047	310.937	6.6393	0.185 346	310.273	6.3715

溫度 K	1.0 MPa v m³/kg	h kJ/kg	s kJ/kg-K	2.0 MPa v m³/kg	h kJ/kg	s kJ/kg-K	4.0 MPa v m³/kg	h kJ/kg	s kJ/kg-K
125	0.033 065	117.422	5.1872	0.014 021	101.489	4.8878			
150	0.041 884	147.176	5.4042	0.019 546	137.916	5.1547	0.008 234	115.716	4.8384
175	0.050 125	175.255	5.5779	0.024 155	168.709	5.3449	0.011 186	154.851	5.0804
200	0.058 096	202.596	5.7237	0.028 436	197.609	5.4992	0.013 648	187.521	5.2553
225	0.065 875	229.526	5.8502	0.035 697	225.578	5.6309	0.015 894	217.757	5.3976
250	0.073 634	256.220	5.9632	0.036 557	253.032	5.7469	0.018 060	246.793	5.5202
275	0.081 260	282.720	6.0639	0.040 485	280.132	5.8501	0.020 133	275.056	5.6277
300	0.088 899	309.173	6.1563	0.044 398	307.014	5.9436	0.022 178	302.848	5.7248

附表 16 過熱氨(續)

溫度 K	6.0 MPa / 0.1 MPa			8.0 MPa / 0.2 MPa			10.0 MPa / 0.5 MPa		
	v m³/kg	h kJ/kg	s kJ/kg-K	v m³/kg	h kJ/kg	s kJ/kg-K	v m³/kg	h kJ/kg	s kJ/kg-K
150	0.004 413	87.090	4.5667	0.002 917	61.903	4.3518	0.002 388	48.687	4.2287
175	0.006 913	140.183	4.8966	0.004 863	125.536	4.7470	0.003 750	112.489	4.6239
200	0.008 772	177.447	5.0961	0.006 390	167.680	4.9726	0.005 016	158.578	4.8709
225	0.010 396	210.139	5.2410	0.007 691	202.867	5.1384	0.006 104	196.079	5.0474
250	0.011 934	240.806	5.3796	0.008 903	235.141	5.2750	0.007 112	229.861	5.1900
275	0.013 383	270.222	5.4917	0.010 034	265.676	5.3910	0.008 046	261.450	5.3103
300	0.014 800	298.907	5.5916	0.011 133	295.219	5.4942	0.008 950	291.800	5.4163

溫度 K	15.0 MPa			20.0 MPa		
	v m³/kg	h kJ/kg	s kJ/kg-K	v m³/kg	h kJ/kg	s kJ/kg-K
150	0.001 956	36.922	4.0798	0.001 781	33.637	3.9956
175	0.002 603	92.284	4.4213	0.002 186	83.453	4.3029
200	0.003 369	140.886	4.6813	0.002 685	130.291	4.5535
225	0.004 106	182.034	4.8752	0.003 208	172.307	4.7511
250	0.004 808	218.710	5.0303	0.003 728	210.456	4.9127
275	0.005 461	252.465	5.1845	0.004 223	245.640	5.0467
300	0.006 091	284.523	5.2707	0.004 704	278.942	5.1629

附表 17 理想氣體之性質

氣體	化學式	摩爾質量	$R \dfrac{kJ}{kg\text{-}K}$	$c_p \dfrac{kJ}{kg\text{-}K}$	$c_v \dfrac{kJ}{kg\text{-}K}$	k
Air	–	28.97	0.287 00	1.0035	0.7165	1.400
Argon	Ar	39.948	0.208 13	0.5203	0.3122	1.667
Butane	C_4H_{10}	58.124	0.143 04	1.7164	1.5734	1.091
Carbon Dioxide	CO_2	44.01	0.188 92	0.8418	0.6529	1.289
Carbon Monoxide	CO	28.01	0.296 83	1.0413	0.7445	1.400
Ethane	C_2H_6	30.07	0.276 50	1.7662	1.4897	1.186
Ethylene	C_2H_4	28.054	0.296 37	1.5482	1.2518	1.237
Helium	He	4.003	2.077 03	5.1926	3.1156	1.667
Hydrogen	H_2	2.016	4.124 18	14.2091	10.0849	1.409
Methane	CH_4	16.04	0.518 35	2.2537	1.7354	1.299
Neon	Ne	20.183	0.411 95	1.0299	0.6179	1.667
Nitrogen	N_2	28.013	0.296 80	1.0416	0.7448	1.400
Octane	C_8H_{18}	114.23	0.072 79	1.7113	1.6385	1.044
Oxygen	O_2	31.999	0.259 83	0.9216	0.6618	1.393
Propane	C_3H_8	44.097	0.188 55	1.6794	1.4909	1.126
Steam	H_2O	18.015	0.461 52	1.8723	1.4108	1.327

附表 18　空氣在低壓下之熱力性質

T, K	h, kJ/kg	p_r	u, kJ/kg	v_r	$s°$, kJ/kg-K
100	99.76	0.029 90	71.06	2230	1.4143
110	109.77	0.041 71	78.20	1758.4	1.5098
120	119.79	0.056 52	85.34	1415.7	1.5971
130	129.81	0.074 74	92.51	1159.8	1.6773
140	139.84	0.096 81	99.67	964.2	1.7515
150	149.86	0.123 18	106.81	812.0	1.8206
160	159.87	0.154 31	113.95	691.4	1.8853
170	169.89	0.190 68	121.11	594.5	1.9461
180	179.92	0.232 79	128.28	515.6	2.0033
190	189.94	0.281 14	135.40	450.6	2.0575
200	199.96	0.3363	142.56	396.6	2.1088
210	209.97	0.3987	149.70	351.2	2.1577
220	219.99	0.4690	156.84	312.8	2.2043
230	230.01	0.5477	163.98	280.0	2.2489
240	240.03	0.6355	171.15	251.8	2.2915
250	250.05	0.7329	178.29	227.45	2.3325
260	260.09	0.8405	185.45	206.26	2.3717
270	270.12	0.9590	192.59	187.74	2.4096
280	280.14	1.0889	199.78	171.45	2.4461
290	290.17	1.2311	206.92	157.07	2.4813
300	300.19	1.3860	214.09	144.32	2.5153
310	310.24	1.5546	221.27	132.96	2.5483
320	320.29	1.7375	228.45	122.81	2.5802
330	330.34	1.9352	235.65	113.70	2.6111
340	340.43	2.149	242.86	105.51	2.6412
350	350.48	2.379	250.05	98.11	2.6704
360	360.58	2.626	257.23	91.40	2.6987
370	370.67	2.892	264.47	85.31	2.7264
380	380.77	3.176	271.72	79.77	2.7534
390	390.88	3.481	278.96	74.71	2.7796
400	400.98	3.806	286.19	70.07	2.8052
410	411.12	4.153	293.45	65.83	2.8302
420	421.26	4.522	300.73	61.93	2.8547
430	431.43	4.915	308.03	58.34	2.8786
440	441.61	5.332	315.34	55.02	2.9020
450	451.83	5.775	322.66	51.96	2.9249
460	462.01	6.245	329.99	49.11	2.9473
470	472.25	6.742	337.34	46.48	2.9693
480	482.48	7.268	344.74	44.04	2.9909
490	492.74	7.824	352.11	41.76	3.0120
500	503.02	8.411	359.53	39.64	3.0328
510	513.32	9.031	366.97	37.65	3.0532
520	523.63	9.684	374.39	35.80	3.0733
530	533.98	10.372	381.88	34.07	3.0930
540	544.35	11.097	389.40	32.45	3.1124

附表 18　空氣在低壓下之熱力性質(續)

T, K	h, kJ/kg	P_r	u, kJ/kg	v_r	$s°$, kJ/kg-K
550	554.75	11.858	396.89	30.92	3.1314
560	565.17	12.659	404.44	29.50	3.1502
570	575.57	13.500	411.98	28.15	3.1686
580	586.04	14.382	419.56	26.89	3.1868
590	596.53	15.309	427.17	25.70	3.2047
600	607.02	16.278	434.80	24.58	3.2223
610	617.53	17.297	442.43	23.51	3.2397
620	628.07	18.360	450.13	22.52	3.2569
630	638.65	19.475	457.83	21.57	3.2738
640	649.21	20.64	465.55	20.674	3.2905
650	659.84	21.86	473.32	19.828	3.3069
660	670.47	23.13	481.06	19.026	3.3232
670	681.15	24.46	488.88	18.266	3.3392
680	691.82	25.85	496.65	17.543	3.3551
690	702.52	27.29	504.51	16.857	3.3707
700	713.27	28.80	512.37	16.205	3.3861
710	724.01	30.38	520.26	15.585	3.4014
720	734.20	31.92	527.72	15.027	3.4156
730	745.62	33.72	536.12	14.434	3.4314
740	756.44	35.50	544.05	13.900	3.4461
750	767.30	37.35	552.05	13.391	3.4607
760	778.21	39.27	560.08	12.905	3.4751
770	789.10	41.27	568.10	12.440	3.4894
780	800.03	43.35	576.15	11.998	3.5035
790	810.98	45.51	584.22	11.575	3.5174
800	821.94	47.75	592.34	11.172	3.5312
810	832.96	50.08	600.46	10.785	3.5449
820	843.97	52.49	608.62	10.416	3.5584
830	855.01	55.00	616.79	10.062	3.5718
840	866.09	57.60	624.97	9.724	3.5850
850	877.16	60.29	633.21	9.400	3.5981
860	888.28	63.09	641.44	9.090	3.6111
870	899.42	65.98	649.70	8.792	3.6240
880	910.56	68.98	658.00	8.507	3.6367
890	921.75	72.08	666.31	8.233	3.6493
900	932.94	75.29	674.63	7.971	3.6619
910	944.15	78.61	682.98	7.718	3.6743
920	955.38	82.05	691.33	7.476	3.6865
930	966.64	85.60	699.73	7.244	3.6987
940	977.92	89.28	708.13	7.020	3.7108
950	989.22	93.08	716.57	6.805	3.7227
960	1000.53	97.00	725.01	6.599	3.7346
970	1011.88	101.06	733.48	6.400	3.7463
980	1023.25	105.24	741.99	6.209	3.7580
990	1034.63	109.57	750.48	6.025	3.7695

附表 18　空氣在低壓下之熱力性質(續)

T, K	h, kJ/kg	P_r	u, kJ/kg	v_r	$s°$, kJ/kg-K
1000	1046.03	114.03	759.02	5.847	3.7810
1020	1068.89	123.12	775.67	5.521	3.8030
1040	1091.85	133.34	793.35	5.201	3.8259
1060	1114.85	143.91	810.61	4.911	3.8478
1080	1137.93	155.15	827.94	4.641	3.8694
1100	1161.07	167.07	845.34	4.390	3.8906
1120	1184.28	179.71	862.85	4.156	3.9116
1140	1207.54	193.07	880.37	3.937	3.9322
1160	1230.90	207.24	897.98	3.732	3.9525
1180	1254.34	222.2	915.68	3.541	3.9725
1200	1277.79	238.0	933.40	3.362	3.9922
1220	1301.33	254.7	951.19	3.194	4.0117
1240	1324.89	272.3	969.01	3.037	4.0308
1260	1348.55	290.8	986.92	2.889	4.0497
1280	1372.25	310.4	1004.88	2.750	4.0684
1300	1395.97	330.9	1022.88	2.619	4.0868
1320	1419.77	352.5	1040.93	2.497	4.1049
1340	1443.61	375.3	1059.03	2.381	4.1229
1360	1467.50	399.1	1077.17	2.272	4.1406
1380	1491.43	424.2	1095.36	2.169	4.1580
1400	1515.41	450.5	1113.62	2.072	4.1753
1420	1539.44	478.0	1131.90	1.9808	4.1923
1440	1563.49	506.9	1150.23	1.8942	4.2092
1460	1587.61	537.1	1168.61	1.8124	4.2258
1480	1611.80	568.8	1187.03	1.7350	4.2422
1500	1635.99	601.9	1205.47	1.6617	4.2585

Chapter **B**

附　圖

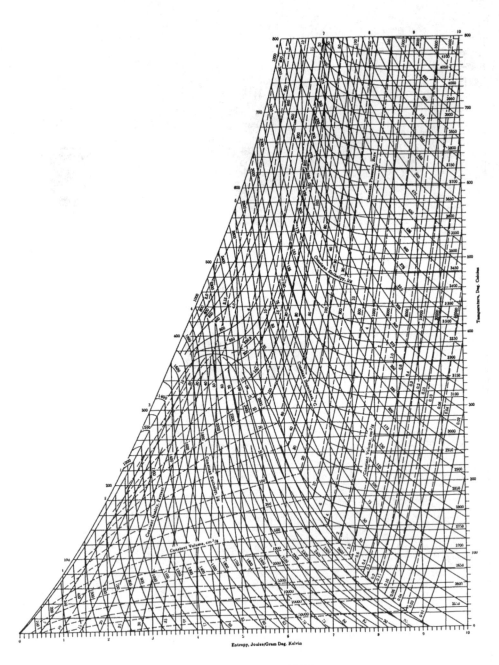

附圖 1　水之溫－熵圖

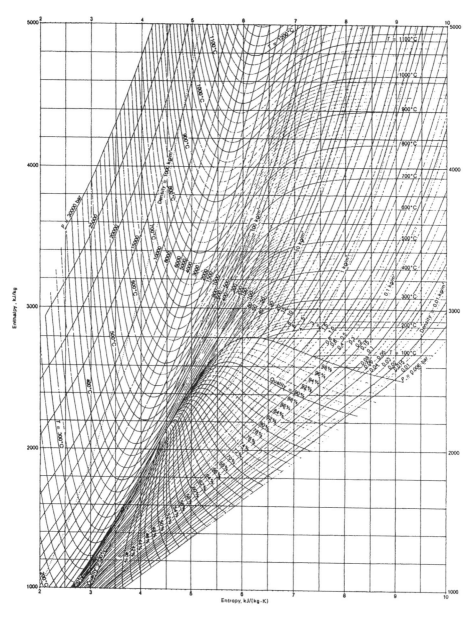

附圖 2　水之焓－熵圖

Chapter **C**

參考資料

1. 陳呈芳,：“熱力學概論”，全華科技圖書股份有限公司，1983。

2. Richard E. Sonntag, and Gordon J. Van Wylen,：“Fundamentals of Classical Thermodynamics”，SI Version, 2e, John Wiley & Sons, Inc., 1978.

3. James B. Jones, and George A. Hawkins,：“Engineering Thermodynamics”, John Wiley & Sons, Inc., 1960.

4. Kennth Wark,：“Thermodynamics”, McGraw-Hill, 1983.

5. B. V. Karlekar,：“Thermodynamics for Engineers”, Prentice-Hall, 1983.

6. J. P. Holman,：“Thermodynamics”, McGraw-Hill, 1975.

7. M. David Burghardt,：“Engineering Thermodynamics with Applications”, Harper & Row, 1982.

8. William C. Reynolds, and Henry C. Perkins,：“Engineering Thermodynamics”, McGraw-Hill, 1977.

9. Virgil Moring Faires,：“Thermodynamics”, Macmillan, 1970.

10. Martin V. Sussman,：“Elementary General Thermodynamics”, Addision-Wesley, 1972.

11. Richard E. Balzhiser, and Michael R. Samuels,：“Engineering Thermodynamics”, Prentice-Hall, 1977.

12. Bernard D. Wood, “Applications of Thermodynamics”, AddisonWesley, 1982.

13. James P. Todd, and Herbert B. Eills,：“An Introduction to Thermodynamics for Engineering Technologists”, 1981.

14. Rayner Joel,：〝Basic Engineering Thermodynamics in SI Units〞，1974.

15. David A. Mooney,：〝Mechanical Engineering Thermodynamics〞，1969.

16. Fran Bosnjakovic,：〝Technical Thermodynamics〞, 1965.

17. Edward F. Obert, and Richard A. Gaggioli,：〝Thermodynamics〞，McGraw-Hill, 1968.

18. George A. Hawkins,：〝Thermodynamics〞, 1950.

19. T. D. Eastop, and A. McConkey,：〝Applied Thermodynamics for Engineering Technologists〞, Longman, 1978.

20. Gordon Van Wylen, Richard Sonntag, and Claus Borgnakke,：〝Fundamentals of Classical Thernodynamics〞, 4e, John Wildy & Sons, Inc., 1994.

21. Yunus A. Cengel, and Michael A. Boles,：〝Thermodynamics：An Engineering Approach〞, McGraw-Hill, Inc., 1994.

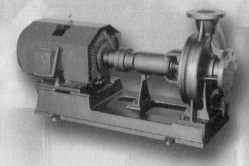

Chapter **D**

練習題之解答

第一章

1.　38.01 cm

2.　(1) 1.5006 m

　　(2) 20.4082 m

　　(3) 21.4823 m

3.　102443.32 Pa；97210.12 Pa

4.　(1) 123.52 kPa；76.48 kPa

　　(2) 111.76 kPa；88.24 kPa

　　(3) 101.568 kPa；98.432 kPa

5.　(3)最爲適當

6.　110.664 kPa

7.　1.9694 bar

8.　1466.08 Pa

9.　(1)是；(2)否；(3)否

10. (a)0.0010201；(b)0.001044

　　(c)101.35；(d)0.001044

　　(e)99.63；(f)1.6940

　　(g)101.35；(h)1.5057

　　(i)99.63；(j)88.54

　　(k)50；(l)1.6958

11. (a)151.86；(b)100

　　(c)0.3749；(d)2561.2

　　(e)8.581；(f)91.76

　　(g)2461.57；(h)2633.14

(i)220.35；(j)0.17868

(k)2864.37；(l)0.001148

(m)844.5；(n)856.0

(o)0.001108；(p)696.56

(q)697.34

12. (a)0.15120；(b)2945.2

　　(c)275.64；(d)60.03

　　(e)2036.44；(f)0.0010753

　　(g)585.72；(h)12.544

　　(i)100；(j)0.15654

　　(k)127.44；(l)0

　　(m)0.001067；(n)0.001044

　　(o)418.94

13. (1)T=20℃；

　　　v=0.0009972 m³/kg

　　(2) v=0.001012 m³/kg；

　　　u=209.32 kJ/kg

　　(3)P=0.2701 MPa；

　　　v=0.5882 m³/kg

　　(4)T=179.91℃

　　　h=2778.1 kJ/kg

　　(5)T=300℃；

　　　u=2802.9 kJ/kg

　　(6)P=614.95 kPa；

　　　h=818.76 kJ/kg

(7) p=0.5673 MPa；

　　h=154.467 kJ/kg

14. (1) 0.09091；(2) 0.013893 m^3

　　(3) 0.001157 m^3；(4) 1.5538 MPa

15. 0.002615 m^3；0.10254 m^3

16. 3.1716 kg；0.003334m^3

17. 0.336 kg；0.5987 m^3

18. (1)T=304.85℃，p=9.1832 MPa

　　飽和汽體

　　(2) T=363.34℃，p=19.4465 MPa

　　飽和液體

19. (1) χ=53.21%

　　(2)T=595.6℃

20. 553.54℃

21. (1) 0.5158 m^3；(2) 2.6716 m^3

　　(3) 99.63℃；(4) 2064.09 kJ/kg

22. 16.2345 m^3

23. (1) 1553.8kPa；2440.77 kJ/kg

　　(2) 500℃；3108.0 kJ/kg

24. (1) 164.97℃；50%

　　(2) 0.554592 m^3

25. 10.06%；3.7946%

26. (1) 28.8101 kg；0.5235 kg

　　(2) 28.7039 kg；0.06727 m^3

27. (1) 7.5952%；77.2997 kg

　　(2) 17.0195 kg

28. 3.169 kPa；1.6841%

29. 2.14%，飽和汽體

　　9.183 MPa；304.85℃

30. (1) 0.002 m^3；(2) 0.00215 m^3

　　(3) 0.4120 m^3

31. 13.97 kg；0.06141 m^3

32. 1.5182 m^3

第二章

1. A.W=$-$10 kJ；$Q=-10$ kJ

　　B.W=$-$5 kJ；$Q=10$kJ

　　(A+B).W=$-$15 kJ；$Q=0$

2. 185.01 kJ/kg

3. 75 kPa；10.74 kJ

4. $Ah(p_1+\dfrac{1}{2}\gamma h)$

5. 553.54℃；570.24 kJ

6. (1) 2.3535 kg；(2) 82.62%

　　(3) 487.38 kJ

7. (1) 220 kPa；(2) 3.0 kJ

　　(3) 8.0 kJ

8. (1) 250 kPa；(2)$-$18.75 kJ

　　(3)$-$43.75 kJ

9. (1) 1.1794 kg；(2) 243.43℃
　　(3) −303.91 kJ

10. (1) 53.21%；(2) 47.06%
　　(3) 128 kJ

11. 936.51 kJ/kg

12. 3771.78 kJ

13. −689.04kJ

14. −60.69 kJ

15. (1) 752.04 kJ；(2) 937.12 kJ

16. 7.394 kJ；−15.264 kJ

17. −243.25 kJ

18. 30.839%；3.483 kJ

19. 345.14 kJ/kg；−68.52 kJ/kg

20. (1) 0.5673 MPa
　　(2) 443.26 kg，21.66 kg
　　(3) 20.51%；(4) 34,086.68 kJ

21. (1)−149.877 kJ；−1,700.97 kJ
　　(2)$9.9652×10^{-4} m^3$

22. 846.56 kJ；16245.42 kJ

23. 160.4 kJ/kg；−16.61 kJ/kg

24. (1) 1.5538 MPa，78.03%
　　(2)−116.91 kJ
　　(3) 408.98℃
　　(4) 46.61 kJ，273.58 kJ

25. (1) 472.16℃，32.6635 kJ
　　(2) 0.12936 MPa，10.786 kJ

26. (1) 23.206 m^3
　　(2) 5358.81 kJ，−7453.41 kJ

27. (1) 20.717 MPa，70193.64 kJ
　　(2) 18.53%，9777.31 kJ，
　　　−45733.92 kJ

28. 16.2345 m^3，19997.62 kJ

29. (1) 0.01003 m^3；(2) 3.169 kPa
　　(3) 0.25 kJ

30. 159.28 kJ；159.59 kJ

31. −201.49 kJ；−218.99 kJ

32. −410.67 kJ；−102.67 kJ

33. (1) 166.355 kJ/kg，
　　　166.355 kJ/kg
　　(2) 101.633 kJ/kg，
　　　25.408 kJ/kg
　　(3) 89.6 kJ/kg，0 kJ/kg

34. −3008.43 kJ/sec

35. 12.44 kJ/sec

36. 3269.93 kW；−785.27 kJ/sec

37. (1) 928.90 kJ/sec；
　　(2) 155.19 kW，−63.747 kJ/sec

38. −95.88 kJ/kg

39. 242.14℃

40. (1) 677.33 m/sec；(2) 39.74 cm^2

(3)$-$228.94 kJ/kg

41. $-$101.61 kW；$-$19.17 kJ/sec

42. (1) 275.9 m/sec

(2)$-$10.839 kW，0.08844 kJ/sec

43. (1) 248.73℃；(2) 4.6127 ccm^2

44. (1) 53.49 m/sec，68.39 m/sec

(2)$-$59.48 kW

45. (1) 936.21 m/sec；

(2)$-$52.726 kJ/kg

(3) 20.523 cm^2

46. 719.99 m/sec，3.9688 kg/sec

47. 873.96 m/sec；10.26 cm^2

$-$166.22 kJ/sec

48. 4,270.43 kJ

49. 7.238 kg

50. 18.44618 MJ

第三章

1. (1)可；(2)不可

2. 0.6348 kg

3. 1.003 kg

4. 68.6109 kg

5. 305.96 kPa

6. 2.2110 m^3；284.1116 kPa

7. (1) 113.43℃；(2) 151.66 kPa

(3) 0.36 kg

8. (1) 281.232 kJ；(2) 282.13 kJ

(3) 283.29 kJ

9. (1)是；(2) 0.1161 kg

(3) 326.85℃

10. (2) 75 kPa，373.15℃

(3) 0.04523 kg

11.(1) 1.3135 m^3；(2) 0.2536 m^3

(3) 306.37℃

12. $-$6.0 kJ

13. $-$74.67 kJ

14. $-$40 kJ，$-$139.71 kJ；

0，$-$24.10 kJ

15. 0，266.67 kJ；140 kJ，

606.68 kJ

16. (1) 168.15℃；(2) 45.65 kJ

17. $-$23.34 kJ，$-$5.833 kJ

18. (1) 0.32854 J；(2) 0.32854 J

(3) 13.24312 J

19. 1 kJ，3.5007 kJ

20. (1) 290.28℃；

(2) 190 kJ，$-$23.43 kJ

21. 207.37℃，$-$0.0076 kJ

$-$0.0038 kJ

22. 11.67 kJ，4.387 kJ
23. 161.20℃，99.61 kJ/kg
24. (1) 1.2034 kg；(2) 1.6667 m³
    (3) 66.67 kJ，200 kJ
25. −54.03 kJ/kg，−54.03 kJ/kg
26. (1) 103.42 kJ；(2) 25.96 kJ
    (3) 0.974 m
27. 35.67 kJ，−9.28 kJ
28. (1)−358.35 kJ，−358.35 kJ
    (2)−341.32 kJ，−85.69 kJ
29. (1) 665.68 kJ，2327.57 kJ
    (2) 461.42 kJ，461.42 kJ
    (3) 402.97 kJ，0 kJ
30. (1)−58.52℃，0 kJ
    −1230.26 kJ
    (2) 800℃，991.39 kJ，991.39 kJ
    (3) 404.42℃，567.66 kJ，0 kJ
31. (1) 1242.6℃，0 kJ，998.63 kJ
    (2) 30℃，−160.94 kJ
    −160.94kJ
    (3) 206.98℃，−145.95 kJ，0 kJ
32. (1)−144.29 kJ，−36.22 kJ
    (2)−144.29 kJ，−35.59 kJ
33. (1) 1.7422 kg；(2) 526.85℃
    (3) 88.39 kPa，2.2627 m³

(4) 200 kJ，699.32 kJ；
    500 kJ，0 kJ
    −485.20 kJ，−485.20 kJ；
    (5) 214.8 kJ，214.12 kJ
34. (1) 250 kPa，2.771 m³
    (2) 726.85℃
    (3) 480.18 kJ，480.18 kJ；
    0 kJ，1979.2 5 kJ
    −692.75 kJ，−2672 kJ
    (4)−212.57 kJ，−212.57 kJ
35. −33.79 kJ/kg，−33.79 kJ/kg；
    8.46 kJ/kg，36.64 kJ/kg；
    28.19 kJ/kg，0 kJ/kg
36. (1) 595.81℃，600 kPa；
    (2) 632.51℃，625.34 kPa
37. (1) 151.11 kPa，−116.51 kJ
    (2) 151.11 kPa，−120.70 kJ
38. 12,399.15 kJ，−83.18 kJ
39. (1) 1.65 kJ；(2) 14.69 kJ
40. 259.14℃
41. (1) 49.034 kW；(2) 10.015 kJ/sec
    (3) 0.6796
42. (1) 49.034 kW；(2) 7.878 kJ/sec
    (3) 0.6796
43. (1) 158.36 m/sec，283.6 kW，

59.61 kJ/sec

(2) 158.36 m/sec，283.6 kW，
58.96 kJ/sec

44. 538.07 kW

45. (1) 861 cm^2，12.7 cm^2

−617.3 kW，−111.56 kJ/sec

(2) 861 cm^2，12.7 cm^2

−617.3 kW，−105.44 kJ/sec

46. −2720.18 kW

47. (1)−3.6653 kW，−0.3472 kJ/sec

(2)−3.6653 kW，−0.3225 kJ/sec

49. $[2c_p(T_i-T_e)]^{1/2}$，

$$\frac{\dot{m}RT_e}{[2c_pp_e^2(T_i-T_e)]^{1/2}}$$

50. $T_i-\dfrac{1}{2c_p}V_e^2$

$$\frac{\dot{m}R(2c_pT_i-V_e^2)}{2c_pp_eV_e}$$

51. 3.2261 kg/sec

52. 13.97℃，172.45 kg/sec

53. (1) 695.87 m/sec；(2) 10.68 cm^2

54. (1) 8.9747 cm^2；(2)−24.22 kJ/sec

55. 462.26 kJ/sec

56. (1) 317.54 m/sec，271.15 kPa

(2) 318.92 m/sec，269.97 kPa

57. (1) 5.729 kg/sec，44.71 kJ/kg

(2) 5.729 kg/sec，39.51 kJ/kg

58. $-(p_i-p_1)V$

59. 3.907 kg，446.62℃

60. −1162.13 kJ

61. 1.9023 kg

62. 2.032 kg

63. 8.6251 kg

64. −23.026 kJ，0.558131 kg

65. $\dfrac{1}{2}pV$

66. 2 MJ

第四章

2. 45.45%；1650.17 kJ；
900.17 kJ

3. 不合理

4. 不可能；111.45℃

5. 不予專利；

6. (1)不予專利；(2)−6.38℃

7. (1) 0.833 kW；(2) 140 kJ/min
(3)−80.2℃

8. 11.766；1.77 kW；
68625.7 kJ/kg

9. 8.5186；5.8695 kW

10. 0.6868

11. −49.96℃

12. −64.82℃

13. 190.75 kJ/hr

14. (1) 102.57 kJ/min

    (2) 502.57 kJ/min

15. (1) 3354.02 kJ/hr；(2) 45℃

16. 29.78 kW

17. −0.4957 kJ/K；0.2843 kJ/K

18. 2,226.49 kJ/kg；5.7903 kJ/kg-K

19. 4,828.57 kJ；359.41 kJ

20. (1) 12.87 kJ/K；(2) 7376.44 kJ

21. (2) $\dfrac{1}{1-k}$

22. (1) −96.07 kJ；−24.02 kJ

    (2) −0.07204 kJ/K

23. (1) −199.65 kJ/kg，−25.20 kJ/kg

      −0.06178 kJ/kg-K

    (2) −197.03 kJ/kg，

      −197.03 kJ/kg，

      −0.6608 kJ/kg-K

    (3) −199.10 kJ/kg，0，0

24. (2) 0.6955 kJ/kg-K；

      −0.4966 kJ/kg-K；

      −0.1989 kJ/kg-K；$\oint ds=0$

    (3) 8.78%

25. (2) 59.92 kJ/kg，59.92 kJ/kg，

      0.1996 kJ/kg-K；

      86.44 kJ/kg，301.05 kJ/kg，

      0.6952 kJ/kg-K

      −194.4 kJ/kg，−409.01 kJ/kg

      −0.8949 kJ/kg-K

    (3) $\oint \delta q = \oint \delta w = -48.04$ kJ/kg

26. (2) 353 kPa，706 kPa

    (3) −58.72 kJ/kg，−58.72 kJ/kg，

      −0.2003 kJ/kg-K；

      169.44 kJ/kg，589.23 kJ/kg，

      1.1041 kJ/kg-K；

      −63.54 kJ/kg，−483.33 kJ/kg

      −0.9038 kJ/kg-K

    (4) $\oint \delta q = \oint \delta w = 47.18$ kJ/kg

27. (1) −14.18℃，172.94 kJ/kg

    (2) − 13.10℃，174.04 kJ/kg

28. (1) −28.35 kJ/kg，

      −0.0768 kJ/kg-K

    (2) −27.56 kJ/kg，

      −0.0748 kJ/kg-K

29. (1) −0.1732 kJ/kg-K

    (2) −0.1720 kJ/kg-K

30. (1) 4,194.83 kPa；(2) 4,808.07 kPa

31. (1) 0.8864 kJ/K；(2) 0.886 kJ/K

32. 0.3513 kJ/K-sec

33. 21.56 kg/sec

34. (1) 4050.61 kW；

　　(2)−2202.28 kJ/sec

　　(3)−0.9856 kJ/kg-K

35. 滿足

36. (1)−248.3 kJ/kg

　　(2)−0.6674 kJ/kg-K

　　(3) 0.1599 kJ/kg-K

37. (1) 1,098.43 m/sec

　　(2) 6.5475 kg/sec

38. (1)−396.41 kJ/kg

　　(2) 11.5326 cm^2

　　(3)−0.9856 kJ/kg-K

39. (1) 242.12 kJ/kg

　　(2) 242.88 kJ/kg

40. (1) 471.10 kJ/kg；−79.64 kJ/kg

41. (1)−325.256 MW

　　(2)−169.205 MW；

　　　−167.375 MW

42. 558.09 m/sec；13.08 cm^2

43. (1) 982.61 m/sec

　　(2) 992.85 m/sec

44. (1) 71.39℃；389.16 m/sec

　　(2) 71.72℃；389.72 m/sec

45. (1)−20.6℃，544 m/sec，

　　　0.75 kg/sec

　　(2)−20.52℃，544.59 m/sec，

　　　0.7512 kg/sec

46. 不可能

47. (1)−261.64 kJ/kg，−50.52 kJ/kg

　　　−0.1276 kJ/kg-K，不可逆

　　(2)−261.64 kJ/kg，−48.12 kJ/kg

　　　−0.1221 kJ/kg-K，不可逆

48. (1)−280.47 kJ/kg，306.06℃

　　(2)−279.65 kJ/kg，300.93℃

49. −248.19 kJ；13.3742 kg

50. (1) 8.917 kg；(2) 3846.4 kJ

51. 109.05 kJ/kg

52. 74.34%

53. 不可逆；92.91%

54. (1)滿足；

　　(2) 96.19%；95.46%

55. 114.94℃

56. (1) 600.31 kW；(2) 94.13%

57. 不可能；95.04%

58. 80.12%

59. (1) 96.10%；(2) 98.15%

60. (1) 84.69%；0；3391.89 kW

　　(2) 89.53%；0.9903 kJ/K-sec；

3052.70 kW

61. (1) 719.99 m/sec

(2) 3.9688 kg/sec

62. (1)滿足；(2) 818.63 m/sec；

0.1587 kJ/kg-K

63. 0.0512 kJ/kg-K；237.77℃

64. (1) 1.9558 kg；(2)不可逆

66. 216.41℃

69. (1) 95.44 kJ/kg，−11.78 kJ/kg

(2)不可逆

70. (1)−192.43 kJ，−48.31 kJ；

(2)−0.1338 kJ/K，0.1620 kJ/K

(3)不可逆

71. (1)−62.80 kJ；(2)−15.77 kJ；

(3)−0.0427 kJ/K；(4)不可逆

72. (1)不可逆，88.48%；

(2)不可能

73. 不可能

74. 379.27 kJ/kg；122.05℃

75. 268.25 kJ/kg

77. (1) 215.86 kW；(2) 83.16%；

(3) 106.63 cm^2

78. (1) 208.39 kJ/kg，−17.74 kJ/kg

(2)不可逆

79. (1) 915.82 kJ/kg，99.08%；

(2) 510.95 kJ/kg，−9.17℃

80. (1)不可能；(2)不可逆

81. (1) 355.33℃，−329.63 kJ/kg，

0.08127 kJ/kg-K；

(2) 347.91℃，−329 kJ/kg，

0.08256 kJ/kg-K

82. A.比熱爲常數：

(1)−0.0266 kJ/kg-K，

不可能；

(2) 0.0916 kJ/kg-K，

不可逆；137.47℃

B.比熱爲溫度之函數：

(1)−0.0254 kJ/kg-K，

不可能；

(2) 0.0943 kJ/kg-K，

不可逆；137.01℃

83. (1) 87.95%；(2) 86.44%

84. (1) 171.96 kJ；

(2)−87.015 kJ，−84.945 kJ；

(3) 47.15 kJ，124.81 kJ

85. (1) 110.385 kJ/sec，0；

(2) 24.845 kJ/sec

86. (1) 596.37 kJ，102.57 kJ；

(2) 493.8 kJ；(3) 493.8 kJ

87. (1) 861 kJ/kg；(2) 1045.30 kJ/kg

88. 82.37%

89. 109.15 kJ/kg ；159.41 kJ/kg

90. 68.47%

91. (1) 42.54℃，370.9 8 kJ/sec，
0.796 kJ/sec，370.184 kJ/sec

(2) 43.83℃，372.31 kJ/sec，
0.94 kJ/sec，371.37 kJ/sec

92. 0，67.44 kJ/kg，−67.44 kJ/kg

93. (1) 57.988 kJ/sec；(2) 92.64℃；
(3)−11.873 kJ/sec

94. (1) 13.15 kJ；
(2) 34.97 kJ，25.35 kJ
(3) 4.335 kJ；(4) 67.03%

95. (1) 1284.19 kJ，−1781.63 kJ；
(2) 436.17 kJ

96. (1) 600.26 kJ/kg，0；
(2) 548.10 kJ/kg，
−260.80 kJ/kg；
(3)−2937.92 kJ/kg；
(4) 2.6683 kJ/kg-K
(5) 808.90 kJ/kg

97. 569.57 kJ

98. 282.41 kJ/sec

99. 200.79 kJ/kg

100. (1) 223.58 kJ/sec，
−147.19 kJ/sec
(2) 259.75 kJ/sec；
(3) 0.1213 kJ/sec-K；
(4)外不可逆；(6) 36.17 kJ/sec

101. (1) 5,070.94 kW；
(2) 9,893.88 kW；
(3) 767.74 kW；(4) 84.83%

102. (1)(2)(3) 6.01 kJ/kg

103. (1)(2) 15.28 kJ/kg

104. (1)(2) 3.68 kJ/kg

105. (1) 667.57 kJ/kg，
142.62 kJ/kg；
(2) 10,499 kw，9751.7 kW；
(3) 2.5066 kJ/sec-K；
(4) 747.3 kW

106. (1) 39.42℃；
(2) 100.05 kJ/kg，49.89 kJ/kg；
(3) 50.17 kJ/kg

107. (1)−269.52 kJ/kg，
−25.20 kJ/kg；
(2) 6.78 kJ/kg

108. (1) 68.52℃ ; (2) 26.49 kJ/kg
109. 5.65 kJ/kg，5.67 kJ/kg
110. (1) 355.33℃，24.38 kJ/kg ；
     (2) 347.91℃，24.77 kJ/kg

國家圖書館出版品預行編目資料

熱力學 / 陳呈芳編著. – 五版. --
　　臺北縣土城市：全華圖書，2008.06
　　　面　；　公分
　　參考書目:面
　　ISBN 978-957-21-6631-4(平裝)

　　1. CST: 熱力學
335.6　　　　　　　　　　　97010158

熱力學

作者／陳呈芳

發行人／陳本源

執行編輯／蔣德亮

出版者／全華圖書股份有限公司

郵政帳號／0100836-1 號

印刷者／宏懋打字印刷股份有限公司

圖書編號／0288904

五版八刷／2023 年 08 月

定價／新台幣 380 元

ISBN／978-957-21-6631-4(平裝)

全華圖書／www.chwa.com.tw

全華網路書店 Open Tech／www.opentech.com.tw

若您對本書有任何問題，歡迎來信指導 book@chwa.com.tw

臺北總公司(北區營業處)
地址：23671 新北市土城區忠義路 21 號
電話：(02) 2262-5666
傳真：(02) 6637-3695、6637-3696

南區營業處
地址：80769 高雄市三民區應安街 12 號
電話：(07) 381-1377
傳真：(07) 862-5562

中區營業處
地址：40256 臺中市南區樹義一巷 26 號
電話：(04) 2261-8485
傳真：(04) 3600-9806(高中職)
　　　(04) 3601-8600(大專)